普通高等学校少数民族预科教材

数　学

代数分册

曾岳生　主　编
刘克笑　傅世球　副主编

中国铁道出版社有限公司
CHINA RAILWAY PUBLISHING HOUSE CO., LTD.

内 容 简 介

本书根据教育部《普通高等学校少数民族预科(数学)教学大纲》的要求，结合少数民族预科教育的特点和学生的实际，总结编者多年预科教育的教学经验和教学成果而编写。本书重视数学基础知识的掌握、基本技能的训练，注重学生逻辑思维能力的培养，注意了中学数学内容与大学数学内容的过渡与衔接。

本书共 9 章：第 1 章代数式的恒等变形，第 2 章方程与方程组，第 3 章不等式，第 4 章函数，第 5 章三角函数，第 6 章数学归纳法和数列，第 7 章排列、组合与二项式定理，第 8 章平面向量，第 9 章复数。书末附有部分习题参考答案。

本书适用于高等学校少数民族本科预科教学使用，也可作为专科预科教材和高中补习班数学复习用书。

图书在版编目(CIP)数据

数学．代数分册/曾岳生主编．—北京：中国铁道出版社，2012.8(2023.8 重印)

普通高等学校少数民族预科教材

ISBN 978-7-113-14851-5

Ⅰ．数…　Ⅱ．①曾…　Ⅲ．①数学—高等学校—教材 ②代数—高等学校—教材　Ⅳ．①O1

中国版本图书馆 CIP 数据核字(2012)第 161467 号

书　　名：数学　代数分册
作　　者：曾岳生

策　　划：李小军　　　　编辑部电话：(010) 51873371
责任编辑：李小军　徐盼欣
封面设计：付　巍
封面制作：刘　颖
责任印制：樊启鹏

出版发行：中国铁道出版社有限公司(100054，北京市西城区右安门西街 8 号)
网　　址：http://www.tdpress.com/51eds/
印　　刷：三河市兴达印务有限公司
版　　次：2012 年 8 月第 1 版　　2023 年 8 月第 3 次印刷
开　　本：787mm×1092mm　1/16　　印张：11.75　　字数：284 千
书　　号：ISBN 978-7-113-14851-5
定　　价：29.80 元

前　言

少数民族预科教育，是少数民族高等教育的重要组成部分，是高等教育的特殊层次。举办少数民族预科教育，是党的民族政策的重要体现，是为少数民族地区培养人才的特殊措施，是少数民族学生步入高等学校继续深造的阶梯。少数民族预科教育，需要根据少数民族预科学生的特点，着重提高文化基础知识，加强基本技能训练，为进入大学本科阶段学习奠定基础。为进一步提高少数民族预科教学质量，根据教育部《普通高等学校少数民族预科（数学）教学大纲》的要求，结合少数民族预科教育的特点和少数民族预科学生的实际，以及结合我校少数民族预科教育多年的教学经验，我们组织编写了《普通高等学校少数民族预科教材·数学》，包括代数分册、几何分册。本教材适合作为高等学校少数民族本科预科、专科预科教学使用，也可作为高中补习班数学复习用书。

本教材重视数学基础知识的掌握、基本技能的训练，注重学生逻辑思维能力的培养，注意了中学数学内容与大学数学内容的过渡与衔接。预科学生结束预科学习后，进入本科各专业学习时，无论是理工类，经济管理类，农、林、医学类，还是文、史、哲类，都要学习高等数学，需要更好的中学数学基础，我们认为在预科阶段不必要预学高等数学，而应将一年预科时间全部用于复习、巩固、加强中学数学基础，提高数学基本技能和逻辑思维能力。为此，我们在教育部《普通高等学校少数民族预科（数学）教学大纲》之外，增加了逻辑推理的基本知识和初中的平面几何题的证明方法，旨在培养学生的逻辑思维能力；增加了初中代数中的代数式的恒等变形，如与积分方法紧密相关的部分分式等内容。对于高中数学，主要是复习、巩固，加强基本技能训练和知识的综合运用。我们期望学生通过预科数学的学习，能够提高分析问题和解决问题的能力，为进入本科学习夯实基础。

本教材分代数分册和几何分册，总课时186~196，可以学完代数分册再学几何分册，也可代数、几何交叉开课。由于总课时有限，教师可根据各层次预科的教学目标要求和学生的实际情况组织教学。

本教材是曾岳生主编，刘克笑、傅世球副主编。各章编写分工如下：第1、4~6章由曾岳生编写，第3、7章由傅世球编写，第2、8、9章由刘克笑编写，李敏老师绘制了部分图形，最后由曾岳生教授统稿和定稿。本教材的编写和出版得到了怀化学院教务处、预科部、数学系和中国铁道出版社的大力支持，怀化学院领导给予了热情的关怀，在此谨致谢意！

由于我们的水平有限，经验不足，加之时间仓促，书中难免存在疏漏和不妥之处，恳请读者批评指正。

编　者
2012年6月

目 录

第1章　代数式的恒等变形

代数式的基本知识、运算法则和恒等变形,是初中数学最主要的内容之一,是学生必须掌握和具备的基本技能. 我们知道,用运算符号把数字或表示数字的字母连结而成的式子叫做**代数式**. 代数式中的字母均表示实数,字母的取值必须使代数式有意义. 如$\frac{x+1}{x-3}$, $x\in\mathbf{R}\setminus\{3\}$; $\sqrt{2x-1}$, x 的取值必须使 $2x-1\geqslant0$,即 $x\geqslant\frac{1}{2}$.

根据代数式所包含的运算,可进行如下分类.

$$\text{代数式}\begin{cases}\text{有理式}\begin{cases}\text{整式}\begin{cases}\text{单项式}\\\text{多项式}\end{cases}\\\text{分式}\end{cases}\\\text{无理式(根式)}\end{cases}$$

本章讨论因式分解、部分分式、根式,以及零指数幂、负指数幂与分数指数幂等,它们是学习数学的重要基础.

1.1　因式分解

把一个多项式化为几个整式的积的形式,叫做多项式的**因式分解**. 它是代数运算中一种重要的恒等变形. 就运算而言,因式分解与整式乘法正好相反,它与代数中的许多内容密切相关.

1.1.1　整式运算的基本公式

1. 整数幂的运算性质

$$a^m\cdot a^n=a^{m+n},\quad (a^m)^n=a^{mn},\quad (ab)^n=a^nb^n$$

$$\left(\frac{a}{b}\right)^n=\frac{a^n}{b^n}(b\neq0),\quad \frac{a^m}{a^n}=a^m\cdot a^{-n}=a^{m-n}\quad (m,n\in\mathbf{Z})$$

2. 整式运算的乘法公式

$$(a+b)(a-b)=a^2-b^2$$

$$(a\pm b)^2=a^2\pm2ab+b^2$$

$$(a\pm b)^3=a^3\pm3a^2b+3ab^2\pm b^3$$

$$(a\pm b)(a^2\mp ab+b^2)=a^3\pm b^3$$

$$(a-b)(a^{n-1}+a^{n-2}b+a^{n-3}b^2+\cdots+ab^{n-2}+b^{n-1})=a^n-b^n\quad (n\in\mathbf{N})$$

1.1.2　因式分解的方法

因式分解的基本方法有：提取公因式法、分组分解法、添项拆项法、应用公式法和十字相乘法，下面逐一讨论.

1. 提取公因式法和分组分解法

多项式 $ma+mb+mc$ 里每一项都有因式 m，这时可把公因式 m 提出来，得到因式分解形式 $ma+mb+mc=m(a+b+c)$. 这里关键是找出多项式的公因式，有时通过分组找公因式.

例 1.1.1　分解因式.

(1) $2x^2+4xy-6ax+3a-x-2y$；　(2) $a^2+b^2-2ab+3a-3b+2$.

解　(1) 原式 $=2x(x+2y)-3a(2x-1)-(x+2y)$

$$=(x+2y)(2x-1)-3a(2x-1)$$

$$=(2x-1)(x+2y-3a).$$

(2) 原式 $=(a^2-2ab+b^2)+3(a-b)+2$

$$=(a-b)^2+3(a-b)+2=(a-b+1)(a-b+2).$$

2. 添项拆项法

根据多项式的特点，有时需要添上 $\pm A$（A 表示某个整式）以凑成能直接分解因式的多项式；有时又需要将多项式的某一项拆成两项，以利于分解因式.

例 1.1.2　分解因式.

(1) $a^4+a^2b^2+b^4$；　(2) x^3+5x^2+3x-9.

解　(1) 原式 $=a^4+2a^2b^2+b^4-a^2b^2$

$$=(a^2+b^2)^2-(ab)^2$$

$$=(a^2+b^2+ab)(a^2+b^2-ab).$$

(2) 原式 $=x^3-x^2+6x^2-6x+9x-9$

$$=x^2(x-1)+6x(x-1)+9(x-1)$$

$$=(x-1)(x^2+6x+9)=(x-1)(x+3)^2.$$

3. 应用公式法

应用公式法就是分析多项式的特点，看它符合哪一个乘法公式的展开式，直接应用乘法公式.

例 1.1.3　将下列各式分解因式.

(1) x^7-xy^6；　(2) $4a^2x^2-9a^2y^2-4b^2x^2+9b^2y^2$；

(3) x^4-2x^2+1；　(4) $(x+y)^4-4(x+y)^2b^2+4b^4$；

(5) $(x^2+3x+2)^2-2(x^2+3x+2)(2-3x-x^2)+(2-3x-x^2)^2$.

解　(1) 原式 $=x(x^6-y^6)=x(x^3+y^3)(x^3-y^3)$

$$=x(x+1)(x-1)(x^2-xy+y^2)(x^2+xy+y^2).$$

(2) 原式 $=4x^2(a^2-b^2)-9y^2(a^2-b^2)$

$$=(a^2-b^2)(4x^2-9y^2)$$

$$=(a+b)(a-b)(2x+3y)(2x-3y).$$

(3) 原式 $=(x^2-1)^2=(x+1)^2(x-1)^2$.

(4) 原式 $=[(x+y)^2-2b^2]^2$

$$=(x+y+\sqrt{2}b)^2(x+y-\sqrt{2}b)^2.$$

（5）原式 $= \left[(x^2 + 3x + 2) - (2 - 3x - x^2) \right]^2$

$\qquad = \left[2x(x + 3) \right]^2 = 4x^2(x + 3)^2.$

4. 十字相乘法（交叉法）

由二项式乘二项式 $(x + a)(x + b) = x^2 + (a + b)x + ab$ 和 $(mx + p)(nx + q) = mnx^2 + (mq + np)x + pq$ 可见，对首项系数为 1 的二次三项式 $x^2 + px + q$ 分解因式，若 $p^2 - 4q \geq 0$，则只需取 $q = ab$ 使 $a + b = p$，即有 $x^2 + px + q = (x + a)(x + b)$；若 $p^2 - 4q < 0$，则在实数范围内不能分解. 对于首项系数不为 1 的二次三项式 $ax^2 + bx + c(a \neq 0, 1)$，若 $\Delta = b^2 - 4ac \geq 0$，则只需取 $a = m \cdot n, c = p \cdot q$，使 $mq + np = b$. 若 $\Delta < 0$，则在实数范围内不能分解. 将它们写成如下交叉相乘的形式：

对于 $x^2 + px + q$，取 $q = ab$，使 $a + b = p$，即

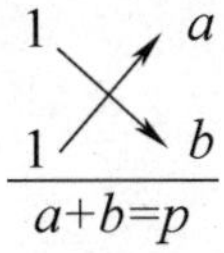

$$\begin{array}{cc} 1 & \nearrow\ a \\ 1 & \searrow\ b \\ \hline a+b=p \end{array}$$ 　　所以，$x^2 + px + q = (x + a)(x + b)$

对于 $ax^2 + bx + c(a \neq 0, 1)$，取 $a = m \cdot n, c = p \cdot q$，使 $mq + np = b$，即

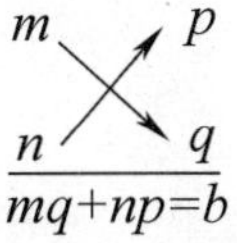

$$\begin{array}{cc} m & \nearrow\ p \\ n & \searrow\ q \\ \hline mq+np=b \end{array}$$ 　　所以，$ax^2 + bx + c = (mx + p)(nx + q)$

所以，这种分解因式的方法称为十字相乘法，又叫交叉法.

例 1.1.4　将下列各式分解因式.

（1）$x^2 + 6xy + 8y^2$；　　　　　（2）$5x^2 + 9x - 2$.

解　（1）因为 $8y^2 = 2y \cdot 4y, 2y + 4y = 6y$，

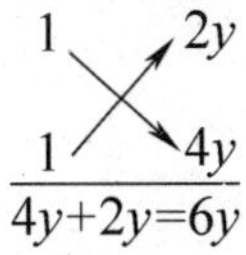

$$\begin{array}{cc} 1 & \nearrow\ 2y \\ 1 & \searrow\ 4y \\ \hline 4y+2y=6y \end{array}$$ 　　所以，$x^2 + 6xy + 8y^2 = (x + 2y)(x + 4y)$

（2）因为 $5 = 1 \times 5, -2 = 1 \times (-2)$ 或 $(-1) \times 2$，

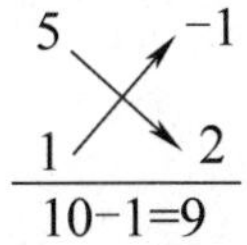

$$\begin{array}{cc} 5 & \nearrow\ -1 \\ 1 & \searrow\ 2 \\ \hline 10-1=9 \end{array}$$ 　　所以，$5x^2 + 9x - 2 = (5x - 1)(x + 2)$

例 1.1.5　分解因式：$(x^2 - 5x + 4)(x^2 - x - 2) - 72$.

解　原式 $= (x - 1)(x - 4)(x - 2)(x + 1) - 72$

$\qquad = \left[(x - 1)(x - 2) \right] \left[(x - 4)(x + 1) \right] - 72$

$\qquad = (x^2 - 3x + 2)(x^2 - 3x - 4) - 72$

$\qquad = (x^2 - 3x + 2)^2 - 6(x^2 - 3x + 2) - 72$

$\qquad = (x^2 - 3x + 2 + 6)(x^2 - 3x + 2 - 12)$

$\qquad = (x + 2)(x - 5)(x^2 - 3x + 8).$

对多项式进行因式分解常常是几种方法综合运用，灵活操作. 一般可按下列步骤进行：

（1）若多项式的各项有公因式，则先提取公因式；

（2）若多项式的各项没有公因式，则可以尝试运用公式来分解；

（3）若上述方法不能分解，则可以尝试分组、添项拆项或其他方法（为二次三项式时考虑采用十字相乘法）.

分解因式,必须进行到每一个多项式都不能再分解为止.

因式分解在解某些数学问题中有着广泛的作用. 如在公式运算中,往往需要先将分子、分母分解因式,以利于化简.

例 1.1.6 当 x 等于它的倒数时,求分式$\frac{x^2-x-6}{x-3}\div\frac{x+3}{x^2+x-6}$的值.

解 原式 $=\frac{(x-3)(x+2)}{x-3}\cdot\frac{(x+3)(x-2)}{x+3}$

$=(x+2)(x-2)=x^2-4.$

当 $x=\frac{1}{x}$时,$x^2=1$. 所以原式 $=-3$.

例 1.1.7 计算:$\frac{x^3-1}{x^3+2x^2+2x+1}+\frac{x^3+1}{x^3-2x^2+2x-1}-\frac{2(x^2+1)}{x^2-1}$.

解 先将各分式的分子、分母分解因式,得

$$原式=\frac{(x-1)(x^2+x+1)}{(x+1)(x^2+x+1)}+\frac{(x+1)(x^2-x+1)}{(x-1)(x^2-x+1)}-\frac{2(x^2+1)}{(x+1)(x-1)}$$

$$=\frac{x-1}{x+1}+\frac{x+1}{x-1}-\frac{2(x^2+1)}{(x+1)(x-1)}$$

$$=\frac{(x-1)^2+(x+1)^2-2(x^2+1)}{(x+1)(x-1)}=0.$$

习题 1.1

1. 将下列各式分解因式.

(1) $10a^3-15a^2x-6a^2y+9axy$;　(2) $16x^2-24x+9$;

(3) a^4-81;　(4) $a^2b^2+x^2y^2-a^2y^2-b^2x^2$;

(5) $x^2(x^2-xy-2y^2)-4x^2+4xy+8y^2$;

(6) $4x^2-(3x+2y)(3x-2y)+(3x-2y)^2$;

(7) $x^2-x^2y+xy^2-x+y-y^2$;　(8) $(x+y)^3+64$;

(9) $a^2+(b^2-2b)a-b^3+b^2$;　(10) $x^3z-14x^2yz+4xy^2z$;

(11) $a^2-2ab+b^2-a+b-12$;　(12) $x^4-13x^2y^2+36y^4$;

(13) $x^4-14x^2y^2+y^4$;　(14) $x^3+6x^2+12x+9$;

(15) $3x^2-7xy-6y^2-10x+8y+8$;　(16) $2x^2+2x-12$;

(17) $a^4+a^3+a^2b+ab^2+b^3-b^4$;　(18) $x^9+x^6+x^3-3$;

(19) $(x^2-7x+6)(x^2-x-6)+56$;

(20) $(x+1)(x+3)(x+5)(x+7)+15$.

2. 化简.

(1) $\frac{a^2+ab^2+b^3-b^2}{a^2+(b^2-2b)a-b^3+b^2}$;

(2) $\frac{a^2+a-2}{a^{n+1}-3a^n}\cdot\left[\frac{(a+2)^2-a^2}{4a^2-4}-\frac{3}{a^2-a}\right]$;

(3) $\frac{a}{(a-2b)(a-c)}+\frac{2b}{(2b-c)(2b-a)}+\frac{c}{(c-a)(c-2b)}$.

3. 计算.

(1) 当 $\frac{1}{x}-\frac{1}{y}=3$ 时,求分式 $\frac{2x+3xy-2y}{x-2xy-y}$ 的值;

(2) 当 $x=-2, y=\frac{1}{3}$ 时,求 $\frac{4x^2+12xy+9y^2-16}{4x^2-9y^2-4(2x-3y)}$ 的值.

1.2 部分分式

部分分式是分式运算与变形的重要内容,在高等数学中有着重要的应用.如果一个有理分式的分子的次数小于分母的次数,则这个有理分式叫做真分式,反之,就叫做假分式.利用多项式除法,总可以把一个假分式化成一个整式与一个真分式的和,且这种表示法是唯一的,所以只研究真分式的情形即可.

定义　由一个真分式分解成几个真分式的代数和,这几个分式中的每一个真分式叫做原分式的**部分分式**.

例如

$$\frac{x+1}{x^2-5x+6}=\frac{x+1}{(x-2)(x-3)}=\frac{4}{x-3}-\frac{3}{x-2}$$

式中,等式右边两个比较简单的真分式,叫做原分式的部分分式.

如果 $\frac{F(x)}{Q(x)}$ 是有理真分式,在实数范围内,任意多项式 $Q(x)$ 总能分解为一个常数(为了书写简便,取常数为 1)与形为

$$(x-a)^{\alpha} \quad 与 \quad (x^2+px+q)^{\mu} \quad (p^2-4q<0)$$

的诸因式之积

$$Q(x)=(x-a)^{\alpha}\cdots(x-b)^{\beta}(x^2+px+q)^{\mu}\cdots(x^2+rx+s)^{\upsilon}$$

式中,$\alpha,\cdots,\beta,\mu,\cdots,\upsilon$ 都是正整数.

如果分母 $Q(x)$ 中含有形为 $(x-a)^{\alpha}$ 的因式,则对应的部分分式含有

$$\frac{A_1}{(x-a)^{\alpha}}+\frac{A_2}{(x-a)^{\alpha-1}}+\cdots+\frac{A_{\alpha}}{x-a}$$

式中,$A_1, A_2, \cdots, A_{\alpha}$ 为常数.

如果 $Q(x)$ 中含有形为 $(x^2+px+q)^{\mu}(p-4q<0)$ 的因式,对应的部分分式含有

$$\frac{M_1x+N_1}{(x^2+px+q)^{\mu}}+\frac{M_2x+N_2}{(x^2+px+q)^{\mu-1}}+\cdots+\frac{M_{\mu}x+N_{\mu}}{x^2+px+q}$$

式中,M_1、N_1, M_2、N_2, $\cdots$, M_{μ}、N_{μ} 都为常数.

例 1.2.1　化分式 $\frac{x^2+3x+1}{x^3+3x^2+2x}$ 为部分分式.

解　因为 $x^3+3x^2+2x=x(x+1)(x+2)$,

所以
$$\frac{x^2+3x+1}{x^3+3x^2+2x}=\frac{A}{x}+\frac{B}{x+1}+\frac{C}{x+2} \quad (1)$$

去分母,得恒等式

$$x^2+3x+1 \equiv A(x+1)(x+2)+Bx(x+2)+Cx(x+1) \quad (2)$$

由恒等式(2)有两种方法确定待定系数 A、B、C.

方法一:数值代入法. 在恒等式(2)中

令 $x=0$,得 $1=A\cdot 1\cdot 2$,所以 $A=\frac{1}{2}$;

令 $x=-1$,得 $1-3+1=B(-1)(-1+2)$,所以 $B=1$;

令 $x=-2$,得 $4-6+1=C(-2)(-2+1)$,所以 $C=-\frac{1}{2}$.

所以
$$\frac{x^2+3x+1}{x^3+3x^2+2x}=\frac{1}{2x}+\frac{1}{x+1}-\frac{1}{2(x+2)}$$

方法二:待定系数法.

比较恒等式(2)中两边同次幂的系数,得方程组

$$\begin{matrix} x^2 \\ x^1 \\ x^0 \end{matrix} \quad \begin{cases} A+B+C=1 \\ 3A+2B+C=3 \\ 2A=1 \end{cases} \Rightarrow \begin{cases} A=\frac{1}{2} \\ B=1 \\ C=-\frac{1}{2} \end{cases}$$

例 1.2.2 化分式$\frac{2x^2+1}{x^3-1}$为部分分式.

解 因为 $x^3-1=(x-1)(x^2+x+1)$,故设

$$\frac{2x^2+1}{x^3-1}=\frac{a}{x-1}+\frac{bx+c}{x^2+x+1}$$

去分母,得恒等式

$$2x^2+1 \equiv a(x^2+x+1)+(x-1)(bx+c)$$

比较两边同次幂的系数,得

$$\begin{cases} a+b=2 \\ a-b+c=0 \\ a-c=1 \end{cases} \Rightarrow \begin{cases} a=1 \\ b=1 \\ c=0 \end{cases}$$

所以
$$\frac{2x^2+1}{x^3-1}=\frac{1}{x-1}+\frac{x}{x^2+x+1}$$

例 1.2.3 化分式$\frac{5x^2-4x+16}{(x-3)(x^2-x+1)^2}$为部分分式.

解 设
$$\frac{5x^2-4x+16}{(x-3)(x^2-x+1)^2}=\frac{a}{x-3}+\frac{bx+c}{x^2-x+1}+\frac{dx+e}{(x^2-x+1)^2}$$

去分母,得恒等式

$$5x^2-4x+16 \equiv a(x^2-x+1)^2+(bx+c)(x-3)(x^2-x+1)+(dx+e)(x-3) \quad (3)$$

用数值代入法容易求得 a.

令 $x=3$,得 $45-12+16=a(9-3+1)^2$,即 $a=1$.

于是式(3)化为

$$-x^4+2x^3+2x^2-2x+15=(bx+c)(x-3)(x^2-x+1)+(dx+e)(x-3)$$

$$(x-3)(-x^3-x^2-x-5)=(bx+c)(x-3)(x^2-x+1)+(dx+e)(x-3)$$

即
$$-x^3-x^2-x-5=(bx+c)(x^2-x+1)+(dx+e)$$

两边同除以 x^2-x+1,得

$$-x-2-\frac{2x+3}{x^2-x+1}=(bx+c)+\frac{dx+e}{x^2-x+1}$$

比较两边同次幂的系数得,$b=-1, c=-2, d=-2, e=-3$,所以

$$\frac{5x^2-4x+16}{(x-3)(x^2-x+1)^2}=\frac{1}{x-3}-\frac{x+2}{x^2-x+1}-\frac{2x+3}{(x^2-x+1)^2}$$

例 1.2.4 化分式 $\frac{1}{x^4+1}$ 为部分分式.

解 在实数范围内将分母分解因式

$$\begin{aligned} x^4+1 &= (x^4+2x^2+1)-2x^2 \\ &= (x^2+1)^2-(\sqrt{2}x)^2=(x^2+\sqrt{2}x+1)(x^2-\sqrt{2}x+1) \end{aligned}$$

所以
$$\frac{1}{x^4+1}=\frac{ax+b}{x^2+\sqrt{2}x+1}+\frac{cx+d}{x^2-\sqrt{2}x+1}$$

去分母得恒等式

$$(ax+b)(x^2-\sqrt{2}x+1)+(cx+d)(x^2+\sqrt{2}x+1)\equiv 1,$$

比较两边同次幂的系数,得

$$\begin{matrix} x^3 \\ x^2 \\ x^1 \\ x^0 \end{matrix} \quad \begin{cases} a+c=0 \\ -a\sqrt{2}+b+c\sqrt{2}+d=0 \\ a-b\sqrt{2}+c+d\sqrt{2}=0 \\ b+d=1 \end{cases} \Rightarrow \begin{cases} a=\dfrac{1}{2\sqrt{2}} \\ b=\dfrac{1}{2} \\ c=-\dfrac{1}{2\sqrt{2}} \\ d=\dfrac{1}{2} \end{cases}$$

所以
$$\frac{1}{x^4+1}=\frac{1}{2\sqrt{2}}\left(\frac{x+\sqrt{2}}{x^2+\sqrt{2}x+1}-\frac{x-\sqrt{2}}{x^2-\sqrt{2}x+1}\right)$$

对于某些较简单的分式,也可以用视察法将它们分解为部分分式. 例如

$$\frac{1}{(x-a)(x-b)}=\frac{1}{a-b}\left(\frac{1}{x-a}-\frac{1}{x-b}\right)$$

$$\frac{x}{(x-a)(x-b)}=\frac{1}{a-b}\left(\frac{a}{x-a}-\frac{b}{x-b}\right)$$

$$\frac{4}{x^3+4x}=\frac{x^2+4-x^2}{x(x^2+4)}=\frac{1}{x}-\frac{x}{x^2+4}$$

$$\frac{2x}{(x-2)^2}=\frac{2(x-2)+4}{(x-2)^2}=\frac{2}{x-2}+\frac{4}{(x-2)^2}$$

习题 1.2

1. 用视察法将下列分式化为部分分式.

(1) $\dfrac{1}{(x-1)(x-2)}$； (2) $\dfrac{x}{(x-2)(x-3)}$；

(3) $\dfrac{1}{x^3+2x}$； (4) $\dfrac{x}{(x-3)^2}$；

(5) $\dfrac{2x^2}{(x-3)^2}$； (6) $\dfrac{a}{(x+a)(x+2a)}$.

2. 将下列分式化为部分分式.

(1) $\dfrac{6x-1}{(2x+1)(3x-1)}$； (2) $\dfrac{8x+2}{x-x^3}$；

(3) $\dfrac{6}{2x^4-x^2-1}$； (4) $\dfrac{3x-1}{(x-2)(x^2+1)}$；

(5) $\dfrac{x^3+x+3}{x^4+x^2+1}$； (6) $\dfrac{x^2+x+1}{(x^2+1)(x^2+2)}$；

(7) $\dfrac{3x^2}{x^2+x-2}$； (8) $\dfrac{x^3}{x^2+x-12}$；

(9) $\dfrac{2x^2-3x-3}{(x-1)(x^2-2x+5)}$； (10) $\dfrac{3x-7}{x^3+x^2+4x+4}$；

(11) $\dfrac{x^3+1}{(x^2-4x+5)^2}$； (12) $\dfrac{1}{x^4+x^2+1}$.

3. 求和：$\dfrac{a}{x(x+a)}+\dfrac{a}{(x+a)(x+2a)}+\cdots+\dfrac{a}{[x+(n-1)a][x+na]}$.

1.3 根 式

1.3.1 根式的基本性质

如前所述，式子$\sqrt[n]{a}$称为**根式**. 若 $a\geqslant 0$，则称$\sqrt[n]{a}$为 a 的 n 次**算术根**. 一个数的算术根只有一个，且是非负的.

因为任何负数的奇次方根都是一个负数，而且它等于这个数的绝对值的同次方根的相反数，即$\sqrt[n]{a}=-\sqrt[n]{|a|}$（$a<0$，$n$ 为奇数），如 $\sqrt[3]{-8}=-\sqrt[3]{8}$，而负数的偶次方根无意义. 因此，要研究根式的性质，只需研究算术根的性质即可.

根据算术根的定义，有

$$(\sqrt[n]{a})^n=a \quad (a\geqslant 0, n>1, n\in \mathbf{N}) \tag{1}$$

若无特别说明，从现在起本节所有字母都是非负的.

从式(1)不难导出根式的基本性质：

(1) $\sqrt[n]{a^m}=\sqrt[np]{a^{mp}}$； (2) $\sqrt[n]{ab}=\sqrt[n]{a}\sqrt[n]{b}$；

(3) $\sqrt[n]{\dfrac{a}{b}}=\dfrac{\sqrt[n]{a}}{\sqrt[n]{b}}$； (4) $(\sqrt[n]{a})^m=\sqrt[n]{a^m}$；

(5) $\sqrt[m]{\sqrt[n]{a}}=\sqrt[mn]{a}$.

其中，$m,n,p\in\mathbf{N}$.

根指数相同的根式称为**同次根式**，否则称为**异次根式**. 利用上述性质可以把异次根式化为同次根式.

1.3.2 根式的化简

若根式符合条件：(1)被开方数的指数与根指数互质；(2)被开方数的每个因子的指数都小于根数；(3)被开方数不含分母，则称这个根式为**最简根式**.

例如，$2a\sqrt{ab}$，$\dfrac{\sqrt[3]{ac}}{ab}$都是最简根式，而$\sqrt[3]{a^4b}$，$a^4\sqrt{a^2b^2}$，$\sqrt[5]{\dfrac{b}{a^3}}$都不是最简根式. 化简根式就是利用根式的性质把一个根式化为最简根式.

例 1.3.1 化简下列根式.

(1) $\sqrt[5]{\sqrt{32x^{15}y^5}}$； (2) $5\sqrt{xy}\cdot 4\sqrt[3]{x^2y^2}$；

(3) $15\sqrt[3]{4}-3\sqrt[3]{32}-16\sqrt[3]{\dfrac{1}{16}}-\sqrt[3]{108}$.

解 (1) $\sqrt[5]{\sqrt{32x^{15}y^5}}=\sqrt[10]{32x^{15}y^5}=\sqrt{2x^3y}=x\sqrt{2xy}$.

(2) $5\sqrt{xy}\cdot 4\sqrt[3]{x^2y^2}=5\sqrt[6]{x^3y^3}\cdot 4\sqrt[6]{x^4y^4}=20\sqrt[6]{x^7y^7}=20xy\sqrt[6]{xy}$.

(3) $15\sqrt[3]{4}-3\sqrt[3]{32}-16\sqrt[3]{\dfrac{1}{16}}-\sqrt[3]{108}=15\sqrt[3]{4}-6\sqrt[3]{4}-4\sqrt[3]{4}-3\sqrt[3]{4}=2\sqrt[3]{4}$.

如例 1.3.1(3)，几个根式都化成最简根式后，总被开方数相同，根指数也相同，则称这些根式为**同类根式**. 同类根式可以合并.

例 1.3.2 化简下列根式.

(1) $a+\sqrt{(a-1)^2}$ $(a\in\mathbf{R})$； (2) $\sqrt{x^2-6x+9}$ $(x<3)$；

(3) $\sqrt{(x+3)^2}+\sqrt{(x-2)^2}+\sqrt{(x-5)^2}$ $(3<x<5)$.

解 (1) $a+\sqrt{(a-1)^2}=a+|a-1|=\begin{cases}a+(a-1)=2a-1 & \text{当 } a\geqslant 1\\ a-(a-1)=1 & \text{当 } a<1\end{cases}$.

(2) $\sqrt{x^2-6x+9}=\sqrt{(x-3)^2}=3-x$ $(x<3)$.

(3) $\sqrt{(x+3)^2}+\sqrt{(x-2)^2}+\sqrt{(x-5)^2}=|x+3|+|x-2|+|x-5|$.

当 $3<x<5$ 时，原式 $=x+3+x-2+5-x=x+6$.

例 1.3.3 已知 $x=\sqrt[3]{2+\sqrt{5}}+\sqrt[3]{2-\sqrt{5}}$，求 x^3+3x-4 的值.

解

$$\begin{aligned}x^3&=\left(\sqrt[3]{2+\sqrt{5}}+\sqrt[3]{2-\sqrt{5}}\right)^3\\&=2+\sqrt{5}+2-\sqrt{5}+3\sqrt[3]{(2+\sqrt{5})^2}\sqrt[3]{2-\sqrt{5}}+3\sqrt[3]{2+\sqrt{5}}\sqrt[3]{(2-\sqrt{5})^2}\\&=4+3\sqrt[3]{(2+\sqrt{5})(2-\sqrt{5})}\left(\sqrt[3]{2+\sqrt{5}}+\sqrt[3]{2-\sqrt{5}}\right)\\&=4-3x.\end{aligned}$$

所以 $x^3+3x-4=0$.

1.3.3 分母有理化

把一个分式分母中的根号化去，称为**分母有理化**. 分母有理化的方法是用一个适当的代数式同乘以分子、分母，使分母不含根式.

例 1.3.4　将下列各式的分母有理化.

(1) $\dfrac{5}{2\sqrt{3}-\sqrt{2}}$；　　(2) $\dfrac{2}{1+\sqrt{2}-\sqrt{3}}$；

(3) $\dfrac{4}{\sqrt[3]{5}-\sqrt[3]{3}}$.

解　(1) 原式 $=\dfrac{5(2\sqrt{3}+\sqrt{2})}{(2\sqrt{3})^2-(\sqrt{2})^2}=\dfrac{10\sqrt{3}+5\sqrt{2}}{10}=\sqrt{3}+\dfrac{1}{2}\sqrt{2}$.

(2) 原式 $=\dfrac{2(1+\sqrt{2}+\sqrt{3})}{(1+\sqrt{2})^2-(\sqrt{3})^2}=\dfrac{1+\sqrt{2}+\sqrt{3}}{\sqrt{2}}=\dfrac{1}{2}(2+\sqrt{2}+\sqrt{6})$.

(3) 原式 $=\dfrac{4(\sqrt[3]{5^2}+\sqrt[3]{15}+\sqrt[3]{3^2})}{(\sqrt[3]{5})^3-(\sqrt[3]{3})^3}=2(\sqrt[3]{25}+\sqrt[3]{15}+\sqrt[3]{9})$.

例 1.3.5　已知 $x=\sqrt{6+2\sqrt{5}}$，求 $\left(\dfrac{\sqrt{x}}{1+\sqrt{x}}+\dfrac{1-\sqrt{x}}{\sqrt{x}}\right)\div\left(\dfrac{\sqrt{x}}{1+\sqrt{x}}-\dfrac{1-\sqrt{x}}{\sqrt{x}}\right)$ 的值.

解　因为 $x=\sqrt{6+2\sqrt{5}}=\sqrt{(\sqrt{5}+1)^2}=\sqrt{5}+1$，

$$\text{原式}=\left[\frac{\sqrt{x}(1-\sqrt{x})}{1-x}+\frac{\sqrt{x}(1-\sqrt{x})}{x}\right]\div\left(\frac{\sqrt{x}(1-\sqrt{x})}{1-x}-\frac{\sqrt{x}(1-\sqrt{x})}{x}\right)$$

$$=\left(\frac{1}{1-x}+\frac{1}{x}\right)\div\left(\frac{1}{1-x}-\frac{1}{x}\right)\quad(x\neq 1,0)$$

$$=\frac{1}{x(1-x)}\div\frac{2x-1}{x(1-x)}=\frac{1}{2x-1}.$$

所以当 $x=\sqrt{6+2\sqrt{5}}$ 时，原式 $=\dfrac{1}{2x-1}=\dfrac{1}{2\sqrt{5}+1}=\dfrac{1}{19}(2\sqrt{5}-1)$.

例 1.3.6　设 $x=\dfrac{2ab}{b^2+1}(a>0,b>0)$，证明：

$$\frac{\sqrt{a+x}+\sqrt{a-x}}{\sqrt{a+x}-\sqrt{a-x}}=\begin{cases}b & \text{当 } b\geqslant 1\\ \dfrac{1}{b} & \text{当 } 0<b<1\end{cases}.$$

证明　由 $a>0,b>0,x=\dfrac{2ab}{b^2+1}$，知 $a+x>0,a-x\geqslant 0$，于是

$$\frac{\sqrt{a+x}+\sqrt{a-x}}{\sqrt{a+x}-\sqrt{a-x}}=\frac{(\sqrt{a+x}+\sqrt{a-x})^2}{(\sqrt{a+x})^2-(\sqrt{a-x})^2}=\frac{a+\sqrt{a^2-x^2}}{x}$$

$$=\left[a+\sqrt{a^2-\left(\frac{2ab}{b^2+1}\right)^2}\right]\cdot\frac{b^2+1}{2ab}$$

$$=\left[a+\frac{\sqrt{a^2(b^2+1)^2-4a^2b^2}}{b^2+1}\right]\cdot\frac{b^2+1}{2ab}$$

$$=a\left(1+\frac{|b^2-1|}{b^2+1}\right)\cdot\frac{b^2+1}{2ab}=\frac{b^2+1+|b^2-1|}{2b}$$

$$=\begin{cases} b & 当\ b\geqslant 1 \\ \dfrac{1}{b} & 当\ 0<b<1 \end{cases}.$$

为化简根式,有时也需要分子有理化.

例 1.3.7　若 $0<x<1$,化简 $\dfrac{\sqrt{1+x}+\sqrt{1-x}}{\sqrt{1+x}-\sqrt{1-x}}\left(\sqrt{\dfrac{1}{x^2}-1}-\dfrac{1}{x}\right)$.

解　原式 $=\dfrac{(\sqrt{1+x})^2-(\sqrt{1-x})^2}{(\sqrt{1+x}-\sqrt{1-x})^2}\cdot\dfrac{\sqrt{1-x^2}-1}{x}$

$$=\frac{2x}{2-2\sqrt{1-x^2}}\cdot\frac{\sqrt{1-x^2}-1}{x}=-1.$$

习题 1.3

1. 化简.

(1) $\sqrt{(a^2+b^2)^2-(a^2-b^2)^2}$;　　(2) $\sqrt{\tan 45^\circ-2\sin 25^\circ\cos 25^\circ}$;

(3) $\sqrt{\lg^2 3-2\lg 3+1}$;　　(4) $\dfrac{a}{a-b}\sqrt{a^3-2a^2b+ab^2}$　$(b>a)$.

2. 计算$(a>0,b>0)$.

(1) $\sqrt{5-\sqrt{21}}$;　　(2) $\sqrt{3+\sqrt{5}}+\sqrt{3-\sqrt{5}}$;

(3) $\left(\sqrt{a}+\sqrt{\dfrac{b}{a}}\right)\left(\sqrt{ab}-\sqrt{\dfrac{a}{b}}\right)$;　　(4) $\sqrt{2a^2+2\sqrt{a^4-b^2}}$;

(5) $\dfrac{\sqrt{a^2-4}+a+2}{a+2-\sqrt{a^2-4}}+\dfrac{a+2-\sqrt{a^2-4}}{a+2+\sqrt{a^2-4}}$;

(6) $\dfrac{1}{\sqrt{11-2\sqrt{30}}}+\dfrac{3}{\sqrt{7-2\sqrt{10}}}+\dfrac{4}{\sqrt{8+4\sqrt{3}}}$.

3. 化简.

(1) $\dfrac{18+8\sqrt{3}}{2\sqrt{3}+\sqrt{12}-6\sqrt{3}}$;　　(2) $\dfrac{\sqrt{x^2+1}}{\sqrt{x^2+1}-\sqrt{x^2-1}}$　$(x>1)$;

(3) $\dfrac{\sqrt[3]{x^2y}-\sqrt[3]{xy^2}}{\sqrt[3]{ax}-\sqrt[3]{ay}}$;　　(4) $\dfrac{x\sqrt{y}-y\sqrt{x}}{x\sqrt{y}+y\sqrt{x}}-\dfrac{y\sqrt{x}+x\sqrt{y}}{y\sqrt{x}-x\sqrt{y}}$　$(x\neq y)$.

4. 求值.

(1) 已知 $x=\sqrt{2}+1$,求 $\left(x+\dfrac{1}{x}\right)^2-4\left(x+\dfrac{1}{x}\right)+4$ 的值;

(2) 已知 $x=\dfrac{\sqrt{3}}{2}$,求 $\dfrac{1+x}{1+\sqrt{1+x}}+\dfrac{1-x}{1-\sqrt{1-x}}$ 的值;

(3) 已知 $x=\dfrac{\sqrt{3}-\sqrt{2}}{\sqrt{3}+\sqrt{2}}$,$y=\dfrac{\sqrt{3}+\sqrt{2}}{\sqrt{3}-\sqrt{2}}$,求多项式 $3x^2-5xy+3y^2$ 的值;

(4) 已知 $2x=\sqrt{2-\sqrt{3}}$，求$\dfrac{x}{\sqrt{1-x^2}}+\dfrac{\sqrt{1-x^2}}{x}$的值.

5. 设 $x=\dfrac{1}{2}\left(\sqrt{\dfrac{a}{b}}+\sqrt{\dfrac{b}{a}}\right)$，求 $y=\dfrac{2b\sqrt{x^2-1}}{x-\sqrt{x^2-1}}$的值.

6. 设 $a\sqrt{1-b^2}+b\sqrt{1-a^2}=1$，求证：$a^2+b^2=1$.

7. 设 $f(x)=\sqrt{x}+\sqrt{x+1}$，求证：$\dfrac{1}{f(1)}+\dfrac{1}{f(2)}+\cdots+\dfrac{1}{f(n)}=\sqrt{n+1}-1\quad(n\in\mathbf{N})$.

8. 设 $2x+1<0$，求证：$\sqrt{4x^2-12x+9}-\sqrt{1+4x+4x^2}=4$.

1.4　零指数幂、负指数幂与分数指数幂

对于以正整数 n 为指数的幂，我们有

$$a^n=\underbrace{a\cdot a\cdot a\cdot\cdots}_{n个}$$

且有幂的运算法则

$$a^m\cdot a^n=a^{m+n},\quad (a^n)^m=a^{mn},\quad (ab)^n=a^nb^n$$

$$\frac{a^m}{a^n}=a^{m-n}\quad(m>n,a\neq 0)$$

式中，$m,n\in\mathbf{N}$，$a,b\in\mathbf{R}$.

现在要将幂的指数推广到有理数，即考察形如 2^0，3^{-2}，$5^{\frac{3}{2}}$等的幂.

由$\dfrac{a^m}{a^n}=a^{m-n}(a\neq 0,m>n)$，当 $m=n$ 时，显然，$a^0=1$，当 $m<n$ 时，a^{m-n}的指数$m-n$是负数，而$\dfrac{a^n}{a^m}=a^{n-m}$，$n-m>0$，即有 $a^{m-n}=\dfrac{1}{a^{n-m}}(n-m>0)$. 所以，有下列定义：

(1) 若 $a\neq 0$，则 $a^0=1$. 零的零次幂无意义.

(2) 若 $a\neq 0$，$n\in\mathbf{N}$，则 $a^{-n}=\dfrac{1}{a^n}$. 零的负整数幂无意义.

(3) 若 $a>0$，$p,q\in\mathbf{N}$，$q\neq 1$，则 $a^{\frac{p}{q}}=\sqrt[q]{a^p}$，$a^{-\frac{p}{q}}=\dfrac{1}{a^{\frac{p}{q}}}$.

零的正分数次幂是零；零的负分数次幂无意义.

根据(1)、(2)容易验证零指数幂、负指数幂、分数指数幂都满足幂的法则.

例 1.4.1　计算：

(1) $\left(2\dfrac{7}{9}\right)^{\frac{1}{2}}\times\left(1\dfrac{61}{64}\right)^{-\frac{2}{3}}-(-1)^{-4}+(2^{-1}+4^{-2})^{\frac{1}{2}}\times(-2)^0$；

(2) $\left\{\dfrac{1}{4}\times\left[(0.027)^{\frac{2}{3}}+15\times(0.0016)^{0.75}+(101-100)^{-1}\right]\right\}^{-\frac{1}{2}}$.

解　(1) 原式 $=\left(\dfrac{25}{9}\right)^{\frac{1}{2}}\times\left[\left(\dfrac{5}{4}\right)^3\right]^{-\frac{2}{3}}-\dfrac{1}{(-1)^4}+\left(\dfrac{1}{2}+\dfrac{1}{4^2}\right)^{\frac{1}{2}}\times 1$

$$=\frac{5}{3}\times\left(\frac{5}{4}\right)^{-2}-1+\left(\frac{9}{16}\right)^{\frac{1}{2}}=\frac{5}{3}\times\frac{16}{25}-1+\frac{3}{4}=\frac{49}{60}.$$

(2)原式 $=\left\{\frac{1}{4}\times[(0.3^3)^{\frac{2}{3}}+15\times(0.2^4)^{\frac{3}{4}}+1]\right\}^{-\frac{1}{2}}$

$$=\left[\frac{1}{4}\times(0.3^2+15\times0.2^3+1)\right]^{-\frac{1}{2}}$$

$$=\left(\frac{1}{4}\times1.21\right)^{-\frac{1}{2}}=\left(\frac{1}{2}\times1.1\right)^{-1}=\frac{20}{11}=1\frac{9}{11}.$$

例 1.4.2　化简下列各式.

(1) $\frac{(2a^{-3}b^{-\frac{3}{2}})(-3a^{-1}b)}{4a^{-4}b^{-\frac{5}{2}}}$;　　(2) $\left(\sqrt{x\sqrt{x\sqrt{x\sqrt{x}}}}\right)^3$;

(3) $\sqrt{x^{-3}y^2\sqrt[3]{xy^2}}$;　　(4) $\frac{x-x^{-1}}{x^{\frac{2}{3}}-x^{-\frac{2}{3}}}-\frac{x+x^{-1}}{x^{\frac{2}{3}}+x^{-\frac{2}{3}}+2}+\frac{2x}{x^{\frac{2}{3}}+1}$.

解　(1)原式 $=-\frac{3}{2}a^{-3-1-(-4)}b^{-\frac{3}{2}+1-(-\frac{5}{2})}=-\frac{3}{2}b^2$.

(2)原式 $=(x^{\frac{1}{2}}\cdot x^{\frac{1}{4}}\cdot x^{\frac{1}{8}}\cdot x^{\frac{1}{16}})^3=(x^{\frac{1}{2}+\frac{1}{4}+\frac{1}{8}+\frac{1}{16}})^3=x^{\frac{45}{16}}$.

(3)原式 $=x^{-\frac{3}{2}}\cdot y\cdot x^{\frac{1}{6}}\cdot y^{\frac{1}{3}}=x^{-\frac{3}{2}+\frac{1}{6}}y^{1+\frac{2}{3}}=x^{-\frac{4}{3}}y^{\frac{4}{3}}$.

(4)设 $x^{\frac{1}{3}}=A,x^{-\frac{1}{3}}=B$,则 $A\cdot B=1$,所以

原式 $=\frac{A^3-B^3}{A^2-B^2}-\frac{A^3+B^3}{A^2+B^2+2AB}+\frac{2A^3}{A^2+AB}$

$$=\frac{A^2+AB+B^2}{A+B}-\frac{A^2-AB+B^2}{A+B}+\frac{2A^2}{A+B}$$

$$=\frac{2A^2+2AB}{A+B}=2A=2\sqrt[3]{x}.$$

例 1.4.3　已知 $x^{\frac{1}{2}}+x^{-\frac{1}{2}}=3$,求 $\frac{x^{\frac{3}{2}}+x^{-\frac{3}{2}}+2}{x^2+x^{-2}+3}$ 的值.

解　将 $x^{\frac{1}{2}}+x^{-\frac{1}{2}}=3$ 两端平方,得

$$x+x^{-1}+2=9,\quad 即\ x+x^{-1}=7 \tag{1}$$

将(1)式两端再平方,得

$$x^2+x^{-2}+2=49,\quad 即\ x^2+x^{-2}=47 \tag{2}$$

所以由(1),(2)式,得

$$\frac{x^{\frac{3}{2}}+x^{-\frac{3}{2}}+2}{x^2+x^{-2}+3}=\frac{(x^{\frac{1}{2}}+x^{-\frac{1}{2}})(x+x^{-1}-1)+2}{x^2+x^{-2}+3}=\frac{3\cdot(7-1)+2}{47+3}=\frac{2}{5}.$$

习题 1.4

1. 计算.

(1) $\left\{\left[\frac{5}{3}-\left(\frac{6}{5}\right)^{-1}\right]^{-2}-\left(\frac{25}{11}\right)^{-1}\right\}^{-3}$;

(2) $0.25\times(-2)^2-4\div(\sqrt{5}-1)^0-\left(\frac{1}{6}\right)^{-\frac{1}{2}}+\frac{\sqrt{3}}{\sqrt{3}-\sqrt{2}}$;

(3) $\left(\frac{1}{300}\right)^{-\frac{1}{2}}+10\left(\frac{\sqrt{3}}{2}\right)^{\frac{1}{2}}\times\left(\frac{7}{4}\right)^{\frac{1}{4}}-10(2-\sqrt{3})^{-1}$;

(4) $\left(\frac{2}{a^n+a^{-n}}\right)^{-2}-\left(\frac{2}{a^n-a^{-n}}\right)^{-2}$ $(n\in\mathbf{N})$.

2. 化简.

(1) $(x^{\frac{1}{4}}+y^{\frac{1}{4}})(x^{\frac{1}{4}}-y^{\frac{1}{4}})(x^{\frac{1}{2}}+y^{\frac{1}{2}})$; (2) $(a^{\frac{1}{2}}-b^{\frac{1}{2}})(a+a^{\frac{1}{2}}b^{\frac{1}{2}}+b)$;

(3) $\frac{a^2+a^{-2}-2}{a^2-a^{-2}}$; (4) $(8b^{\frac{1}{3}}\sqrt{x^{-\frac{1}{3}}b\sqrt[4]{x^{\frac{4}{3}}}})^{\frac{1}{3}}$;

(5) $\frac{a-b}{a^{\frac{1}{3}}-b^{\frac{1}{3}}}-\frac{a+b}{a^{\frac{1}{3}}+b^{\frac{1}{3}}}$.

3. 已知 $x=\frac{\sqrt{3}}{2}$，求 $\frac{1+x}{1+(1+x)^{\frac{1}{2}}}+\frac{1-x}{1-(1-x)^{\frac{1}{2}}}$ 的值.

4. 已知 $x=\frac{3}{2}$，求 $\sqrt{x+2\sqrt{x-1}}+\sqrt{x-2\sqrt{x-1}}$ 的值.

5. 已知 $x=(a+\sqrt{a^2+b^3})^{\frac{1}{3}}+(a-\sqrt{a^2+b^3})^{\frac{1}{3}}$，求 $x^3+3bx-2a+1$ 的值.(提示:计算 x^3)

第 2 章　方程与方程组

方程和方程组是中学数学的重要内容之一．本章主要研究代数方程的解法和同解变形原理．在代数方程中，最基本的是一元一次方程，而其他各种方程经过变形后，都将转化为一元一次方程来解．解方程又是解决某些实际问题数量关系的一种重要方法，研究代数方程的思想方法为学习其他科学知识提供了必要的基础．

2.1　方程的同解性

含有未知数的等式叫做**方程**．能够使方程左右两边的值相等的未知数的值，叫做方程的**解**．方程的解也叫做方程的**根**．求方程的解的过程，叫做**解方程**．本章仅限于实数范围内解方程．

方程可以按照组成等式的解析式来分类．

- 方程
  - 代数方程
    - 有理方程
      - 整式方程
        - 一次方程
        - 二次方程
        - 高次方程
      - 分式方程
    - 无理方程
  - 超越方程（指数方程，对数方程，三角方程）

方程也可以按照它所含的未知数的个数来分类．

- 方程
  - 一元方程，一般形式 $f(x)=0$
  - 二元方程，一般形式 $f(x,y)=0$
  - 多元方程，一般形式 $f(x,y,\cdots,z)=0$

2.1.1　方程的同解性概述

设方程

$$f(x)=g(x) \tag{1}$$

经过某些变换（变形）化为新方程

$$f_1(x)=g_1(x) \tag{2}$$

式中，$f(x)$，$g(x)$，$f_1(x)$，$g_1(x)$ 都是关于 x 的代数式．

如果方程(1)的每一个根（k 重根，即 k 个相等的根算作 k 个根）都是方程(2)的根，并且方程(2)的每一个根也都是方程(1)的根，那么方程(1)和方程(2)叫做**同解方程**．

根据等式的基本性质，容易推出下列定理：

定理 2.1.1　设 $h(x)$，$k(x)$ 是关于 x 的整式，且 $k(x)\neq 0$（$x\in\mathbf{R}$），则方程

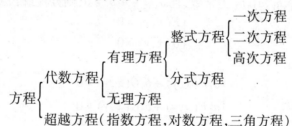

$$f(x)+h(x)=g(x)+h(x) \tag{3}$$

$$f(x)k(x)=g(x)k(x) \tag{4}$$

都与方程(1)同解.

证明　设 x_0 是方程(1)的任一根,即

$$f(x_0)=g(x_0) \tag{5}$$

由 $h(x)$ 是关于 x 的整式知,$h(x_0)$ 有意义,在(5)式两边同时加上 $h(x_0)$,得

$$f(x_0)+h(x_0)=g(x_0)+h(x_0) \tag{6}$$

即 x_0 是方程(3)的根.

反之,若 x_0 是方程(3)的任一根,即(6)式成立,在它的两边同减去 $h(x_0)$,即得 x_0 是方程(1)的根,所以方程(1)与方程(3)同解.

类似地,可以证明方程(1)与方程(4)同解,以及定理 2.1.2.

定理 2.1.2　设 $A(x)$,$B(x)$,$C(x)$ 都是关于 x 的整式,则方程

$$A(x)C(x)=B(x)C(x)$$

与方程

$$A(x)=B(x) \quad 或 \quad C(x)=0$$

同解.

特别地,$A(x)B(x)=0$ 与方程 $A(x)=0$ 或 $B(x)=0$ 同解.

例如,方程 $(2x+1)(x-2)=0$ 与方程 $2x+1=0$ 或 $x-2=0$ 同解.

定理 2.1.3　设 a_1,b_1,a_2,b_2 为常数,且 $a_1b_2-a_2b_1\neq0$,则方程组

$$\begin{cases}F(x,y)=0\\G(x,y)=0\end{cases} \tag{Ⅰ}$$

与方程组

$$\begin{cases}a_1F(x,y)+b_1G(x,y)=0\\a_2F(x,y)+b_2G(x,y)=0\end{cases} \tag{Ⅱ}$$

同解.

证明　设 (x_0,y_0) 是方程组(Ⅰ)的任一个解,即

$$\begin{cases}F(x_0,y_0)=0 & (7)\\G(x_0,y_0)=0 & (8)\end{cases}$$

以 a_1,b_1 分别乘以方程(7),(8)的两边并相加,再以 a_2,b_2 分别乘以方程(7),(8)的两边并相加,即证 (x_0,y_0) 是方程组(Ⅱ)的解.

反之,设 (x_0,y_0) 是方程组(Ⅱ)的任一解,即

$$\begin{cases}a_1F(x_0,y_0)+b_1G(x_0,y_0)=0\\a_2F(x_0,y_0)+b_2G(x_0,y_0)=0\end{cases}$$

用加减消元法,由 $a_1b_2-a_2b_1\neq0$,可得上述方程组有解 $F(x_0,y_0)=0$,$G(x_0,y_0)=0$,即 (x_0,y_0) 是方程组(Ⅰ)的解. 所以方程组(Ⅰ)与方程组(Ⅱ)同解.

综上所述,要使方程(方程组)与原方程(方程组)同解,只要所作变换符合定理 2.1.1 ~ 定理 2.1.3 的条件即可.

2.1.2　增根和遗根

解代数方程的基本思路是:将高次方程化为低次方程,将分式方程化为整式方程,将无

理方程化为有理方程．在原方程的变形过程中，有可能扩大了未知数的取值范围，也可能方程两边同时乘以（或除以）一个含有未知数的整式 $D(x)$，而 $D(x)$ 是否为零尚不可知，因而所得到的新方程不一定与原方程同解，可能产生增根或遗根．增根要舍去，遗根需要补回来．

例 2.1.1　解方程 $\frac{3}{x}+\frac{6}{x-1}=\frac{x+5}{x(x-1)}$.

解　方程两边同乘以 $x(x-1)$，得

$$3(x-1)+6x=x+5$$

即

$$8x-8=0$$

所以

$$x=1$$

当 $x=1$ 时，所乘整式 $D(x)=x(x-1)=0$.
所以 $x=1$ 为增根，故原方程无解．

例 2.1.2　解方程 $\frac{2x^2-3x-2}{x+1}=\frac{x^2+x-6}{x-1}$.

解　分子分解因式

$$\frac{(2x+1)(x-2)}{x+1}=\frac{(x-2)(x+3)}{x-1}$$

两边约去 $(x-2)$，得

$$\frac{2x+1}{x+1}=\frac{x+3}{x-1}$$

两边同乘以 x^2-1，得

$$(2x+1)(x-1)=(x+3)(x+1)$$

即

$$x^2-5x-4=0$$

解之，得 $x_1=\frac{5}{2}+\frac{\sqrt{41}}{2}$，$x_2=\frac{5}{2}-\frac{\sqrt{41}}{2}$.

根据定理 2.1.2，$x-2=0$ 也是原方程的根，此根称为遗根．为了避免遗根，应根据定理 2.1.2，将原方程化为

$$\left(\frac{2x+1}{x+1}-\frac{x+3}{x-1}\right)(x-2)=0$$

原方程与方程 $\frac{2x+1}{x+1}-\frac{x+3}{x-1}=0$ 或 $x-2=0$ 同解．

例 2.1.3　解方程 $\sqrt{5x+4}=\sqrt{2x-1}+\sqrt{3x+1}$.

解　两边平方，得

$$5x+4=2x-1+2\sqrt{(2x-1)(3x+1)}+3x+1$$

即

$$\sqrt{(2x-1)(3x+1)}=2$$

再两边平方，得

$$(2x-1)(3x+1)=4$$

即

$$6x^2-x-5=0$$

解之，得 $x_1=1$，$x_2=-\frac{5}{6}$.

检验，因方程两边的取值范围是 $x\geqslant\frac{1}{2}$，所以 $x=-\frac{5}{6}$ 是增根．
故原方程的根为 $x=1$.

习题 2.1

1. 讨论下列各组方程在实数集上的同解性.

(1) $x^2+1=0$ 和 $x^4+1=0$;

(2) $x^4=16$ 和 $x^2=4$;

(3) $2x-3=9-x$ 和 $2x-3+\sqrt{1-x}=9-x+\sqrt{1-x}$;

(4) $x^2-5x+6=0$ 和 $(x^2-5x+6)(x-1)=0$;

(5) $\sqrt{f(x)\cdot g(x)}=0$ 和 $\sqrt{f(x)}\cdot\sqrt{g(x)}=0$;

(6) $\dfrac{f_1(x)}{g_1(x)}=\dfrac{f_2(x)}{g_2(x)}$ 和 $\dfrac{f_1(x)}{g_1(x)}=\dfrac{f_1(x)+f_2(x)}{g_1(x)+g_2(x)}$.

2. 解方程 $x^2=\dfrac{6}{x^2-x}+x-1$.

3. 若关于 x 的方程 $\dfrac{k-1}{x^2-1}-\dfrac{1}{x^2-x}=\dfrac{k-5}{x^2+x}$ 有增根 $x=1$, 求 k 的值.

4. 解方程 $\sqrt{3x-3}-\sqrt{2x+8}+\sqrt{5x-19}=0$.

2.2　一元二次方程根的判别式和韦达定理

2.2.1　一元二次方程根的判别式

一元二次方程的一般形式为

$$ax^2+bx+c=0\quad(a,b,c\in\mathbf{R},a\neq0)$$

我们知道,一元二次方程的解法主要有开平方法、配方法、因式分解法、公式法. 其基本思想是将一元二次方程化为一元一次方程求解.

例如,利用配方法推导求根公式, 将方程

$$ax^2+bx+c=0\quad(a\neq0)\tag{1}$$

配方,得

$$\left(x+\frac{b}{2a}\right)^2=\frac{b^2-4ac}{4a^2}.$$

(1) 若 $b^2-4ac\geqslant0$, 则

$$x+\frac{b}{2a}=\pm\frac{\sqrt{b^2-4ac}}{2a}$$

所以

$$x=\frac{-b\pm\sqrt{b^2-4ac}}{2a}$$

(2) 特别地, 若 $b^2-4ac=0$, 则方程(1)有 2 重根

$$x=-\frac{b}{2a}$$

(3) 若 $b^2-4ac\leqslant0$, 则方程(1)无实数根.

$\Delta=b^2-4ac$ 称为**一元二次方程根的判别式**.

例 2.2.1　解关于 x 的一元二次方程 $(m-1)x^2+2mx+m+3=0$.

解　因为 $a=m-1, b=2m, c=m+3$.

所以
$$\begin{aligned}b^2-4ac&=(2m)^2-4(m-1)(m+3)\\&=-8m+12\end{aligned}$$

当 $-8m+12>0$，即 $m<\dfrac{3}{2}$ 时，方程的根是 $x=\dfrac{-m\pm\sqrt{3-2m}}{m-1}$；

当 $-8m+12=0$，即 $m=\dfrac{3}{2}$ 时，方程的根是 $x=-3$；

当 $-8m+12<0$ 时，即 $m>\dfrac{3}{2}$ 时，原方程无解．

例 2.2.2　k 分别为何值时，关于 x 的一元二次方程 $x^2-4x+k-5=0$，(1)有两个不相等的实数根；(2)有两个相等的实数根；(3)没有实数根．

解
$$\Delta=(-4)^2-4(k-5)=36-4k$$

(1)因为方程有两个不相等的实数根，所以 $\Delta>0$，即 $36-4k>0$. 解得 $k<9$.

(2)因为方程有两个不相等的实数根，所以 $\Delta=0$，即 $36-4k=0$. 解得 $k=9$.

(3)因为方程没有实数根，所以 $\Delta<0$，即 $36-4k<0$. 解得 $k>9$.

例 2.2.3　设 $p_1\cdot p_2=2(q_1+q_2)$. 证明方程 $x^2+p_1x+q_1=0$ 和 $x^2+p_2x+q_2=0$ 中至少有一个方程有实数根．

证明　假设两个方程都没有实数根，则
$$p_1^2-4q_1<0,\quad p_2^2-4q_2<0$$

于是
$$p_1^2+p_2^2-4(q_1+q_2)<0$$

由 $p_1\cdot p_2=2(q_1+q_2)$，得 $p_1^2+p_2^2-2p_1p_2<0$，即 $(p_1-p_2)^2<0$，矛盾．

所以，方程 $x^2+p_1x+q_1=0$ 和 $x^2+p_2x+q_2=0$ 中至少有一个方程有实数根．

例 2.2.4　已知：a、b、c 为 $\triangle ABC$ 的三边，当 $m>0$ 时，关于 x 的方程 $c(x^2+m)+b(x^2-m)-2\sqrt{m}ax=0$ 有两个相等的实数根．求证 $\triangle ABC$ 为 $\mathrm{Rt}\triangle$.

证明　整理方程得
$$(c+b)x^2-2\sqrt{m}ax+cm-bm=0$$

因为方程有两个相等的实数根，所以
$$\Delta=(-2\sqrt{m}a)^2-4(c+b)(cm-bm)=0$$

整理得
$$\Delta=m(a^2+b^2-c^2)=0$$

又因为 $m>0$，所以 $a^2+b^2-c^2=0$，即 $a^2+b^2=c^2$，而 a、b、c 为 $\triangle ABC$ 的三边，故 $\triangle ABC$ 为 $\mathrm{Rt}\triangle$.

例 2.2.5　已知抛物线 $y=x^2+2x+m-1$.

(1)当 m 取什么值时，抛物线和 x 轴有两个交点？

(2)当 m 取什么值时，抛物线和 x 轴只有一个交点？并求出这个交点的坐标．

(3)当 m 取什么值时，抛物线和 x 轴没有交点？

解　令 $y=x^2+2x+m-1=0$，$\Delta=4-4(m-1)=-4m+8$.

(1)因为抛物线与 x 轴有两个交点，所以 $\Delta>0$，即 $-4m+8>0$，所以 $m<2$.

(2)因为抛物线和 x 轴只有一个交点，所以 $\Delta=0$，即 $-4m+8=0$，所以 $m=2$.

当 $m=2$ 时，方程可化为 $x^2+2x+1=0$，解得 $x_1=x_2=-1$，所以抛物线与 x 轴交点坐标为

$(-1,0)$.

(3)因为抛物线与 x 轴没有交点,所以 $\Delta<0$,即 $-4m+8<0$,所以 $m>2$.

2.2.2　根与系数的关系(韦达定理)

由 $ax^2+bx+c=0(a\neq0)$的求根公式

$$x_{1,2}=\frac{-b\pm\sqrt{b^2-4ac}}{2a}\quad(\Delta\geqslant0)$$

有

定理　(韦达定理)如果一元二次方程 $ax^2+bx+c=0$ 的两个根是 x_1,x_2,那么根与系数之间有下列关系

$$\begin{cases}x_1+x_2=-\dfrac{b}{a}\\ x_1\cdot x_2=\dfrac{c}{a}\end{cases}$$

韦达定理在相关数学问题中有广泛的应用.

例 2.2.6　若实数 x,y,z 满足 $x=6-y,z^2=xy-9$. 求证:$x=y$.

证明　将已知二式变形为 $x+y=6,xy=z^2+9$.

于是 x,y 可视为方程 $u^2-6u+(z^2+9)=0$ 的两个实根.

因为 x,y 是实数,所以 $\Delta=36-4z^2-36=-4z^2\geqslant0$.

因为 z 为实数,所以 $z=0$.

所以 $z^2=0$,即 $\Delta=0$.

于是,方程 $u^2-6u+(z^2+9)=0$ 有等根,故 $x=y$.

例 2.2.7　已知方程 $x^2+px+q=0$ 的二根之比为 1:2,方程的判别式的值为 1. 求 p 与 q 之值,并解此方程.

解　设 $x^2+px+q=0$ 的两根为 $a,2a$,则由韦达定理,有

$$\begin{cases}a+2a=-p\\ a\cdot2a=q\\ p^2-4q=1\end{cases}$$

解之,得 $a=\pm1$.

当 $a=1$ 时,解得 $\begin{cases}p_1=-3\\ q_1=2\end{cases}$,

当 $a=-1$ 时,解得 $\begin{cases}p_2=3\\ q_2=2\end{cases}$,

所以方程为 $x^2-3x+2=0$ 或 $x^2+3x+2=0$.

解得 $x_1=1,x_2=2$,或 $x_1=-1,x_2=-2$.

例 2.2.8　当 $x=\dfrac{1}{2}$时,$f(x)=ax^2+bx+c$ 的最大值是 4,方程 $ax^2+bx+c=0$ 两根是 α,β.

(1)求满足 $\alpha^3+\beta^3=4$ 的 a 的值.

(2)求满足 $|\alpha|+|\beta|=2$ 的 a 的值.

(3)确定 $\alpha<1<\beta$ 时 a 的值.

解　当 $x=\frac{1}{2}$ 时，$f(x)=ax^2+bx+c$ 的最大值是4，故可设

$$f(x)=a\left(x-\frac{1}{2}\right)^2+4=ax^2-ax+\frac{a+16}{4}\quad 且\quad a<0$$

因为 α,β 是 $f(x)=0$ 的两根，所以

$$\begin{cases}\alpha+\beta=1\\ \alpha\cdot\beta=\dfrac{a+16}{4a}\end{cases}$$

(1) $\alpha^3+\beta^3=(\alpha+\beta)^3-3\alpha\beta(\alpha+\beta)=1-3\ \dfrac{a+16}{4a}=4$，

所以 $a=-\frac{16}{5}$.

(2) 因为 $|\alpha|+|\beta|=2$，所以

$$\alpha^2+2|\alpha||\beta|+\beta^2=4,\quad (\alpha+\beta)^2-2\alpha\beta+2|\alpha||\beta|=4$$

$$1-2\cdot\frac{a+16}{4a}+2\left|\frac{a+16}{4a}\right|=4$$

于是

$$\left|\frac{a+16}{a}\right|=\frac{7a+16}{a}$$

因为 $a<0$，所以　$|a+16|=-7a-16$

当 $-16\leqslant a<0$ 时，$a+16=-7a-16$，$a=-4$；

当 $a<-16$ 时，$-a-16=-7a-16$，$a=0$（舍去）.

所以，当 $a=-4$ 时，$|\alpha|+|\beta|=2$.

(3) 要使 $\alpha<1<\beta$，由于 $a<0$，$f(x)$ 的图象开口向下，与 x 轴交于 $(\alpha,0)$，$(\beta,0)$，故只需 $f(1)>0$，即

$$f(1)=a^2-a+\frac{a+16}{4}>0$$

所以

$$a>-16,$$

所以当 $\alpha<1<\beta$ 时，$-16<a<0$.

例 2.2.9　设抛物线 $y^2=4x$ 截直线 $y=2x+k$ 所得弦长为 $3\sqrt{5}$，求 k 的值.

解　设直线与抛物线交点为 $P_1(x_1,y_1)$，$P_2(x_2,y_2)$，解方程组

$$\begin{cases}y^2=4x\\ y=2x+k\end{cases}$$

得 $(2x+k)^2=4x$，即

$$4x^2+4(k-1)x+k^2=0$$

所以

$$x_1+x_2=1-k,\quad x_1x_2=\frac{k^2}{4}$$

所以

$$(x_1-x_2)^2=(x_1+x_2)^2-4x_1x_2=1-2k$$

因为 x_1,x_2 是此方程的两根，P_1,P_2 在直线 $y=2x+k$ 上，所以

$$y_1=2x_1+k,\quad y_2=2x_2+k$$

$$y_1-y_2=2(x_1-x_2)=4(1-2k)$$

依题意 $\sqrt{(x_1-x_2)^2+(y_1-y_2)^2}=3\sqrt{5}$，即

$$(1-2k)+4(1-2k)=45$$

所以
$$k=-4.$$

习题 2.2

1. 解下列方程．

(1) $2x^2+7x=4$；　　(2) $3x(x+2)=5(x+2)$；

(3) $(x-4)^2=(5-2x)^2$；　　(4) $(x+1)(x+2)(x+3)(x+4)=0$；

(5) $(a-x)^4-(b-x)^4=(a-b)(a+b-2x)$．

2. 求证方程 $(m^2+1)x^2-2mx+(m^2+4)=0$ 没有实数根．

3. 判定下列抛物线与 x 轴交点的个数．

(1) $y=3x^2+4x+1$；　　(2) $y=-x^2+6x-9$；

(3) $y=4x^2-2x+1$．

4. 若 α,β 是方程 $2x^2-6x+3=0$ 的两个根，求 $\frac{1}{\alpha}+\frac{1}{\beta}$ 的值．

5. 证明：如果 p,k,n 是有理数，那么关于 x 的方程 $(p+k+n)x^2-2(p+k)x+(p+k-n)=0$ 的根是有理数．

6. 已知关于 x 的一元二次方程 $x^2=2(1-m)x-m^2$ 的两实数根为 x_1,x_2．

(1) 求 m 的取值范围；

(2) 设 $y=x_1+x_2$，当 y 取得最小值时，求相应的 m 值，并求出最小值．

7. 已知关于 x 的方程 $x^2-2(k-3)x+k^2-4k-1=0$，若以方程 $x^2-2(k-3)x+k^2-4k-1=0$ 的根为横坐标、纵坐标的点恰在曲线 $y=\frac{m}{x}$ 上，求满足条件的 m 的最小值．

8. 将一块长 18 m，宽 15 m 的矩形荒地修建成一个花园（阴影部分），花园所占的面积为原来荒地面积的 2/3．（精确到 0.1 m）

(1) 设计方案 1（见图 2.2.1）花园中修两条互相垂直且宽度相等的小路．

(2) 设计方案 2（见图 2.2.2）花园中每个角的扇形都相同．

以上两种方案是否都能符合条件？若能，请计算出图 2.2.1 中的小路的宽和图 2.2.2 中扇形的半径；若不能符合条件，请说明理由．

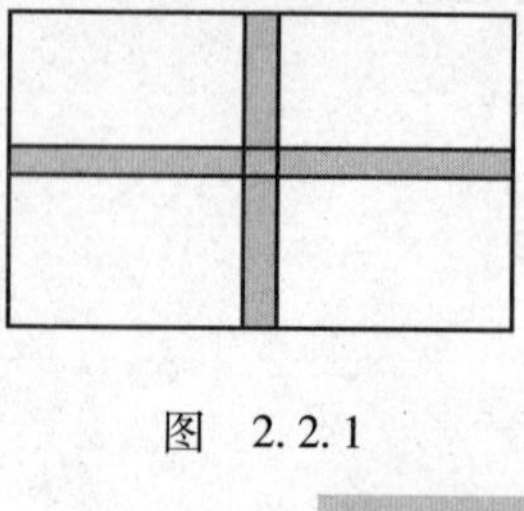

图　2.2.1

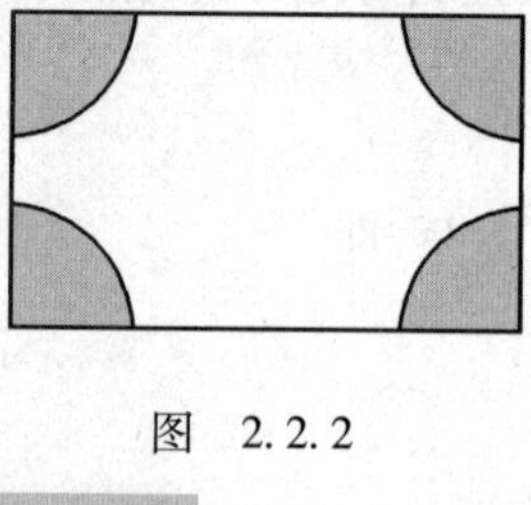

图　2.2.2

2.3　分式方程和无理方程

2.3.1　分式方程

分母中含有未知数的方程叫做**分式方程**．

解分式方程的一般方法：

第一步：去分母，将方程两边同乘以各分式的最简公分母（即各分母的最低公倍式），化分式方程为整式方程.

第二步：解整式方程.

第三步：验根.

验根的方法是把变形后求得的方程的根代入去分母时所乘的整式，如果使这个整式等于0，就是增根.

如遇特殊的分式方程，则要用引入辅助未知数来求解.

例 2.3.1　解下列方程.

(1) $\dfrac{1}{x-2}+\dfrac{4x}{x^2-4}=\dfrac{1}{x^2-4}-\dfrac{2}{2-x}$；　(2) $\dfrac{x+1}{x^2+2x-3}-\dfrac{2x-2}{6-x-x^2}=-\dfrac{6x}{x^2-3x+2}$.

解　(1) 方程两边同乘以 x^2-4，得 $(x+2)+4x=1+2(x+2)$，即 $3x=3$，所以 $x=1$.

经检验，$x=1$ 是原方程的根.

(2) 原方程可化为

$$\frac{x+1}{(x+3)(x-1)}+\frac{2(x-1)}{(x+3)(x-2)}=-\frac{6x}{(x-1)(x-2)}$$

方程各项同乘以 $(x+3)(x-1)(x-2)$，于是

$$(x+1)(x-2)+2(x-1)^2=-6x(x+3)$$

整理得

$$9x^2+13x=0$$

解之，得 $x_1=0, x_2=-\dfrac{13}{9}$. 经检验，它们都是原方程的根.

例 2.3.2　解分式方程 $\dfrac{2(x^2+1)}{x+1}+\dfrac{6(x+1)}{x^2+1}=7$.

分析　这个方程的左边两个分式中的 $\dfrac{x^2+1}{x+1}$ 和 $\dfrac{x+1}{x^2+1}$ 互为倒数，根据这个特点，可用换元法来解.

解　设 $\dfrac{x^2+1}{x+1}=y$，那么 $\dfrac{x+1}{x^2+1}=\dfrac{1}{y}$，于是方程化为

$$2y+\frac{6}{y}=7$$

方程两边都乘以 y，约去分母得 $2y^2-7y+6=0$，解这个方程得：$y_1=2, y_2=\dfrac{3}{2}$.

当 $y=2$ 时，$\dfrac{x^2+1}{x+1}=2$，去分母，整理得 $x^2-2x-1=0$，所以，$x=\dfrac{2\pm\sqrt{8}}{2}=1\pm\sqrt{2}$；

当 $y=\dfrac{3}{2}$ 时，$\dfrac{x^2+1}{x+1}=\dfrac{3}{2}$，去分母，整理得 $2x^2-3x-1=0$，所以，$x=\dfrac{3\pm\sqrt{17}}{4}$.

检验：把 $x=1\pm\sqrt{2}$，$x=\dfrac{3\pm\sqrt{17}}{4}$ 分别代入原方程的分母，各分母都不等于0，所以它们都是原方程的根，所以原方程的根是：$x_1=1+\sqrt{2}, x_2=1-\sqrt{2}, x_3=\dfrac{3+\sqrt{17}}{4}, x_4=\dfrac{3-\sqrt{17}}{4}$.

换元法是解一些特殊分式的方程的特殊方法,它的基本思路是用换元的方法把某些式子的形式简化,从而把原方程的形式简化.

例 2.3.3 解方程 $\frac{x-1}{x+1}+\frac{x-4}{x+4}=\frac{x-2}{x+2}+\frac{x-3}{x+3}$.

解 原方程可化为

$$\left(1-\frac{2}{x+1}\right)+\left(1-\frac{8}{x+4}\right)=\left(1-\frac{4}{x+2}\right)+\left(1-\frac{6}{x+3}\right)$$

$$\frac{1}{x+1}+\frac{4}{x+4}=\frac{2}{x+2}+\frac{3}{x+3}$$

$$\frac{2}{x+2}-\frac{1}{x+1}=\frac{4}{x+4}-\frac{3}{x+3}$$

$$\frac{x}{(x+2)(x+1)}=\frac{x}{(x+4)(x+3)}$$

由此得:

(1) $x=0$;

(2) $(x+2)(x+1)=(x+4)(x+3)$, $x=-\frac{5}{2}$.

经检验, $x=0$, $x=-\frac{5}{2}$ 是原方程的根.

2.3.2 无理方程

根号下含有未知数的方程叫做**无理方程**.

解无理方程的一般方法:方程两边同时乘方(必要时进行两次),将无理方程化为有理方程. 由于两边同时乘方,可能扩大了未知数的取值范围,解后必须验根,把所求的解一一代入原方程的两边进行检验,如果不适合,就是增根,应舍去.

例 2.3.4 解下列方程.

(1) $\sqrt{2x^2+7x}-2=x$; (2) $\sqrt{7x-5}-\sqrt{7x-4}=\sqrt{4x-2}-\sqrt{4x-1}$.

解 (1)原方程化为 $\sqrt{2x^2+7x}=x+2$

两边平方得 $$2x^2+7x=x^2+4x+4$$

即 $$x^2+3x-4=0$$

解得: $x_1=1$, $x_2=-4$.

检验:当 $x=1$ 时,左边 = 右边 = 1. 所以 $x=1$ 是原方程的根. 当 $x=-4$ 时,左边 = 0,右边 = −4,所以 $x=-4$ 是增根.

所以,原方程的根是 $x=1$.

(2)把方程中的各项适当地组合在两边,进行平方后,使消去的项越多越好,存在的项的系数越小越好,这样第二次进行平方时,会比较容易.

移项 $$\sqrt{7x-5}+\sqrt{4x-1}=\sqrt{7x-4}+\sqrt{4x-2}$$

两边平方得

$$7x-5+4x-1+2\sqrt{(7x-5)(4x-1)}=7x-4+4x-2+2\sqrt{(7x-4)(4x-2)}$$

整理得 $$\sqrt{(7x-5)(4x-1)}=\sqrt{(7x-4)(4x-2)}$$

两边平方得 $$28x^2-27x+5=28x^2-30x+8$$

所以 $$x=1.$$

检验：$x=1$ 时原方程左边 = 右边 $=\sqrt{2}-\sqrt{3}$，所以 $x=1$ 是原方程的根.

如果遇到特殊类型的无理方程，还可以运用以下方法求解.

1. 利用算术根的概念求解

非负实数的非负方根称为**算术根**，即若 $a\geqslant 0$，则 $\sqrt[n]{a}\geqslant 0(n\in\mathbf{Z}_+)$. 又有已知定理：若 $a,b\geqslant 0$，则 $a^2+b^2=0\Leftrightarrow a=0,b=0$. 观察无理方程的结构特征，可利用算术根的概念直接求解.

例 2.3.5　解下列方程.

(1) $\sqrt{2x-3}-3\sqrt{1-x}=0$；　(2) $\sqrt{3x-1}+\sqrt{5x-3}+\sqrt{x-1}=2\sqrt{2}$；

(3) $\sqrt{x+3-4\sqrt{x-1}}+\sqrt{x+8-6\sqrt{x-1}}=1$.

解　(1) 因为 $2x-3\geqslant 0$，所以 $x\geqslant\dfrac{3}{2}$，又因为 $1-x\geqslant 0$，所以 $x\leqslant 1$，这样的 x 不存在，所以原方程无解.

(2) 因为 $3x-1\geqslant 0$，所以 $x\geqslant\dfrac{1}{3}$，又 $5x-3\geqslant 0$，所以 $x\geqslant\dfrac{3}{5}$，又因为 $x-1\geqslant 0$，所以 $x\geqslant 1$，因此未知数的取值范围为 $x\geqslant 1$. 当 $x\geqslant 1$ 时，$\sqrt{3x-1}+\sqrt{5x-3}+\sqrt{x-1}\geqslant 2\sqrt{2}$，其中等号当且仅当 $x=1$ 时成立，经检验 $x=1$ 是原方程的根.

(3) 原方程可化为 $\sqrt{(x-1)-4\sqrt{x-1}+4}+\sqrt{(x-1)-6\sqrt{x-1}+9}=1$，即

$$\sqrt{(\sqrt{x-1}-2)^2}+\sqrt{(\sqrt{x-1}-3)^2}=1$$

于是 $$\left|\sqrt{x-1}-2\right|+\left|\sqrt{x-1}-3\right|=1$$

① 当 $\sqrt{x-1}\leqslant 2$ 时，即 $1\leqslant x\leqslant 5$ 时，

$$2-\sqrt{x-1}+3-\sqrt{x-1}=1$$
$$\sqrt{x-1}=2$$
$$x=5$$

② 当 $2<\sqrt{x-1}<3$ 时，即 $5<x<10$ 时，

$$\sqrt{x-1}-2+3-\sqrt{x-1}=1$$
$$1=1$$
$$5<x<10$$

③ 当 $\sqrt{x-1}\geqslant 3$ 时，即 $x\geqslant 10$ 时，

$$\sqrt{x-1}-2+\sqrt{x-1}-3=1$$
$$\sqrt{x-1}=3$$
$$x=10$$

所以，原方程的解集为 $\{x\,|\,5\leqslant x\leqslant 10\}$.

2. 利用换元法（引入辅助未知数）求解

例 2.3.6　解方程 $\sqrt{\dfrac{x^2+2x+4}{x^2-2x+3}}+\sqrt{\dfrac{x^2-2x+3}{2x^2+4x+8}}=1+\dfrac{1}{\sqrt{2}}$.

解　通过观察发现，令 $y=\sqrt{\dfrac{x^2+2x+4}{x^2-2x+3}}$，则原方程化为

$$y+\frac{1}{\sqrt{2}y}=1+\frac{1}{\sqrt{2}}$$

即

$$y^2-\left(1+\frac{1}{\sqrt{2}}\right)y+\frac{1}{\sqrt{2}}=0$$

由韦达定理立即可得 $y=1$ 或 $y=\dfrac{1}{\sqrt{2}}$.

由 $y=1$，即 $\sqrt{\dfrac{x^2+2x+4}{x^2-2x+3}}=1$，化简得 $4x+1=0$，所以 $x=-\dfrac{1}{4}$；

由 $y=\dfrac{1}{\sqrt{2}}$，即 $\sqrt{\dfrac{x^2+2x+4}{x^2-2x+3}}=\dfrac{1}{\sqrt{2}}$，化简为 $x^2+6x+5=0$，解得 $x=-1$，$x=-5$.

经检验，$x_1=-\dfrac{1}{4}$，$x_2=-1$，$x_3=-5$ 都是原方程的根.

例 2.3.7　解方程 $\sqrt[3]{7+3x}+\sqrt[3]{7-3x}=2$.

解　引入两个新变元，令 $u=\sqrt[3]{7+3x}$，$v=\sqrt[3]{7-3x}$，则有 $u+v=2$.

又

$$u^3+v^3=(u+v)[(u+v)^2-3uv]=14$$

由此得

$$\begin{cases}u+v=2\\ uv=-1\end{cases}$$

可见 u，v 是方程 $y^2-2y-1=0$ 的两根，解此方程得

$$u=1-\sqrt{2},\quad v=1+\sqrt{2}$$

或

$$u=1+\sqrt{2},\quad v=1-\sqrt{2}$$

由 $u=1+\sqrt{2}$，$v=1-\sqrt{2}$，解得 $x=\dfrac{5}{3}\sqrt{2}$，

由 $u=1-\sqrt{2}$，$v=1+\sqrt{2}$，解得 $x=-\dfrac{5}{3}\sqrt{2}$.

经检验，原方程的根是 $x_1=\dfrac{5}{3}\sqrt{2}$，$x_2=-\dfrac{5}{3}\sqrt{2}$.

3. 利用分母(或分子)有理化方法求解

例 2.3.8　解方程 $\dfrac{\sqrt{a+x}+\sqrt{a-x}}{\sqrt{a+x}-\sqrt{a-x}}=\dfrac{a}{x}(a>0)$.

解　显然，方程的允许值集是 $-a\leqslant x\leqslant a$. 左边分母有理化得

$$\frac{a+\sqrt{a^2-x^2}}{x}=\frac{a}{x}$$

因为 $x\neq0$，可得

$$\sqrt{a^2-x^2}=0$$

所以

$$x=\pm a.$$

经检验，$x=\pm a$ 是原方程的解.

例 2.3.9　解方程 $\sqrt{2x-4}-\sqrt{x+5}=1$.

解　方程左边式子有理化即得

$$\sqrt{2x-4}+\sqrt{x+5}=x-9 \qquad (1)$$

将(1)式与原方程相加得

$$\sqrt{2x-4}=\frac{1}{2}(x-8)\Rightarrow x^2-24x+80=0\Rightarrow x_1=20,x_2=4$$

经检验,$x_1=20,x_2=4$ 是原方程的根.

习题 2.3

1. 选择填空.

(1)方程 $\frac{1}{x+2}+\frac{4x}{x^2-4}=1+\frac{2}{x-2}$ 的解为(　　).

A. 1 和 2　　B. 2　　C. 1　　D. 0 和 2

(2)方程 $x^2+x+\frac{2}{x-3}+3=5x+\frac{2}{x-3}$ 的解为(　　).

A. $x_1=1,x_2=3$　　B. $x_1=1$,而 $x_2=3$ 是增根　　C. 无解　　D. $x=3$

2. 解下列分式方程.

(1) $x^2+x+\frac{1}{x}+\frac{1}{x^2}=4$;　　(2) $\frac{x}{x+1}-\frac{1}{x-2}=\frac{3}{x^2-x-2}$;

(3) $\frac{x-2}{3}+\frac{x-3}{2}=\frac{3}{x-2}+\frac{2}{x-3}$;　　(4) $\frac{1}{x-2}+\frac{1}{x^3-3x^2+2x}=\frac{3}{x^2-2x}$.

3. 解下列无理方程.

(1) $\sqrt{(x-1)(x-2)}+\sqrt{(x-3)(x-4)}=\sqrt{2}$;　　(2) $3x^2+15x+2\sqrt{x^2+5x+1}=2$;

(3) $\sqrt{\frac{x+2}{x-1}}+\sqrt{\frac{x-1}{x+2}}=\frac{5}{2}$;　　(4) $\begin{cases}\sqrt{x}+\sqrt{y}=3\\ \sqrt{xy}=2\end{cases}$;

(5) $\sqrt{x+5-4\sqrt{x+1}}+\sqrt{x+2-2\sqrt{x+1}}=1$;

(6) $(3-x)\sqrt[8]{\frac{3-x}{x-1}}+(x-1)\sqrt[8]{\frac{x-1}{3-x}}=2$;　　(7) $\sqrt[4]{x^3}-5\sqrt{x}+6\sqrt[4]{x}=0$.

4. a 为何值时,方程 $\sqrt{x^2-2a}-\sqrt{x^2-1}+1=0$ 有根,并求这个根.

5. 如果关于 x 的方程 $1+\frac{x}{2-x}=\frac{2m}{x^2-4}$ 的解也是不等式组 $\begin{cases}\frac{1-x}{2}>x-2\\ 2(x-3)\leqslant x-8\end{cases}$ 的一个解,求 m 的取值范围.

2.4　二元二次方程组

对于多个未知数的方程,每项中各个未知数的指数之和,称为**这一项的次数**,方程各项次数中最大者称为**方程的次数**. 本节只讨论几种特殊类型的二元二次方程组的解法.

2.4.1　第一型二元二次方程组

第一型二元二次方程组是指由一个二元二次方程和一个二元一次方程组成的方程组，此类方程组可以用代入法来解．

例 2.4.1　解方程组

$$\begin{cases} 3x+y=2 & (1) \\ x^2+2xy+3y^2-3x+1=0 & (2) \end{cases}$$

解　由(1)得

$$y=2-3x \qquad (3)$$

将(3)代入(2)，得

$$x^2+2x(2-3x)+3(2-3x)^2-3x+1=0$$

即

$$22x^2-35x+13=0$$

解此方程得 $x_1=1, x_2=\frac{13}{22}$. 把它们依次代入(3)得 $y_1=-1, y_2=\frac{5}{22}$，于是原方程组的解为

$$\begin{cases} x_1=1 \\ y_1=-1 \end{cases} \quad \begin{cases} x_2=\frac{13}{22} \\ y_2=\frac{5}{22} \end{cases}$$

形如$\begin{cases} x+y=a \\ xy=b \end{cases}$的简单二元二次方程组可用韦达定理求解．$x, y$ 可视为一元二次方程$z^2-az+b=0$ 的两根．

2.4.2　第二型二元二次方程组

第二型二元二次方程组是指由两个二元二次方程组成的方程组．此类方程组没有一般解法，只能根据方程的结构特点，采用相应的方法求解．

例 2.4.2　解方程组

$$\begin{cases} 2y^2+x-y=3 & (1) \\ 3y^2-2x+y=0 & (2) \end{cases}$$

分析　经观察，发现两个方程都只有一个二次项 y^2，于是可以消去二次项，得到一个一次方程，再把一次方程和其中一个二次方程联立便化为第一型二元二次方程组，再用代入法可以求解．

解　(1) ×3 － (2) ×2，得

$$7x-5y=9 \qquad (3)$$

把(1)和(3)联立得

$$\begin{cases} 7x-5y=9 \\ 2y^2+x-y=3 \end{cases}$$

用代入法求得这个方程组的解为

$$\begin{cases}x_1=2\\y_1=1\end{cases},\quad\begin{cases}x_2=\dfrac{33}{49}\\y_2=-\dfrac{6}{7}\end{cases}$$

例 2.4.3 解方程组

$$\begin{cases}x^2-15xy-3y^2+2x+9y-98=0 & (1)\\5xy+y^2-3y+21=0 & (2)\end{cases}$$

分析 通过观察,发现两个方程中含有 xy,y^2,y 的系数成比例,于是可以把其中一个方程乘以一个适当的数与另一个方程相加,便可以消去一个未知数.

解 把(1)+(2)×3,得

$$x^2+2x-35=0$$

故原方程组与

$$\begin{cases}x^2+2x-35=0\\5xy+y^2-3y+21=0\end{cases}$$

同解. 由 $x^2+2x-35=0$ 解得 $x_1=5,x_2=-7$. 将 $x_1=5$ 代入此方程组中的另一个方程,解得

$$y_1=-1,\quad y_2=-21$$

再将 $x_2=-7$ 代入此方程组中的另一个方程,解得

$$y_3=19+2\sqrt{85},\quad y_4=19-2\sqrt{85}$$

所以原方程的解是

$$\begin{cases}x=5\\y=-1\end{cases},\quad\begin{cases}x=5\\y=-21\end{cases},\quad\begin{cases}x=-7\\y=19+2\sqrt{85}\end{cases},\quad\begin{cases}x=-7\\y=19-2\sqrt{85}\end{cases}$$

例 2.4.4 解方程组

$$\begin{cases}x^2-5xy+6y^2=0 & (1)\\x^2+y^2+x-11y-2=0 & (2)\end{cases}$$

分析 通过观察,发现其中一个方程可以进行因式分解,所以将其中的一个二次方程降幂,化为两个一次方程,再进行代入法.

解 (1)可分解为

$$(x-2y)(x-3y)=0$$

因此原方程与下面两个方程组同解

$$\begin{cases}x-2y=0\\x^2+y^2+x-11y-2=0\end{cases}\quad(\text{Ⅰ})$$

$$\begin{cases}x-3y=0\\x^2+y^2+x-11y-2=0\end{cases}\quad(\text{Ⅱ})$$

不难看出,方程组(Ⅰ)和方程组(Ⅱ)都是第一型的,可用代入分别求出它们的解,即方程组的解为

$$\begin{cases}x_1=4\\y_1=2\end{cases},\quad\begin{cases}x_2=-\dfrac{2}{5}\\y_2=-\dfrac{1}{5}\end{cases},\quad\begin{cases}x_3=3\\y_3=1\end{cases},\quad\begin{cases}x_4=-\dfrac{3}{5}\\y_4=-\dfrac{1}{5}\end{cases}$$

例 2.4.5　解方程组

$$\begin{cases}3x^2-y^2=8 & (1)\\ x^2+xy+y^2=4 & (2)\end{cases}$$

分析　经观察,发现两个方程都没有一次项,消去常数项就得到一个形如 $ax^2+bxy+cy^2=0$ 的方程. 如果 $b^2-4ac\geqslant 0$,这个方程就可以分解为两个一次方程.

解　将(1) - (2) ×2,得

$$x^2-2xy-3y^2=0$$

分解因式,得

$$(x+y)(x-3y)=0$$

于是原方程组与下面方程组同解

$$\begin{cases}x+y=0\\ 3x^2-y^2=8\end{cases}\qquad \begin{cases}x-3y=0\\ 3x^2-y^2=8\end{cases}$$

分别解这两个方程组,得到原方程组的解为

$$\begin{cases}x_1=2\\ y_1=-2\end{cases},\quad \begin{cases}x_2=-2\\ y_2=2\end{cases},\quad \begin{cases}x_3=\dfrac{6}{13}\sqrt{13}\\ y_3=\dfrac{2}{13}\sqrt{13}\end{cases},\quad \begin{cases}x_4=-\dfrac{6}{13}\sqrt{13}\\ y_4=-\dfrac{2}{13}\sqrt{13}\end{cases}$$

总之,对于第二型的二元二次方程组,可以先用消元法或分解因式法把它化为第一型的二元二次方程组,然后用代入法求解.

例 2.4.6　设方程组

$$\begin{cases}y^2=4ax \quad (a>0) & (1)\\ y=k(x-4a) \quad (k\neq 0) & (2)\end{cases}$$

的两组实解为 (x_1,y_1),(x_2,y_2),证明:$x_1x_2+y_1y_2=0$.

证明　以(2)式代入(3)式,并整理,得

$$k^2x^2-(8ak^2+4a)x+16a^2k^2=0$$

所以

$$x_1+x_2=\frac{8ak^2+4a}{k^2},\quad x_1x_2=16a^2$$

再由(2),得

$$\begin{aligned}y_1y_2&=k^2(x_1-4a)(x_2-4a)=k^2x_1x_2-4ak^2(x_1+x_2)+16a^2k^2\\&=16a^2k^2-4a(8ak^2+4a)+16a^2k^2=-16a^2\end{aligned}$$

于是 $x_1x_2+y_1y_2=0$.

习题 2.4

1. 解下列方程组.

(1) $\begin{cases}x^2+y+1=0\\ x+y^2+1=0\end{cases}$;　　(2) $\begin{cases}x^2-xy+y^2=7\\ x+y=5\end{cases}$;

(3) $\begin{cases}x^2+2xy+y^2=9\\ (x-y)^2-3(x-y)+2=0\end{cases}$;　　(4) $\begin{cases}x+y=3\\ xy=2\end{cases}$;

(5) $\begin{cases} x+y=\dfrac{1}{2} \\ 56\left(\dfrac{x}{y}+\dfrac{y}{x}\right)+113=0 \end{cases}$；　　(6) $\begin{cases} \dfrac{36}{x^2}+\dfrac{1}{y^2}=18 \\ \dfrac{1}{y^2}-\dfrac{4}{x^2}=8 \end{cases}$.

2. m 为何值时，方程组 $\begin{cases} x^2+2y^2-6=0 \\ y=mx+3 \end{cases}$ 有相同的两组解.

3. c 为何值时，方程组 $\begin{cases} x^2+y^2+x-6y+c=0 \\ x+2y=3 \end{cases}$ 的实数解 (x_1,y_1)，(x_2,y_2) 满足方程 $x_1x_2+y_1y_2=0$.

4. c 为何值时，方程组 $\begin{cases} y=x+c \\ y^2+9x^2=9 \end{cases}$ 的两组实解 (x_1,y_1)，(x_2,y_2) 满足方程 $(x_2-x_1)^2+(y_2-y_1)^2=\dfrac{162}{25}$.

5. 从方程组 $\begin{cases} y-tx=\dfrac{p}{2t} \\ ty+x=-\dfrac{t^2p}{2} \end{cases}$ 消去参数 t，其中 p 为正数.

第3章 不 等 式

客观世界中的数量关系总有相等关系和不等关系．人们常用多与少、长与短、高与矮、重与轻等来描述客观事物在数量上的不等关系．不等式是客观世界中的不相等数量关系的数学描述．不等式是数学研究的重要工具．本章讨论不等式的解法和证明．

3.1 不等式的概念和性质

3.1.1 不等式的概念

我们知道，实数与数轴上的点一一对应，在数轴上不同的两个点，右边的点表示的实数比左边的点表示的实数大．

实数的运算与大小顺序关系是

$$a>b\Leftrightarrow a-b>0,\quad a<b\Leftrightarrow a-b<0,\quad a=b\Leftrightarrow a-b=0$$

或者

$$a\geqslant b\Leftrightarrow \frac{a}{b}\geqslant 1,\quad a<b\Leftrightarrow \frac{a}{b}<1\quad (b\neq 0)$$

用不等号（“>”、“<”、“≥”、“≤”）连接两个数或式子所组成的式子，叫做**不等式**，如 $3>2$，$x^2-1\geqslant 3$，$3x+4<2x-6$ 等都是不等式．

用“≥”或“≤”连接而成的不等式，称为**非严格不等式**；用“>”或“<”连接而成的不等式，称为**严格不等式**．

不等号方向相同的不等式叫做**同向不等式**，不等号方向相反的两个不等式叫做**异向不等式**．

比较两个数或式子的大小，从实数的大小比较入手，作差比较（差比法）或作商比较（商比法）．

例 3.1.1 （1）设 a,b 为正实数，比较 $\frac{a}{\sqrt{b}}+\frac{b}{\sqrt{a}}$ 与 $\sqrt{a}+\sqrt{b}$ 的大小；

（2）设 $a>b>0$，比较 a^ab^b 与 a^bb^a 的大小．

解 （1）（作差比较）因为 a,b 为正实数，所以

$$\frac{a}{\sqrt{b}}+\frac{b}{\sqrt{a}}-(\sqrt{a}+\sqrt{b})=\frac{a-b}{\sqrt{b}}+\frac{b-a}{\sqrt{a}}=(a-b)\left(\frac{1}{\sqrt{b}}-\frac{1}{\sqrt{a}}\right)$$

$$=\frac{(a-b)(\sqrt{a}-\sqrt{b})}{\sqrt{ab}}=\frac{(\sqrt{a}+\sqrt{b})(\sqrt{a}-\sqrt{b})^2}{\sqrt{ab}}\geqslant 0$$

所以

$$\frac{a}{\sqrt{b}}+\frac{b}{\sqrt{a}}\geqslant\sqrt{a}+\sqrt{b}$$

(2)(作商比较)由 $a>b>0$ 可知,$a^a b^b>0, a^b b^a>0$,

$$\frac{a^a b^b}{a^b b^a}=\frac{a^{a-b}}{b^{a-b}}=\left(\frac{a}{b}\right)^{a-b}$$

因为 $a>b>0$,所以$\frac{a}{b}>1, a-b>0$,所以$\left(\frac{a}{b}\right)^{a-b}>1$,即$\frac{a^a b^b}{a^b b^a}>1$. 故 $a^a b^b>a^b b^a$.

3.1.2 不等式的性质

不等式的基本性质:

(1)对逆性:$a>b \Leftrightarrow b<a$.

(2)传递性:$a>b, b>c \Rightarrow a>c$.

(3)加法保序性:$a>b \Leftrightarrow a+c>b+c$.

(4)乘正保序性:$a>b, c>0 \Leftrightarrow ac>bc$;

乘负反序性:$a>b, c<0 \Leftrightarrow ac<bc$.

(5)倒数的反序性:若 a, b 同号,且 $a>b$,则$\frac{1}{a}<\frac{1}{b}$.

(6)开方的保序性:$a>b>0 \Leftrightarrow \sqrt[n]{a}>\sqrt[n]{b}\left(n \geqslant z, n \in \mathbf{N}\right)$.

由性质(3)、(4)、(5)容易得到以下推论:

推论 1 (同向不等式的可加性)$a>b, c>d \Rightarrow a+c>b+d$.

推论 2 (异向不等式的可减性)$a>b, c<d \Leftrightarrow a-c>b-d$.

推论 3 (正数的同向不等式的可乘性)$a>b>0, c>d>0 \Rightarrow ac>bd$.

推论 4 (正数的导向不等式的可除性)$a>b>0, 0<c<d \Rightarrow \frac{a}{c}>\frac{b}{d}$.

例 3.1.2 已知 $a, b \in(0,+\infty), a \geqslant b, x=\sqrt[3]{a}-\sqrt[3]{b}, y=\sqrt[3]{a-b}$,试比较 x 与 y 的大小.

解 因为 $x, y>0$,

$$x^3-y^3=(\sqrt[3]{a}-\sqrt[3]{b})^3-(\sqrt[3]{a-b})^3=3\sqrt[3]{ab^2}-3\sqrt[3]{a^2 b}$$

又因为 $a \geqslant b>0, ab(b-a) \leqslant 0$,所以 $ab^2 \leqslant a^2 b$. 所以 $\sqrt[3]{ab^2} \leqslant \sqrt[3]{a^2 b}$,所以 $x^3-y^3 \leqslant 0$,故 $x \leqslant y$.

例 3.1.3 若$\frac{1}{a}<\frac{1}{b}<0$,则下列不等式中哪几个成立?

(1)$a+b \leqslant ab$; (2)$|a|>|b|$;

(3)$a<b$; (4)$\frac{b}{a}+\frac{a}{b}>2$.

解 由$\frac{1}{a}<\frac{1}{b}<0$ 及倒数的反序性知 $b<a<0, ab>0$,又有 $a+b<0$,所以 $a+b<ab$.

因为 $b<a<0$,所以$\frac{b}{a}>0$,且 $a \neq b$,所以$\frac{b}{a}+\frac{a}{b}>2$.

故只有(1)、(4)两个不等式成立.

习题 3.1

1. 下列命题是否正确? 如不正确,请予更正.

(1) $a>b, c=d \Rightarrow ac<bd$;　　(2) $\frac{a}{c^2}<\frac{b}{c^2} \Rightarrow a<b$;

(3) $ac<bc \Rightarrow a<b$;　　(4) $a>b \Rightarrow ac^2>bc^2$;

(5) $a>b, c>d \Rightarrow ac>bd$;　　(6) $a>b \Rightarrow a^n>b^n$.

2. 若正实数 a,b 满足 $a+b=1$. 则 $a^2+b^2, 2ab, a+b, 2\sqrt{ab}$ 中哪一个最大?

3. 已知 $a,b\in\mathbf{R}, M=\left(a+\frac{1}{a}\right)\left(b+\frac{1}{b}\right), N=\left(\sqrt{ab}+\frac{1}{\sqrt{ab}}\right)^2$,比较 M、N 的大小.

4. 已知 $c>x>y>0$,求证:$\frac{x}{c-x}>\frac{y}{c-y}$.

5. 已知三个不等式:(1) $ab>0$;(2) $\frac{c}{a}>\frac{d}{b}$;(3) $bc>ad$. 以其中两个作为条件,余下一个作结论,则可以组成几个正确命题?

3.2　不等式的解法

在含未知数的不等式中,满足不等式的未知数的取值范围,叫做不等式的**解**. 求出不等式的解或判断不等式无解的过程,叫做**解不等式**.

各种类型的不等式解法各不相同,但代数解法的思路基本相同,都是根据有关定义、性质和定理,把原不等式变形为一元一次不等式(组)或一元二次不等式后再求解,在变形过程中,遵循着不等式的下列同解原理.

(1)若 $F(x)$ 是任意整式,则不等式 $f(x)>g(x)$ 与不等式 $f(x)+F(x)>g(x)+F(x)$ 同解.

(2)若 $m>0$,则不等式 $f(x)>g(x)$ 与不等式 $mf(x)>mg(x)$ 同解.

(3)若 $m<0$,则不等式 $f(x)>g(x)$ 与不等式 $mf(x)<mg(x)$ 同解.

(4)若 $f(x)>0, g(x)>0, n\in\mathbf{N}$, 且 $n\geqslant 2$,则不等式 $f(x)>g(x)$ 与不等式 $\sqrt[n]{f(x)}>\sqrt[n]{g(x)}$, $[f(x)]^n>[g(x)]^n$ 都同解.

下面分别讨论几类不等式的解法.

3.2.1　一元一次不等式(组)

一元一次不等式的标准形式为 $ax+b>0$ 和 $ax+b<0\ (a\neq 0)$.

$ax+b>0$ 的解集是:当 $a>0$ 时,$x>-\frac{b}{a}$;当 $a<0$ 时,$x<-\frac{b}{a}$;

$ax+b<0$ 的解集是:当 $a>0$ 时,$x<-\frac{b}{a}$;当 $a<0$ 时,$x>-\frac{b}{a}$.

非标准形式的一元一次不等式,通过去分母、去括号、合并同类项、移项可以化为标准形式,因而得解.

几个一元一次不等式所组成的不等式组叫做**一元一次不等式组**,不等式组中各个不等式解集的公共部分,叫做不等式组的**解集**.

由两个一元一次不等式组成的不等式组的解集有下列四种情况:

设 $a<b$,则(见图 3.2.1):

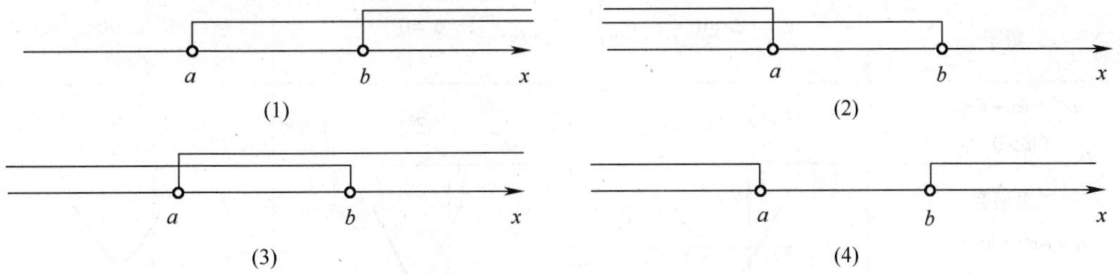

图 3.2.1

(1) $\begin{cases}x>a\\x>b\end{cases}$ 的解集是 $x>b$; (2) $\begin{cases}x<a\\x<b\end{cases}$ 的解集是 $x<a$;

(3) $\begin{cases}x>a\\x<b\end{cases}$ 的解集是 $a<x<b$; (4) $\begin{cases}x<a\\x>b\end{cases}$ 的解集是空集.

例 3.2.1 解不等式组 $\begin{cases}\dfrac{1+x}{5}>x-\dfrac{3}{5}\\x<\dfrac{1-x}{6}\leqslant 1\end{cases}$.

解 原不等式组与以下不等式组同解

$$\begin{cases}\dfrac{1+x}{5}>x-\dfrac{3}{5} & (1)\\ x<\dfrac{1-x}{6} & (2)\\ \dfrac{1-x}{6}\leqslant 1 & (3)\end{cases}$$

(1)的解集是 $x<1$;(2)的解集是 $x<\dfrac{1}{7}$;(3)的解集是 $x\geqslant -5$.

所以原不等式组的解集是 $-5\leqslant x<\dfrac{1}{7}$.

3.2.2 一元二次不等式

一元二次不等式的标准形式是 $ax^2+bx+c>0$ 和 $ax^2+bx+c<0(a\neq 0)$.

设 $ax^2+bx+c=0(a\neq 0)$ 的两根为 x_1,x_2 且 $x_1\leqslant x_2$,$\Delta=b^2-4ac$,则不等式的解的各种情况如表 3.2.1 所示.

表 3.2.1

条件 / 解集 / 类型	$\Delta>0$	$\Delta=0$	$\Delta<0$
$ax^2+bx+c>0$ $(a>0)$	$\{x\mid x<x_1 \text{ 或 } x>x_2\}$	$\left\{x \,\middle|\, x\in\mathbf{R} \text{ 且 } x\neq -\dfrac{b}{2a}\right\}$	$\mathbf{R}$

续表

类型 \ 解集 \ 条件	$\Delta>0$	$\Delta=0$	$\Delta<0$
$ax^2+bx+c<0$ $(a>0)$	$\{x\mid x_1<x<x_2\}$	$\varnothing$	$\varnothing$
二次函数 $y=ax^2+bx+c$ $(a>0)$的图象	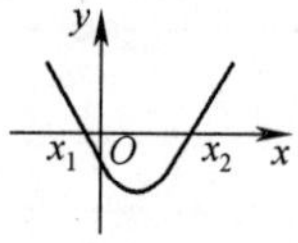	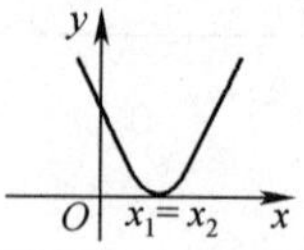	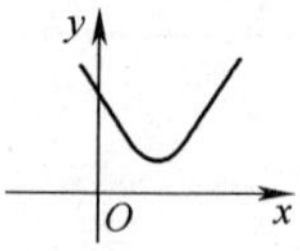

对于二次项系数是负数$(a<0)$的不等式,可以先把二次项系数化为正数,再求解.

例 3.2.2　解不等式 $-3x-2>-2x^2$.

解

解法一:整理得 $2x^2-3x-2>0$.

因为 $\Delta>0$,方程 $2x^2-3x-2=0$ 的根是 $x_1=-\dfrac{1}{2}$,$x_2=2$,

所以原不等式的解集是$\left\{x\mid x<-\dfrac{1}{2}\text{或}x>2\right\}$.

解法二:由 $2x^2-3x-2>0$ 左边分解因式得

$$(2x+1)(x-2)>0$$

化为一元一次方程组　　$(\text{Ⅰ})\begin{cases}2x+1>0\\x-2>0,\end{cases}$　$(\text{Ⅱ})\begin{cases}2x+1<0\\x-2<0\end{cases}$

(Ⅰ)的解集为 $x>2$;(Ⅱ)的解集为 $x<-\dfrac{1}{2}$.

所以原不等式的解集是$\left\{x\mid x<-\dfrac{1}{2}\text{或}x>2\right\}$.

例 3.2.3　解关于 x 的不等式 $2x^2+kx-k<0$.

解

$$\Delta=k^2+8k=k(8+k)$$

(1)当 $\Delta>0$,即 $k>0$ 或 $k<-8$ 时,方程 $2x^2+kx-k=0$ 有相异实根 $x_1=\dfrac{-k-\sqrt{k(k+8)}}{4}$,$x_2=\dfrac{-k+\sqrt{k(k+8)}}{4}$.

所以原不等式的解集为$\left\{x\mid \dfrac{-k-\sqrt{k(k+8)}}{4}<x<\dfrac{-k+\sqrt{k(k+8)}}{4}\right\}$.

(2)当 $\Delta=0$,即 $k=0$ 或 $k=-8$ 时,原不等式的解集为空集$\varnothing$.

(3)当 $\Delta<0$,即 $-8<k<0$ 时,原不等式的解集为空集$\varnothing$.

例 3.2.4　已知不等式 $ax^2+2x+c>0$ 的解集是 $-\dfrac{1}{3}<x<\dfrac{1}{2}$,(1)求 a,c 的值;(2)解不等式 $-cx^2+2x-a>0$.

解

解法一:(1)由 $ax^2+2x+c>0$ 的解集是 $-\dfrac{1}{3}<x<\dfrac{1}{2}$,知 $a<0$,且方程 $ax^2+2x+c=0$ 的

两根是 $x_1=-\frac{1}{3}, x_2=\frac{1}{2}$，由韦达定理 $\begin{cases} a<0 \\ -\frac{1}{3}+\frac{1}{2}=-\frac{2}{a} \\ -\frac{1}{3}\times\frac{1}{2}=\frac{c}{a} \end{cases}$

解得 $a=-12, c=2$.

(2)原不等式可化为 $x^2-x-6<0$，其解集为 $\{x \mid -2<x<3\}$.

解法二：因为不等式 $-\frac{1}{3}<x<\frac{1}{2}$ 与不等式 $\left(x+\frac{1}{3}\right)\left(x-\frac{1}{2}\right)<0$ 等价，即与 $x^2-\frac{1}{6}x-\frac{1}{6}<0$ 等价，所以 $-12x+2x+2>0$ 与不等式 $ax^2+2x+c>0$ 同解．比较两个不等式的系数，得 $a=-12, c=2$.（以下同解法一）

3.2.3 高次不等式与分式不等式

含有一个未知数，并且未知数的最高次数高于二次的不等式，叫做**一元高次不等式**，它的一般形式是 $a_nx^n+a_{n-1}x^{n-1}+\cdots+a_1x+a_0>0$ 或 $a_nx^n+a_{n-1}x^{n-1}+\cdots+a_1x+a_0<0(a_n\neq0, n\in\mathbf{N}, n>2)$.

在分母中含有未知数的不等式叫做**分式不等式**，分式不等式可利用等价变形转化为整式不等式．

高次不等式和分式不等式都用“数轴穿根法”（或区间法、根轴法）求解．注意有偶次重根的情形，有“奇穿偶不穿”的规则，在解分式不等式时要特别注意除去分母为零的点．

例 3.2.5 解不等式 $(x-3)(x-1)(x+1)(x+3)>0$.

解 先将方程 $(x-3)(x-1)(x+1)(x+3)=0$ 的四个实根 $3,1,-1,-3$ 标注在数轴上，再将“+”号和“-”号从右到左标注在每个区间上，如图 3.2.2 所示，从而确定 $(x-3)(x-1)(x+1)(x+3)>0$ 的 x 的取值范围．从图 3.2.2 可看出 $(x-3)(x-1)(x+1)(x+3)>0$ 的解集是 $\{x \mid x<-3$ 或 $-1<x<1$ 或 $x>3\}$.

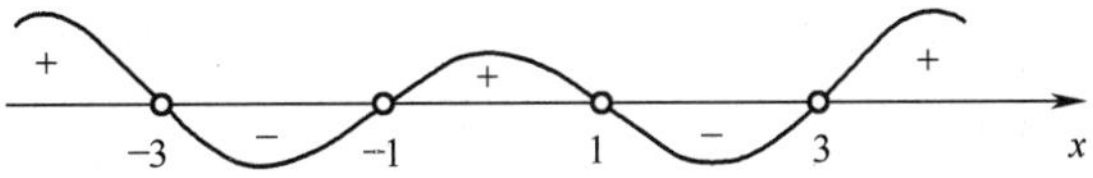

图 3.2.2

例 3.2.6 解不等式 $\frac{(x-1)^2(x+1)^3(2-x)}{x+4}>0$.

解 原不等式化为
$$\frac{(x-1)^2(x+1)^3(x-2)}{x+4}<0$$

把因式 $x-1, x+1, x-2, x+4$ 的根 $-4,-1,1,2$ 标注在数轴上，如图 3.2.3 所示，由图知不等式的解集为

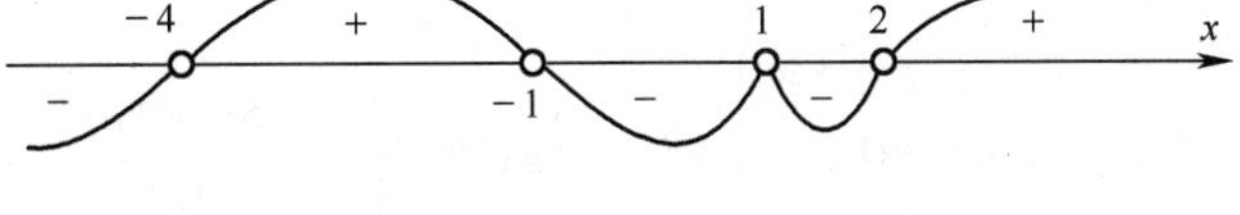

图 3.2.3

$$\{x \mid x < -4 \text{ 或 } -1 < x < 1 \text{ 或 } 1 < x < 2\}$$

对于分式不等式，也可以先将它整理成$\frac{f(x)}{g(x)} > 0$ 或$\frac{f(x)}{g(x)} \geqslant 0$，再转化为整式不等式求解，即

$$\frac{f(x)}{g(x)} > 0 \Leftrightarrow f(x) \cdot g(x) > 0 \Leftrightarrow \begin{cases} f(x) > 0 \\ g(x) > 0 \end{cases} \text{和} \begin{cases} f(x) < 0 \\ g(x) < 0 \end{cases}$$

$$\frac{f(x)}{g(x)} \geqslant 0 \Leftrightarrow \begin{cases} f(x) \cdot g(x) \geqslant 0 \\ g(x) \neq 0 \end{cases} \Leftrightarrow \begin{cases} f(x) \geqslant 0 \\ g(x) > 0 \end{cases} \text{和} \begin{cases} f(x) \leqslant 0 \\ g(x) < 0 \end{cases}$$

例 3.2.7　解不等式$\frac{2x-1}{3x+1} > 0$.

解　$\frac{2x-1}{3x+1} > 0 \Leftrightarrow (2x-1)(3x+1) > 0 \Leftrightarrow x > \frac{1}{2}$ 或 $x < -\frac{1}{3}$，

所以解集为$\left\{x \mid x < -\frac{1}{3} \text{ 或 } x > \frac{1}{2}\right\}$.

3.2.4　无理不等式

在被开方式中含有未知数的不等式叫做**无理不等式**．无理不等式一般转化为等价的有理不等式(组)来求解．基本类型有如下三种：

(1) $\sqrt{f(x)} > \sqrt{g(x)} \Leftrightarrow \begin{cases} f(x) \geqslant 0 \\ g(x) \geqslant 0 \\ f(x) > g(x) \end{cases}$；

(2) $\sqrt{f(x)} > g(x) \Leftrightarrow \begin{cases} f(x) \geqslant 0 \\ g(x) < 0 \end{cases}$ 或 $\begin{cases} f(x) \geqslant 0 \\ g(x) \geqslant 0 \\ f(x) > [g(x)]^2 \end{cases}$；

(3) $\sqrt{f(x)} < g(x) \Leftrightarrow \begin{cases} f(x) \geqslant 0 \\ g(x) \geqslant 0 \\ f(x) < [g(x)]^2 \end{cases}$.

例 3.2.8　解下列无理不等式．

(1) $\sqrt{x-1} < x-3$；　　(2) $\sqrt{x^2-5x+4} > x-5$.

解　(1)原不等式等价于

$$\begin{cases} x-1 \geqslant 0 \\ x-3 \geqslant 0 \\ x-1 < (x-3)^2 \end{cases} \Rightarrow \begin{cases} x \geqslant 1 \\ x \geqslant 3 \\ x < 2 \text{ 或 } x > 5 \end{cases} \Rightarrow x > 5,$$

所以原不等式的解集为$\{x \mid x > 5\}$.

(2)原不等式等价于

$$(\text{I}) \begin{cases} x^2-5x+4 \geqslant 0 \\ x-5 \geqslant 0 \\ x^2-5x+4 > (x-5)^2 \end{cases} \text{或} (\text{II}) \begin{cases} x^2-5x+4 \geqslant 0 \\ x-5 < 0 \end{cases}$$

很明显(Ⅰ)的解是 $x \leqslant 1$ 或 $x \geqslant 5$；(Ⅱ)的解是 $4 \leqslant x < 5$.

所以原不等式的解集为$\{x|x\geqslant 4$ 或 $x\leqslant 1\}$.

习题 3.2

1. 解下列不等式.

(1)$2(x+1)+\frac{x-2}{3}>\frac{7x}{2}-1$；　(2)$-x^2+x+2>0$；

(3)$\begin{cases}(2x-1)^2\leqslant 4(x+1)^2-5\\(x-1)(x+1)<(x+4)(x-5)+20\end{cases}$；　(4)$\begin{cases}3+x<4+2x\\5x-3\leqslant 4x-1\\7+2x>6+3x\end{cases}$；

(5)$\frac{(3x+2)(x-3)}{2x-1}<0$；　(6)$\frac{4+x}{3+2x}\geqslant\frac{1}{2}$；

(7)$x(x^2-3x+2)(2x^2+7x+3)(x^2+x+1)>0$(提示:$x^2+x+1$ 恒正,只需考虑 $x(x^2-3x+2)(2x^2+7x+3)>0$).

2. 解下列不等式.

(1)$(x^3-1)(x-1)(x+2)>0$；　(2)$(x-1)(x-4)(x+3)(x+5)>0$；

(3)$\begin{cases}x^2-1<0\\x^2-3x<0\end{cases}$；　(4)$\frac{4x^2-20x+18}{x^2-5x+4}>3$；

(5) $\sqrt{x^2-3x+2}>3+x$；　(6) $\sqrt{5x+1}-\sqrt{2x-1}>\sqrt{7x}$.

3. 已知不等式$\frac{1}{p}x^2+qx+p>0$ 的解集是 $A=\{x|2<x<4\}$,求实数 p 和 q.

4. 设函数$f(x)=(a^2+4a-5)x^2-4(a-1)x+3$ 的图象全在 x 轴上方,求 a 的取值范围.

5. 不等式$(a-2)x^2+2(a-2)x-4<0$ 对 $x\in\mathbf{R}$ 恒成立,求 a 的取值范围.

6. 若不等式 $2x-1>m(x^2-1)$ 对满足$|m|<2$ 的所有 m 都成立,求 x 的取值范围.(提示:构造函数$f(m)=(x^2-1)m-(2x-1)(-2<m<2)$,根据图象,由$f(-2)<0$,$f(2)>0$而求解)

7. (1)解关于 x 的不等式$\frac{x+2}{k}>1+\frac{x-3}{k^2}(k\neq 0)$；

(2)若上述不等式的解为 $3<x<+\infty$,求 k 的值；

(3)若 $x=3$ 在上述不等式的解集中,求 k 的取值范围.

8. 若对任意 $x\in\mathbf{R}$,不等式 $-9<\frac{3x^2+px-6}{x^2-x+1}<6$ 恒成立,求实数 p 的取值范围.

3.3 不等式的证明

3.3.1 不等式证明的基本方法

不等式证明的基本方法有:比较法、综合法、分析法、反证法和数学归纳法.

1. 比较法

从实数的大小比较入手,有作差比较($a-b\geqslant 0\Leftrightarrow a\geqslant b$, $a-b<0\Leftrightarrow a<b$)和作商比较

$\left(\frac{a}{b}\geqslant 1\Leftrightarrow a\geqslant b;\frac{a}{b}<1\Leftrightarrow a<b.\right)$

例 3.3.1 (1)设 $a,b\in(0,+\infty)$,求证$\frac{\sqrt{a}+\sqrt{b}}{\sqrt{2}}\leqslant\sqrt{a+b}$.

(2)设 $a,b\in(0,+\infty)$,$P=\sqrt{\frac{2a^2b^2}{a^2+b^2}}$,$Q=\sqrt{\frac{a^2+b^2}{2}}$,求证 $P\leqslant Q$.

证明 (1)设 $P=\frac{\sqrt{a}+\sqrt{b}}{\sqrt{2}}$,$Q=\sqrt{a+b}$,因为 $P>0,Q>0$,$P^2=\frac{a+b+2\sqrt{ab}}{2}$,$Q^2=a+b$,$Q^2-P^2=\frac{a+b}{2}-\sqrt{ab}\geqslant 0$,所以 $P^2\leqslant Q^2$,故 $P\leqslant Q$,即

$$\frac{\sqrt{a}+\sqrt{b}}{\sqrt{2}}\leqslant\sqrt{a+b}$$

(2)$\frac{P}{Q}=\sqrt{\frac{2a^2b^2}{a^2+b^2}}\Big/\sqrt{\frac{a^2+b^2}{2}}=\frac{\sqrt{2}ab}{a^2+b^2}<\frac{2ab}{a^2+b^2}\leqslant 1$,所以 $P\leqslant Q$.

2. 综合法

综合法是从已知不等式及题设条件出发,运用不等式的性质及适当变形(恒等变形或不等变形),推导出要求证明的不等式,即从已知到未知的一种推理方法.

例 3.3.2 设 $a,b,c\in\mathbf{R}_+$,且 $a+b+c=1$,求证:

(1)$(1-a)(1-b)(1-c)\geqslant 8abc$;

(2)$\sqrt{a}+\sqrt{b}+\sqrt{c}\leqslant\sqrt{3}$.

证明 (1)因为 $a+b+c=1$,且 $a,b,c>0$,

所以原式$=(b+c)(a+c)(a+b)\geqslant 2\sqrt{bc}\cdot 2\sqrt{ac}\cdot 2\sqrt{ab}=8abc$.

(2)因为 $a,b,c\in\mathbf{R}_+$,

所以$\frac{a+b}{2}\geqslant\sqrt{ab}$,$\frac{b+c}{2}\geqslant\sqrt{bc}$,$\frac{c+a}{2}\geqslant\sqrt{ca}$,

相加就有 $a+b+c\geqslant\sqrt{ab}+\sqrt{bc}+\sqrt{ca}$,

又$(\sqrt{a}+\sqrt{b}+\sqrt{c})^2=a+b+c+2(\sqrt{ab}+\sqrt{bc}+\sqrt{ca})\leqslant a+b+c+2(a+b+c)=3$,

所以$\sqrt{a}+\sqrt{b}+\sqrt{c}\leqslant\sqrt{3}$.

例 3.3.3 设 $a,b,c\in\mathbf{R}_+$,且 $abc=1$,求证$\sqrt{a}+\sqrt{b}+\sqrt{c}\leqslant\frac{1}{a}+\frac{1}{b}+\frac{1}{c}$.

证明 因为 $a,b,c\in\mathbf{R}_+$,且 $abc=1$,

所以$\frac{1}{a}+\frac{1}{b}+\frac{1}{c}=\frac{abc}{a}+\frac{abc}{b}+\frac{abc}{c}=bc+ac+ab$

$$=\frac{1}{2}[(bc+ac)+(ac+ab)+(ab+bc)]$$

$$\geqslant\frac{1}{2}[2\sqrt{abc^2}+2\sqrt{a^2bc}+2\sqrt{ab^2c})$$

$$=\frac{1}{2}(2\sqrt{c}+2\sqrt{a}+2\sqrt{b})$$

$$=\sqrt{a}+\sqrt{b}+\sqrt{c}$$

3. 分析法

分析法是从求证的不等式出发寻找使该不等式成立的充分条件的方法,即从未知到已知的一种推理方法,其思维特点是:执果索因.

例 3.3.4 已知 $a,b,c,d\in\mathbf{R}$,求证:$ac+bd\leqslant\sqrt{(a^2+b^2)(c^2+d^2)}$.

证明 (1)当 $ac+bd\leqslant 0$ 时,显然成立.

(2)当 $ac+bd>0$ 时,欲证原不等式成立,只需证 $(ac+bd)^2\leqslant(a^2+b^2)(c^2+d^2)$,即证

$$a^2c^2+2abcd+b^2d^2\leqslant a^2c^2+a^2d^2+b^2c^2+b^2d^2$$

即证 $2abcd\leqslant b^2c^2+a^2d^2$,即证 $0\leqslant(bc-ad)^2$.

因为 $a,b,c,d\in\mathbf{R}$,所以上式恒成立.

综合(1)、(2)可知,原不等式成立.

4. 反证法

用反证法证不等式,首先假设要证的不等式的反面成立,然后通过正确的推理,推出与已知条件(或者已知的其他命题)相矛盾的结论,从而断定反证假定错误,因而要证的不等式成立.

适合于用反证法证明的不等式是结论中出现“不存在”、“不可能”、“至少有”等词语或统一性问题.

例 3.3.5 设 $f(x)=x^2+px+q$,求证:$|f(1)|$、$|f(2)|$、$|f(3)|$ 中至少有一个不小于 $\frac{1}{2}$.

证明 假定 $|f(1)|<\frac{1}{2}$,$|f(2)|<\frac{1}{2}$,$|f(3)|<\frac{1}{2}$,所以

$$|f(1)|+2|f(2)|+|f(3)|<2 \tag{1}$$

由 $f(1)=1+p+q$,$f(2)=4+2p+q$,$f(3)=9+3p+q$

得
$$f(1)+f(3)-2f(2)=2$$

所以
$$|f(1)|+2|f(2)|+|f(3)|\geqslant|f(1)+f(3)-2f(2)|=2 \tag{2}$$

(1)与(2)矛盾,故假设不成立,求证的结论为真.

5. 数学归纳法

证明与自然数 n 有关的不等式时常用数学归纳法. 用数学归纳法证明不等式的步骤是:

(1)证明当 $n=1$(或 2、3 等)时,不等式成立;

(2)假定 $n=k$ 时不等式成立,证明当 $n=k+1$ 时不等式成立.

综合(1)、(2),断言对于一切自然数 n,不等式成立.

例 3.3.6 设 $x_1,x_2,\cdots,x_n$ 均为正数,且 $x_1x_2\cdots x_n=1$,求证:

$$x_1+x_2+\cdots+x_n\geqslant n$$

当且仅当 $x_1=x_2=\cdots=x_n$ 时等号成立.

证明 (用数学归纳法)当 $n=2$ 时,由 $x_1\cdot x_2=1$ 得 $x_2=\frac{1}{x_1}$,则 $x_1+x_2=x_1+\frac{1}{x_1}\geqslant 2$,当且仅当 $x_1=x_2$ 时等号成立,所以命题成立.

假设 $n=k$ 时命题成立,即

$$x_1+x_2+\cdots+x_k\geqslant k$$

当 $n=k+1$ 时,设 $x_1x_2\cdots x_kx_{k+1}=1$,若所有 $x_i(i=1,2,\cdots,k,k+1)$ 都相同,命题显然成立,

不妨设 x_i 不全相同,因之必有一个 x_i 大于1,而另一个小于1. 例如,可设 $x_1<1,x_{k+1}>1$,于是乘积可写成

$$(x_1x_{k+1})x_2x_3\cdots x_k=1$$

视 $x_1x_{k+1}=y_1$,由归纳假定 $y_1+x_2+x_3+\cdots+x_k\geqslant k$,因此

$$\begin{aligned}x_1+x_2+\cdots+x_k+x_{k+1}&=(y_1+x_2+\cdots+x_k)+x_{k+1}+x_1-x_1x_{k+1}\\&\geqslant k+x_1+x_{k+1}-x_1x_{k+1}=k+1+x_1+x_{k+1}-x_1x_{k+1}-1\\&=k+1+(x_{k+1}-1)(1-x_1)>k+1\end{aligned}$$

即当 x_i 不全相同时,有 $x_1+x_2+\cdots+x_k+x_{k+1}>k+1$.

综上述,对于任意自然数 n,命题成立.

例 3.3.7　设 $x_i>-1$ 且 x_i 同号($i=1,2,\cdots,n$),求证:

$(1+x_1)(1+x_2)+\cdots+(1+x_n)>1+x_1+x_2+\cdots+x_n\quad(n\geqslant 2)$

证明　(1)当 $n=2$ 时,

$$(1+x_1)(1+x_2)=1+x_1+x_2+x_1x_2>1+x_1+x_2$$

(因为 x_i 同号,所以 $x_1x_1>0$),所以原不等式成立.

(2)假定 $n=k$ 时($k\in\mathbf{N},k\geqslant 2$)原不等式成立,即

$$(1+x_1)(1+x_2)\cdots(1+x_k)>1+x_1+x_2+\cdots+x_k$$

当 $n=k+1$ 时,$(1+x_1)(1+x_2)\cdots(1+x_k)(1+x_{k+1})$

$$\begin{aligned}&>(1+x_1+x_2+\cdots+x_k)(1+x_{k+1})\\&=(1+x_1+x_2+\cdots+x_k)+(1+x_1+x_2+\cdots+x_k)x_{k+1}\\&=(1+x_1+x_2+\cdots+x_k+x_{k+1})+(x_1+x_2+\cdots+x_k)x_{k+1}\\&>1+x_1+x_2+\cdots+x_{k+1}\end{aligned}$$

(因为 x_i 同号,所以 $(x_1+x_2+\cdots+x_k)x_{k+1}>0$,所以去掉它后,式子值缩小)

即当 $n=k+1$ 时原不等式也成立.

故当 $n\in\mathbf{N}$ 且 $n\geqslant 2$ 时,原不等式都成立.

3.3.2　不等式证明的某些技巧

不等式的证明可以和许多数学内容相结合,如数列、函数、三角函数、二次曲线、方程等.因此在证题时,除了上述基本方法以外,还需要用到结合内容的证明技巧,常用的技巧有放缩法、换元法、构造法等.

1. 放缩法

放缩法是在证明不等式时,把不等式中的某些部分或整体的值放大或缩小,以达到证明目的,它的一般模式是:欲证 $A\geqslant B$,可借助一个或多个中间变量通过适当放大,使得 $B\leqslant B_1\leqslant B_2\leqslant\cdots\leqslant B_n\leqslant A$,或者使得 $A\geqslant A_1\geqslant A_2\geqslant\cdots\geqslant A_n\geqslant B$.

常用的放缩方法为:拆、凑、舍、平方等,如下列常用的放缩式:

$$\sqrt{a^2+1}>|a|,\quad \sqrt{n(n+1)}>n,\quad \sqrt{n(n+1)}<\frac{2n+1}{2}$$

$$\sqrt{k+1}-\sqrt{k}=\frac{1}{\sqrt{k+1}+\sqrt{k}}<\frac{1}{2\sqrt{k}}(\text{放大})$$

$$\frac{1}{k^2}<\frac{1}{k^2-1}=\frac{1}{(k-1)(k+1)}=\frac{1}{2}\left(\frac{1}{k-1}-\frac{1}{k+1}\right)(\text{放大})$$

$$\frac{1}{k^2}>\frac{1}{k(k+1)}=\frac{1}{k}-\frac{1}{k+1}\text{(缩小)}$$

例 3.3.8 求证$\frac{1}{1^2}+\frac{1}{2^2}+\frac{1}{3^2}+\cdots+\frac{1}{n^2}<2.$

证明 因为$\frac{1}{k^2}<\frac{1}{k^2-1}=\frac{1}{(k-1)(k+1)}=\frac{1}{k-1}-\frac{1}{k+1}$,

所以
$$\frac{1}{1^2}+\frac{1}{2^2}+\cdots+\frac{1}{n^2}<1+1-\frac{1}{2}+\frac{1}{2}-\frac{1}{3}+\cdots+\frac{1}{n-1}-\frac{1}{n}$$
$$=2-\frac{1}{n}<2$$

例 3.3.9 求证$2<\left(1+\frac{1}{n}\right)^n<3(n\in\mathbf{N})$.

证明 因为$\left(1+\frac{1}{n}\right)^n=1+C_n^1\cdot\frac{1}{n}+C_n^2\cdot\frac{1}{n^2}+\cdots+C_n^n\cdot\frac{1}{n^n}$,

由于各项为正,舍去 $n-1$ 个正项后值会缩小.

所以$\left(1+\frac{1}{n}\right)^n>1+C_n^1\cdot\frac{1}{n}=1+1=2$.

又因为$\left(1+\frac{1}{n}\right)^n=1+1+\frac{n(n-1)}{2!}\cdot\frac{1}{n^2}+\frac{n(n-1)(n+4)}{3!}\cdot\frac{1}{n^3}+\cdots+\frac{n!}{n!}\cdot\frac{1}{n^n}$

$$<1+1+\frac{n^2}{2\times1}\cdot\frac{1}{n^2}+\frac{n^3}{3\times2}\cdot\frac{1}{n^3}+\cdots+\frac{n^n}{n(n-1)}\cdot\frac{1}{n^n}$$
$$=2+\frac{1}{1\times2}+\frac{1}{2\times3}+\cdots+\frac{1}{(n-1)n}$$
$$=2+1-\frac{1}{2}+\frac{1}{2}-\frac{1}{3}+\cdots+\frac{1}{n-1}-\frac{1}{n}=3-\frac{1}{n}<3.$$

所以$2<\left(1+\frac{1}{n}\right)^n<3$.

注:“放”的一般方法包括去掉 n 个负项;增加 n 个正项;增大分子;减小分母．反之即是“缩”的一般方法.

2. 换元法

换元法又叫变量替换法,在证明不等式时,将不等式某些部分用一个变量代替,或将不等式中的某个变量用一个新变量的函数或式子代替,以化简不等式．换元法有整体换元、均值换元、三角换元等．在三角换元中,若$0\leqslant x\leqslant1$,令 $x=\cos\theta,0\leqslant\theta\leqslant\frac{\pi}{2}$;若 $x\geqslant1$,令 $x=\sec\theta,0\leqslant\theta<\frac{\pi}{2}$;若 $x^2+y^2=1$,令 $x=\cos\theta,y=\sin\theta(0\leqslant\theta\leqslant2\pi)$;若 $x^2-y^2=1$,令 $x=\sec\theta,y=\tan\theta$ $(0\leqslant\theta\leqslant2\pi)$等.

例 3.3.10 (1)已知 $x,y,a,b\in\mathbf{R}$,且 $x^2+y^2=1,a^2+b^2=1$,求证:$|ax+by|\leqslant1$;

(2)若 $a>0$,则$\sqrt{a^2+\frac{1}{a^2}}-\sqrt{2}>a+\frac{1}{a}-2$;

(3)设 $a,b\in\mathbf{R}$,且 $a+b=1$,求证$(a+2)^2+(b+2)^2\geqslant\frac{25}{2}$.

证明　(1)设 $a=\cos\alpha, b=\sin\alpha(-\pi\leqslant\theta\leqslant\pi)$, $x=\cos\beta, y=\sin\beta(-\pi\leqslant\beta\leqslant\pi)$,所以 $-2\pi\leqslant\alpha-\beta\leqslant2\pi$.

所以 $|ax+by|=|\cos\alpha\cos\beta+\sin\alpha\sin\beta|=|\cos(\alpha-\beta)|\leqslant1$.

(2)(整体换元)设 $x=a+\frac{1}{a}, y=\sqrt{a^2+\frac{1}{a^2}}(a\geqslant0, x\geqslant2, y\geqslant\sqrt{2})$.

因为
$$x^2-y^2=\left(a+\frac{1}{a}\right)^2-\left(\sqrt{a^2+\frac{1}{a^2}}\right)^2=2$$
$$x+y=a+\frac{1}{a}+\sqrt{a^2+\frac{1}{a^2}}\geqslant2+\sqrt{2}$$

所以 $x-y=\frac{x^2-y^2}{x+y}\leqslant\frac{2}{2+\sqrt{2}}=2-\sqrt{2}$,即 $y-\sqrt{2}\geqslant x-2$.

所以原不等式成立.

(3)(均值换元)因为 $a,b\in\mathbf{R}$,且 $a+b=1$,所以设 $a=\frac{1}{2}+t, b=\frac{1}{2}-t(t\in\mathbf{R})$. 则

$$\begin{aligned}(a+2)^2+(b+2)^2&=\left(\frac{1}{2}+t+2\right)^2+\left(\frac{1}{2}-t+2\right)^2\\&=\left(\frac{5}{2}+t\right)^2+\left(\frac{5}{2}-t\right)^2=\frac{25}{2}+2t^2\geqslant\frac{25}{2}\end{aligned}$$

3. 构造法

证明不等式常用的构造方法有构造函数法、构造方程法、构造图形法等.

例 3.3.11　(1)设 $x>0, y>0$,且 $x+y=1$,求证:$\left(x+\frac{1}{x}\right)\left(y+\frac{1}{y}\right)\geqslant\frac{25}{4}$;

(2)设 $a,b,c\in\mathbf{R}$,满足 $a+b+c=0$ 和 $abc=2$,求证:a,b,c 中至少有一个不小于 2;

(3)若 $x,y,z>0$,则 $\sqrt{x^2+y^2+xy}+\sqrt{y^2+z^2+yz}>\sqrt{z^2+x^2+zx}$.

证明　(1)(构造函数法)

$$\text{左边}=\frac{x}{y}+\frac{y}{x}+xy+\frac{1}{xy}\geqslant2+xy+\frac{1}{xy}$$

令 $t=xy$,则 $0<t\leqslant\left(\frac{x+y}{2}\right)^2=\frac{1}{4}$,作函数 $f(t)=t+\frac{1}{t}$,容易证明,$f(t)$ 在 $\left(0,\frac{1}{4}\right]$ 上单调递减.

所以 $f(t)\geqslant f\left(\frac{1}{4}\right)=\frac{17}{4}$. 故 $\left(x+\frac{1}{x}\right)\left(y+\frac{1}{y}\right)\geqslant\frac{25}{4}$.

(2)(构造方程法)

由题设 $abc=2$,显然 a,b,c 中必有一个正数,不妨设 $a>0$.

则
$$\begin{cases}b+c=-a\\bc=\dfrac{2}{a}\end{cases}$$

即 b,c 是一元二次方程 $x^2+ax+\frac{2}{a}=0$ 的两个实根.

所以 $\Delta=a^2-\frac{8}{a}\geqslant0$,得 $a\geqslant2$.

故 a,b,c 中至少有一个不小于2.

(3)(构造图形法)

如图3.3.1所示,作 $\angle AOB=\angle BOC=\angle COA=120°$, $|OA|=x$, $|OB|=y$, $|OC|=z$,由余弦定理 $|AB|=\sqrt{x^2+y^2+xy}$, $|BC|=\sqrt{y^2+z^2+yz}$, $|CA|=\sqrt{z^2+x^2+zx}$,

因为
$$|AB|+|BC|>|CA|$$
所以
$$\sqrt{x^2+y^2+xy}+\sqrt{y^2+z^2+yz}>\sqrt{z^2+x^2+zx}$$

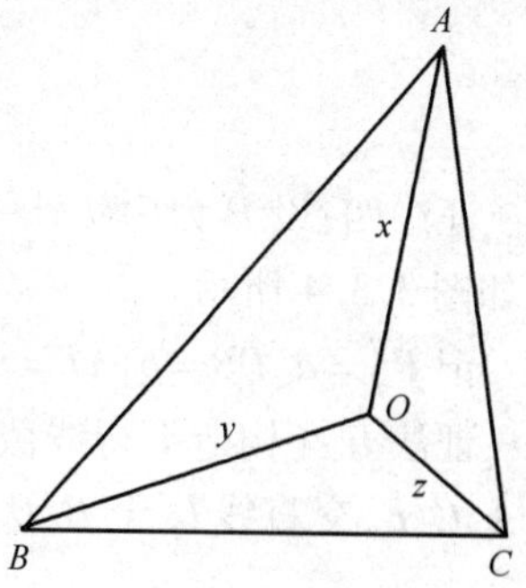

图 3.3.1

用构造几何图形法证明不等式,要根据欲证不等式的表达式,联系具有相应表达形式的图形性质,作出几何图形.现以例3.3.12说明构造不同的几何图形的证明方法.

例3.3.12 已知 $a,b,m\in\mathbf{R}_+$,且 $a<b$,求证:$\dfrac{a+m}{b+m}>\dfrac{a}{b}$.

分析 欲证两个比组成的不等式,关于比和比例的定义、定理有:平行线截得比例线段定理、圆的切割线定理、直角三角形中的比例关系(射影定理)、锐角三角函数定义等,因而可得如下几种证法.

证明

证法一:作直角三角形 ABC, $\angle C=90°$,以 C 为顶点作内接正方形 $CDEF$,设正方形边长 $CD=a$, $BE=b$, $AD=m$,如图3.3.2所示.

则
$$\sin B=\frac{a}{b}=\frac{a+m}{b+AE}$$
在 Rt$\triangle AED$ 中,
$$AE>AD=m$$
所以
$$\frac{a}{b}=\frac{a+m}{b+AE}<\frac{a+m}{b+m}$$

证法二:作 Rt$\triangle ABC$, $\angle C=90°$, CD 为 AB 边上的高,则 $\angle A=\angle BCD$,如图3.3.3所示.记 $AD=a$, $AB=b$, $AC=m>a$,则 $\cos A=\dfrac{a}{m}=\dfrac{m}{b}$,利用合比定理 $\dfrac{a+m}{m}=\dfrac{m+b}{b}$, $\dfrac{a+m}{b+m}=\dfrac{m}{b}>\dfrac{a}{b}$.

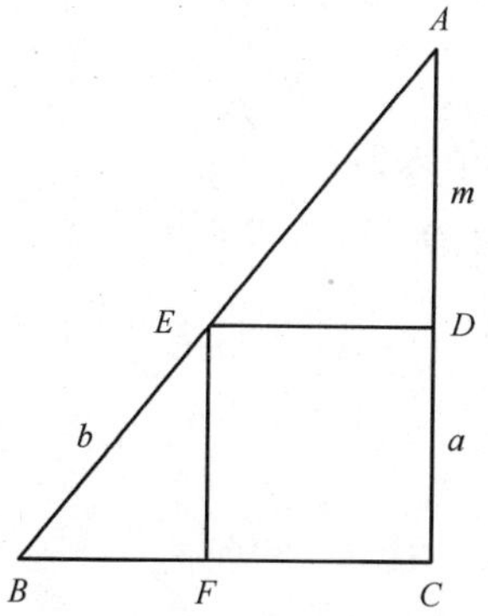

图 3.3.2

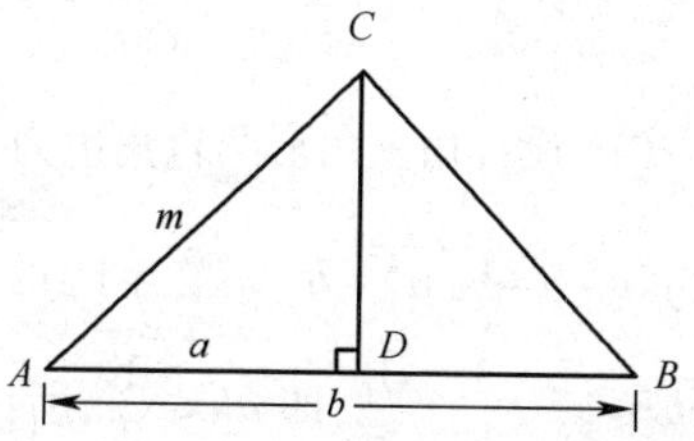

图 3.3.3

证法三：构造图形如图 3.3.3 所示，利用射影定理，$m^2=ab$，即$\frac{a}{m}=\frac{m}{b}$，同证法二得$\frac{a+m}{b+m}>\frac{a}{b}$.

证法四：设 P 为$\odot O$ 外一点，过 P 分别作$\odot O$ 的切线 PT，T 为切点，割线 PAB 交$\odot O$ 于 A，B，如图 3.3.4 所示.

记 $PA=a$，$PB=b$，$AT=m$，则有 $m^2=ab$，以下同证法三.

证法五：（构造平行线截割线段图形）如图 3.3.5 所示，$AB/\!/CD/\!/EF$，它们分别交直线 l_1 于 A、C、E，交直线 l_2 于 B、D、F. 记 $AC=b>BD=a$，$DF=m$.

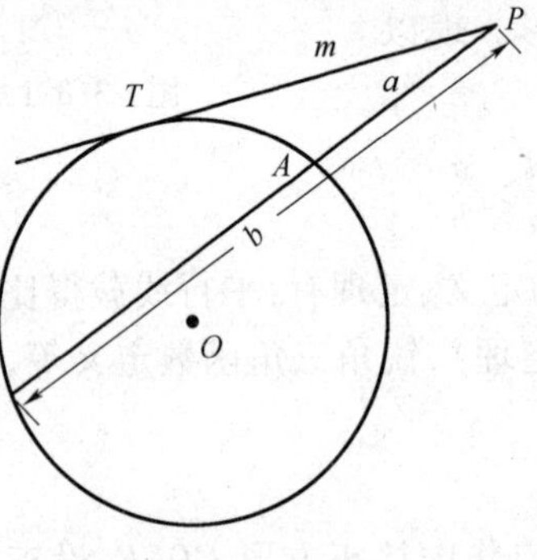

图　3.3.4

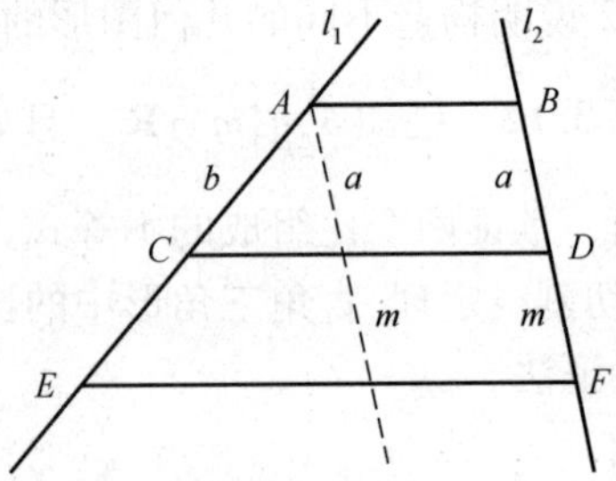

图　3.3.5

因为 $b>a$，所以 $CE>m$，则$\frac{a}{m}=\frac{b}{CE}$，即$\frac{a}{b}=\frac{m}{CE}$，由等比定理，$\frac{a+m}{b+CE}=\frac{a}{b}$，又因为 $CE>m$，所以$\frac{a+m}{b+m}>\frac{a+m}{b+CE}=\frac{a}{b}$.

证法六：（构造函数法）令 $f(x)=\frac{a+x}{b+x}$，$b>a>0$，$x\geqslant 0$，则 $f(0)=\frac{a}{b}$，$f(m)=\frac{a+m}{b+m}$，要证 $f(m)>f(0)$，只要证$f(x)$在$[0,+\infty)$内单调增加. 事实上 $f(x)=1-\frac{b-a}{b+x}$，因为 $b-a>0$，所以$\frac{b-a}{b+x}$是$[0,+\infty)$内的减函数，所以不等式得证.

放缩法和换元法在求函数的最值问题中，也经常运用.

例 3.3.13　(1)求周长为$\sqrt{2}+1$ 的直角三角形面积的最大值；

(2)已知函数$f(x)=x^2+\frac{1}{x^2}+1+x+\frac{1}{x}$，求$f(x)$的最小值.

解　(1)设直角三角形两直角边为 a，b，则面积 $S=\frac{1}{2}ab$.

因为 $a+b+\sqrt{a^2+b^2}=\sqrt{2}+1\geqslant 2\sqrt{ab}+\sqrt{2ab}$，

所以$\sqrt{ab}\leqslant\frac{\sqrt{2}+1}{2+\sqrt{2}}=\frac{1}{\sqrt{2}}$，即 $ab\leqslant\frac{1}{2}$，所以 $S\leqslant\frac{1}{4}$.

故直角三角形面积的最大值是$\frac{1}{4}$.

(2)（换元法）设 $x+\frac{1}{x}=t$，则 $x^2+\frac{1}{x^2}=t^2-2$，

所以$f(x)=t^2+t-1=\left(t+\frac{1}{2}\right)^2-\frac{5}{4}$.

由于$t\in(-\infty,-2]\cup[2,+\infty)$,结合二次函数图象可知,当$t=-2$即$x=-1$时,$f(x)$的最小值是1.

习题 3.3

1. 设a、b、$c\in\mathbf{R}_+$,且$a+b+c=1$. 求证:

(1) $\sqrt{ab}+\sqrt{bc}+\sqrt{ca}\leqslant 1$;　　(2) $\frac{1}{a}+\frac{1}{b}+\frac{1}{c}\geqslant 9$;

(3) $a^2+b^2+c^2\geqslant\frac{1}{3}$;　　(4) $\left(1-\frac{1}{a}\right)\left(1-\frac{1}{b}\right)\left(1-\frac{1}{c}\right)\geqslant 8$.

2. 若$a,b>0$,且$a+b=1$,求证:

(1) $\left(a+\frac{1}{a}\right)^2+\left(b+\frac{1}{b}\right)^2\geqslant\frac{25}{2}$;　　(2) $\left(1-\frac{1}{a^2}\right)\left(1-\frac{1}{b^2}\right)\geqslant 9$;

(3) $\sqrt{a}+\sqrt{b}\leqslant 2$;　　(4) $a^3+b^3\geqslant\frac{1}{4}$.

3. 设$0<\alpha<\frac{\pi}{2}$,证明$\left(1+\frac{1}{\sin\alpha}\right)(1+\cos\alpha)>5$.

4. 设$a_n=\sqrt{1\times2}+\sqrt{2\times3}+\sqrt{3\times4}+\cdots+\sqrt{n(n+1)}$,证明不等式$\frac{n(n+1)}{2}<a_n<\frac{(n+1)^2}{2}$对所有$n\in\mathbf{N}$都成立.(提示:$k=\sqrt{k^2}<\sqrt{k(k+1)}<\frac{2k+1}{2},k=1,2,\cdots,n$)

5. 若$n\in\mathbf{N}$,求证$2(\sqrt{n+1}-\sqrt{n})<\frac{1}{\sqrt{n}}<\sqrt{n+1}-\sqrt{n-1}$.(提示:用结合法证$2(\sqrt{n+1}-\sqrt{n})<\frac{1}{\sqrt{n}}$,用分析法证$\frac{1}{\sqrt{n}}<\sqrt{n+1}-\sqrt{n-1}$)

6. 用数学归纳法证明下列各题.

(1) $|\sin nx|\leqslant n|\sin x|$,其中$n\in\mathbf{N}$;

(2) $\frac{1}{n+1}+\frac{1}{n+2}+\cdots+\frac{1}{2n}>\frac{13}{24}$($n\in\mathbf{N}$且$n\geqslant 2$).

7. 已知函数$f(x)=ax-\frac{3}{2}x^2$的最大值不大于$\frac{1}{6}$,又当$x\in\left[\frac{1}{4},\frac{1}{2}\right]$时,$f(x)\geqslant\frac{1}{8}$. (1)求$a$的值;(2)设$0<a_1<\frac{1}{2}$,$a_{n+1}=f(a_n)$,$n\in\mathbf{N}$. 证明:$a_n<\frac{1}{n+1}$.(提示:证明用数学归纳法)

8. 设三角形三边长为a,b,c,且满足$a^2+b^2=c^2$,当$n\geqslant 3$且$n\in\mathbf{N}$时,求证:$a^n+b^n<c^n$.(提示:设一锐角为θ,$a=c\cos\theta,b=c\sin\theta$,$n\geqslant 3$且$n\in\mathbf{N}$时,$\cos^n\theta\leqslant\cos^2\theta,\sin^n\theta\leqslant\sin^2\theta$)

9. 求证:$1+\frac{1}{\sqrt{2}}+\frac{1}{\sqrt{3}}+\cdots+\frac{1}{\sqrt{n}}>2(\sqrt{n+1}-1)$,$n\in\mathbf{N}$.(用拆项以后放缩法,$\sqrt{k+1}-\sqrt{k}<\frac{1}{2\sqrt{k}}$,即$\frac{1}{\sqrt{k}}>2(\sqrt{k+1}-\sqrt{k})$)

10. 求证：$\sqrt{a_1^2+a_2^2+\cdots+a_n^2}\leqslant|a_1|+|a_2|+\cdots+|a_n|$.（提示：$\sqrt{a_1^2+a_2^2+\cdots+a_n^2}=\dfrac{a_1^2+a_2^2+\cdots+a_n^2}{\sqrt{a_1^2+a_2^2+\cdots+a_n}}$，$a_k^2=|a_k|^2$）

11. 已知：$0<a<1$，$0<b<1$，$0<c<1$，求证：$(1-a)b$，$(1-b)c$，$(1-c)a$ 不能都大于$\dfrac{1}{4}$.（提示：用反证法）

12. 已知 $a_k>0(k=1,2,\cdots,8)$，且 $a_1+a_2+\cdots+a_8=20$，$a_1a_2\cdots a_8<4$. 证明：$a_1,a_2,\cdots,a_8$ 中至少有一个数小于1.

3.4　绝对值不等式

我们知道，任意实数 a 的绝对值

$$|a|=\begin{cases}a & 当\ a>0\\ 0 & 当\ a=0\\ -a & 当\ a<0\end{cases}$$

（$|a|\geqslant 0,a\in\mathbf{R}$）. 不等式中含有绝对值，称为（含）**绝对值不等式**. 例如，不等式 $|x|<2$，在数轴上表示数 x 的点到原点的距离小于2；$|x|>2$，在数轴上表示数 x 的点到原点的距离大于2. 所以，不等式 $|x|<2$ 的解集是 $\{x|-2<x<2\}$，不等式 $|x|>2$ 的解集是 $\{x|x>2$ 或 $x<-2\}$.

一般地，绝对值不等式有下列几种类型：

(1) $|f(x)|>|g(x)|$. 它等价于 $f^2(x)>g^2(x)$，化为解不含绝对值的不等式.

(2) $|f(x)|>g(x)$. 如果 $g(x)<0$，则不等式的解集是 $\mathbf{R}$. 若 $g(x)\geqslant 0$，则它等价于 $f(x)>g(x)$ 或 $f(x)<-g(x)$.

(3) $|f(x)|<g(x)$. 若 $g(x)\leqslant 0$，则不等式显然无解；若 $g(x)>0$，则它等价于 $-g(x)<f(x)<g(x)$.

(4) 含有两个以上绝对值的不等式. 此类不等式解起来比较复杂，基本方法是“区间法”，逐次地把绝对值符号去掉，化为不含绝对值的不等式求解.

例 3.4.1　解下列不等式.

(1) $|-x^2+x-2|>x^2-3x-4$；　　(2) $1\leqslant|2x-1|<5$；

(3) $\left|\dfrac{3x}{x^2-4}\right|\leqslant 1$；　　(4) $|2x+1|-|2-x|<|x+3|$.

解　(1) 原不等式等价于 $-x^2+x-2>x^2-3x-4$ 或 $-x^2+x-2<-(x^2-3x-4)$.

解之，得 $1-\sqrt{2}<x<1+\sqrt{2}$ 或 $x>-3$，故原不等式的解集是 $\{x|x>-3\}$.

(2) 原不等式等价于 $\begin{cases}|2x-1|<5\\|2x-1|\geqslant 1,\end{cases}$ 化为

$$(\text{Ⅰ})\begin{cases}2x-1<5\\2x-1>-5\\2x-1\geqslant 1\end{cases}\quad 或(\text{Ⅱ})\begin{cases}2x-1<5\\2x-1>-5\\2x-1\leqslant -1\end{cases}$$

解(Ⅰ)得 $1\leqslant x<3$，解(Ⅱ)得 $-2<x\leqslant 0$，

所以原不等式的解集是 $\{x|-2<x\leqslant 0$ 或 $1\leqslant x<3\}$.

(3)两边平方：$\frac{9x^2}{(x^2-4)^2}\leqslant 1(x\neq \pm 2)$，即

$$x^4-17x^2+16\geqslant 0,\quad (x^2-1)(x^2-16)\geqslant 0$$

得 $x^2\leqslant 1$ 或 $x^2\geqslant 16$，解之，得 $-1\leqslant x\leqslant 1$ 或 $x\geqslant 4$ 或 $x\leqslant -4$.
所以原不等式的解集是 $\{x|-1\leqslant x\leqslant 1$ 或 $x\geqslant 4$ 或 $x\leqslant -4\}$.

(4)令 $2x+1=0,2-x=0,x+3=0$，可得三个零点：$-3,-\frac{1}{2}$ 和2，分为四个区间讨论，逐步去掉绝对值符号：

① 当 $x<-3$ 时，原不等式化为，$-(2x+1)-(2-x)<-(x+3)$，此不等式无解.

② 当 $-3\leqslant x\leqslant -\frac{1}{2}$时，原不等式化为 $-(2x+1)-(2-x)<x+3$，所以 $x>-3$.

③ 当 $-\frac{1}{2}<x<2$ 时，原不等式化为 $2x+1-(2-x)<x+3$，所以 $x<2$.

④ 当 $x>2$ 时，原不等式化为 $2x+1+2-x<x+3$，无解.

故原不等式的解集为 $\{x|-3<x<2\}$.

含有两个以上绝对值的不等式，用"区间法"也可以化成相应的不等式组求解.

例 3.4.2 解不等式 $|x-3|-|x+1|<1$.

解 令 $x-3=0,x+1=0$，得两个零点 $x_1=3,x_2=-1$，分成三个区间：$(-\infty,-1]$，$(-1,3)$，$[3,+\infty)$，原不等式化为

$$①\begin{cases}x\leqslant -1\\ -(x-3)+(x+1)<1\end{cases};②\begin{cases}-1<x\leqslant 3\\ -(x-3)-(x+1)<1\end{cases};③\begin{cases}x>3\\ (x-3)-(x+1)<1\end{cases}.$$

显然①无解，②的解集为$\left\{x|\frac{1}{2}<x\leqslant 3\right\}$；③的解集为$\{x|x>3\}$

所以原不等式的解集为$\left\{x|x>\frac{1}{2}\right\}$.

例 3.4.3 已知 $f(x)$ 是定义在 **R** 上的单调函数，实数 $x_1\neq x_2,\lambda\neq 1$. $\alpha=\frac{x_1+\lambda x_2}{1+\lambda}$，$\beta=\frac{x_2+\lambda x_1}{1+\lambda}$，若 $|f(x_1)-f(x_2)|<|f(\alpha)-f(\beta)|$，求 λ 的取值范围.

解 不妨设 $f(x)=x$，依题意有

$$|f(x_1)-f(x_2)|=|x_1-x_2|<|f(\alpha)-f(\beta)|=\left|\frac{x_1+\lambda x_2}{1+\lambda}-\frac{x_2+\lambda x_1}{1+\lambda}\right|$$

$$=\left|\frac{(x_1-x_2)+\lambda(x_2-x_1)}{1+\lambda}\right|=(x_1-x_2)\left|\frac{1-\lambda}{1+\lambda}\right|.$$

所以 $\left|\frac{1-\lambda}{1+\lambda}\right|>1$，所以$\frac{1-\lambda}{1+\lambda}>1$ 或 $\frac{1-\lambda}{1+\lambda}<-1$.

解得 $-1<\lambda<0$ 或 $\lambda<-1$.

绝对值不等式的证明在高等数学中是重要的基础知识. 其证明方法仍然是3.2节中方法，只要注意在论证过程中充分运用绝对值不等式的性质：

(1) $|a|\geqslant 0,|a|\geqslant a$；

(2) $|a|-|b|\leqslant |a+b|\leqslant |a|+|b|$；

(3) $||a|-|b||\leqslant|a-b|\leqslant|a|+|b|$.

例 3.4.4　求证：$\dfrac{|a^2-b^2|}{2|a|}\geqslant\dfrac{|a|-|b|}{2}$.

证明　（综合法）当 $|a|\leqslant|b|$ 时，不等式显然成立.

当 $|a|>|b|$ 时，利用性质(2)

$$\frac{|a^2-b^2|}{2|a|}=\frac{|(a+b)(a-b)|}{2|a|}=\frac{|a+b||a-b|}{2|a|}$$

$$\geqslant\frac{|a+b|\cdot|a-b|}{|a+b|+|a-b|}=\frac{1}{\dfrac{|a+b|}{|a+b|\cdot|a-b|}+\dfrac{|a-b|}{|a+b||a-b|}}$$

$$=\frac{1}{\dfrac{1}{|a-b|}+\dfrac{1}{|a+b|}}\geqslant\frac{1}{\dfrac{1}{|a|-|b|}+\dfrac{1}{|a|-|b|}}=\frac{|a|-|b|}{2}.$$

例 3.4.5　设 $a,b\in\mathbf{R},c>0$，求证：$|a+b|^2\leqslant(1+c)|a|^2+\left(1+\dfrac{1}{c}\right)|b|^2$.

证明　（分析法）展开，即证 $a^2+2ab+b^2\leqslant a^2+b^2+ca^2+\dfrac{1}{c}b^2$

即证
$$2ab\leqslant ca^2+\frac{1}{c}b^2.$$

因为 $c>0$，所以 $2ab=2(\sqrt{c}a)\cdot\left(\dfrac{1}{\sqrt{c}}b\right)\leqslant ca^2+\dfrac{1}{c}b^2$.

所以原不等式成立.

例 3.4.6　已知 $|a|<1,|b|<1$，求证 $\left|\dfrac{a+b}{1+ab}\right|<1$.

证明　（反证法）假定 $\left|\dfrac{a+b}{1+ab}\right|\geqslant1$，则

$$(a+b)^2\geqslant(1+ab)^2$$

即
$$a^2+b^2-1-a^2b^2\geqslant0$$

$$a^2(1-b^2)-(1-b^2)=(1-b^2)(a^2-1)\geqslant0$$

因为 $a^2<1,b^2<1$，上式不成立.

所以 $\left|\dfrac{a+b}{1+ab}\right|\geqslant1$ 的假设不成立.

所以
$$\left|\frac{a+b}{1+ab}\right|<1.$$

绝对值不等式的证明，有时亦以最值问题的形式出现.

例 3.4.7　设 $a_1<a_2<a_3$，且对一切实数 x，都有 $|x-a_1|+|x_2-a_2|+|x-a_3|\geqslant y$，求 y 的最大值.

解　（放缩法）令 $y=f(x)=|x-a_1|+|x-a_2|+|x-a_3|$，利用 $a_1<a_2<a_3$ 及 $x\in\mathbf{R}$，分四种情况讨论：

(1) 当 $x\leqslant a_1$ 时

$$f(x)=a_1-x+a_2-x+a_3-x\geqslant a_2-a_1+a_3-a_1>a_3-a_1$$

(2) 当 $a_1<x\leqslant a_2$ 时

$$f(x)=x-a_1+a_2-x+a_3-x=a_2-a_1+a_3-x\geqslant a_3-a_1$$

当且仅当 $x=a_2$ 时等号成立.

(3)当 $a_2<x\leqslant a_3$ 时

$$f(x)=x-a_1+x-a_2+a_3-x=-a_2-a_1+a_3+x>a_3-a_1$$

(4)当 $x>a_3$ 时

$$\begin{aligned}f(x)&=x-a_1+x-a_2+x-a_3=3x-a_1-a_2-a_3\\&>2a_3-a_1-a_2>a_3-a_1\end{aligned}$$

上述结果说明 y 的最大值为 a_3-a_1.

习题 3.4

1. 解下列不等式.

(1) $|x+5|>3$；　(2) $|x+1|<\sqrt{2}$；

(3) $\left|\dfrac{3x-5}{4}\right|<3$；　(4) $\left|\dfrac{x-2}{2x}-\dfrac{1}{2}\right|>0.1$；

(5) $|3-x|>x-2$　(6) $\left|\dfrac{2x+1}{x+3}+\dfrac{1}{2}\right|<\dfrac{1}{2}$(提示:$\dfrac{2x+1}{x+3}=2-\dfrac{5}{x+3}$).

2. 解不等式.

(1) $|x+3|+|x-2|>5$；　(2) $\left|x^2-\dfrac{1}{2}\right|>2x$.

(3) $|2x-1|-|x+1|<0$；　(4) $2x^2-(x-1)\leqslant 0$.

3. 设 $a,b\in\mathbf{R}$,求证:(1) $|a+b|\leqslant|a|+|b|$;(2) $|a-b|\geqslant||a|-|b||$.

4. 求证:$\sqrt{a_1^2+a_2^2+\cdots+a_n^2}\leqslant|a_1|+|a_2|+\cdots+|a_n|$,当且仅当 $a_1=a_2=\cdots=a_n=0$ 时等号成立.(提示:若 $a_1,a_2,\cdots,a_n$ 不全为0,则 $\sqrt{a_1^2+a_2^2+\cdots+a_n^2}>0$,左边分子有理化,$a_k^2=|a_k|^2,k=1,2,\cdots,n$).

3.5 几个著名不等式

3.5.1 平均值不等式

我们已经知道,若 $a,b>0$,则 $\dfrac{a+b}{2}\geqslant\sqrt{ab}$(当且仅当 $a=b$ 时取"=").一般地有下列定理.

定理 3.5.1 设 $a_1,a_2,\cdots,a_n>0$,则

$$\frac{a_1+a_2+\cdots+a_n}{n}\geqslant\sqrt[n]{a_1a_2\cdots a_n}\qquad(1)$$

当且仅当 $a_1=a_2=\cdots=a_n$ 时等号成立.

$A(a)=\dfrac{a_1+a_2+\cdots+a_n}{n}$ 叫做这 n 个正数的**算术平均值**;

$G(a)=\sqrt[n]{a_1a_2\cdots a_n}$ 叫做这 n 个正数的**几何平均值**;

(1)式表明：n 个正数的算术平均值不小于几何平均值.

证明　令 $g=\sqrt[n]{a_1a_2\cdots a_n}$，可得 $\sqrt[n]{\frac{a_1}{g}\cdot\frac{a_2}{g}\cdot\cdots\cdot\frac{a_n}{g}}=1$，即

$$\frac{a_1}{g}\cdot\frac{a_2}{g}\cdot\cdots\cdot\frac{a_n}{g}=1.$$

由例 3.3.6 知，$\frac{a_1}{g}+\frac{a_2}{g}+\cdots+\frac{a_n}{g}\geqslant n$，当且仅当 $\frac{a_1}{g}=\frac{a_2}{g}=\cdots=\frac{a_n}{g}$ 时等号成立.

所以
$$\frac{a_1+a_2+\cdots+a_n}{n}\geqslant g=\sqrt[n]{a_1a_2\cdots a_n}$$

当且仅当 $a_1=a_2=\cdots=a_n$ 时等号成立.

记 $H(a)=\dfrac{n}{\frac{1}{a_1}+\frac{1}{a_2}+\cdots+\frac{1}{a_n}}$，称为 n 个正数 $a_1,a_2,\cdots,a_n$ 的**调和平均值**.

定理 3.5.2　设 $A(a)$、$G(a)$、$H(a)$ 分别为 n 个正数 $a_1,a_2,\cdots,a_n$ 的算术平均值、几何和平均值、调和平均值，则

$$A(a)\geqslant G(a)\geqslant H(a) \tag{2}$$

证明　只需 $H(a)\leqslant G(a)$，由定理 3.5.1 我们有

$$\frac{\frac{1}{a_1}+\frac{1}{a_2}+\cdots+\frac{1}{a_n}}{n}\geqslant\sqrt[n]{\frac{1}{a_1}\cdot\frac{1}{a_2}\cdot\cdots\cdot\frac{1}{a_n}},$$

由倒数的反序性，则得

$$\frac{n}{\frac{1}{a_1}+\frac{1}{a_2}+\cdots+\frac{1}{a_n}}\leqslant\sqrt[n]{a_1a_2\cdots a_n}$$

所以
$$A(a)\geqslant G(a)\geqslant H(a).$$

这是一个很重要的不等式. 它表明对于任意几个正数，总有它们的算术平均值最大，几何平均值次之，调和平均值最小，仅在 n 个正数相等时，诸平均值才相等.

应用定理 3.5.1 和 3.5.2 可以证明不等式，如

(1) $a_1a_2^2a_3^3a_4^4\leqslant\left(\dfrac{a_1+2a_2+3a_3+4a_4}{10}\right)^{10}$　$(a_k>0,k=1,2,3,4)$；

(2) $\sqrt[n+1]{ab^n}\leqslant\dfrac{a+nb}{n+1}$　$(a,b>0)$；

(3) $n!<\left(\dfrac{n+1}{2}\right)^n$ 或 $\sqrt[n]{n!}<\dfrac{n+1}{2}$；

(4) $a_1^n+a_2^n+\cdots+a_n^n\geqslant na_1a_2\cdots a_n$　$(a_k>0)$.

这几个题目只需把左边看成若干个正数的积，就可直接由 $A(a)\geqslant G(a)$ 得证.

例 3.5.1　已知 $a>b>0$，求证：$\sqrt{a^2-b^2}+\sqrt{2ab-b^2}>a$.

证明　$\sqrt{a^2-b^2}+\sqrt{2ab-b^2}=\sqrt{(a+b)(a-b)}+\sqrt{b(2a-b)}$

$$>\frac{2}{\frac{1}{a+b}+\frac{1}{a-b}}+\frac{2}{\frac{1}{b}+\frac{1}{2a-b}}$$

$$=\frac{a^2-b^2}{a}+\frac{2ab-b^2}{a}=\frac{a^2+2b(a-b)}{a}>\frac{a^2}{a}=a.$$

3.5.2 柯西(Cauchy)不等式

定理3.5.3 对于 $2n$ 个实数 $a_1,a_2,\cdots,a_n,b_1,b_2,\cdots,b_n$,有

$$(a_1b_1+a_2b_2+\cdots+a_nb_n)^2\leqslant(a_1^2+a_2^2+\cdots+a_n^2)(b_1^2+b_2^2+\cdots+b_n^2)$$

即
$$\left(\sum_{i=1}^{n}a_ib_i\right)^2\leqslant\left(\sum_{i=1}^{n}a_i^2\right)\left(\sum_{i=1}^{n}b_i^2\right)\tag{3}$$

当且仅当$\frac{a_1}{b_1}=\frac{a_2}{b_2}=\cdots=\frac{a_n}{b_n}$或 $a_i=\lambda b_i(1\leqslant i\leqslant n)$时等号成立.

证明

证法一:因为对于任意实数 x,$\sum_{i=1}^{n}(a_ix-b_i)^2\geqslant0$,

即
$$x^2\sum_{i=1}^{n}a_i^2-2x\cdot\sum_{i=1}^{n}a_ib_i+\sum_{i=1}^{n}b_i^2\geqslant0$$

所以关于 x 的二次三项式的判别式

$$\Delta=\left(2\sum_{i=1}^{n}a_ib_i\right)^2-4\left(\sum_{i=1}^{n}a_i^2\right)\left(\sum_{i=1}^{n}b_i^2\right)\leqslant0$$

即求证的不等式成立,当且仅当 $a_ix-b_i=0$,即 $b_i=\lambda a_i$ 时取等号.

证法二:设 $A=\sqrt{a_1^2+a_2^2+\cdots+a_n^2}$,$B=\sqrt{b_1^2+b_2^2+\cdots+b_n^2}$.

令 $a_i'=\frac{a_i}{A}$,$b_i'=\frac{a_i}{B}(1\leqslant i\leqslant n)$,

则
$$a_1'^2+a_2'^2+\cdots+a_n'^2=\frac{a_1^2+a_2^2+\cdots+a_n^2}{A^2}=1$$

$$b_1'^2+b_2'^2+\cdots+b_n'^2=1$$

由于
$$a_1'b_1'\leqslant\frac{1}{2}(a_1'^2+b_1'^2),\quad a_2'b_2'\leqslant\frac{1}{2}(a_2'^2+b_2'^2),\quad\cdots,$$

$$a_n'b_n'\leqslant\frac{1}{2}(a_n'^2+b_n'^2)$$

诸式相加得

$$a_1'b_1'+a_2'b_2'+\cdots+a_n'b_n'\leqslant\frac{1}{2}[(a_1'^2+a_2'^2+\cdots+a_n'^2)+(b_1'^2+b_2'^2+\cdots+b_n'^2)]$$
$$=1$$

即
$$\frac{a_1b_1+a_2b_2+\cdots+a_nb_n}{AB}\leqslant1$$

所以
$$(a_1b_1+a_2b_2+\cdots+a_nb_n)^2\leqslant A^2B^2$$
$$=(a_1^2+a_2^2+\cdots+a_n^2)(b_1^2+b_2^2+\cdots+b_n^2)$$

例3.5.2 求证$(a_1+a_2+\cdots+a_n)\left(\frac{1}{a_1}+\frac{1}{a_2}+\cdots+\frac{1}{a_n}\right)\geqslant n^2(a_i>0)$.

证明 左端$=[(\sqrt{a_1})^2+(\sqrt{a_2})^2+\cdots+(\sqrt{a_n})^2]\left[\left(\frac{1}{\sqrt{a_1}}\right)^2+\left(\frac{1}{\sqrt{a_2}}\right)^2+\cdots+\left(\frac{1}{\sqrt{a_n}}\right)^2\right]$

$$\geqslant\left(\sqrt{a_1}\cdot\frac{1}{\sqrt{a_1}}+\sqrt{a_2}\cdot\frac{1}{\sqrt{a_2}}+\cdots+\sqrt{a_n}\cdot\frac{1}{\sqrt{a_n}}\right)^2=n^2.$$

例 3.5.3　求证：$\left(\frac{a_1+a_2+\cdots+a_n}{n}\right)^2\leqslant\frac{a_1^2+a_2^2+\cdots+a_n^2}{n}$.

证明　$(a_1+a_2+\cdots+a_n)^2=(a_1\cdot 1+a_2\cdot 1+\cdots+a_n\cdot 1)^2$

$$\leqslant(a_1^2+a_2^2+\cdots+a_n^2)(1+1+\cdots+1)$$

$$=n(a_1^2+a_2^2+\cdots+a_n^2),$$

所以
$$\left(\frac{a_1+a_2+\cdots+a_n}{n}\right)^2\leqslant\frac{a_1^2+a_2^2+\cdots+a_n^2}{n}.$$

例 3.5.4　设 $a+b+c=1$，求证：$a^2+b^2+c^2\geqslant\frac{1}{3}$.

证明　用差比法和综合法都可以证明，但用柯西不式特别简单.

$$3(a^2+b^2+c^2)=(1^2+1^2+1^2)(a^2+b^2+c^2)$$

$$\geqslant(1\cdot a+1\cdot b+1\cdot c)^2=(a+b+c)^2=1$$

所以
$$a^2+b^2+c^2\geqslant\frac{1}{3}.$$

例 3.5.5　设 a,b,c 为正数，且 $a+b+c=1$，求证：

$$\left(a+\frac{1}{a}\right)^2+\left(b+\frac{1}{b}\right)^2+\left(c+\frac{1}{c}\right)^2\geqslant\frac{100}{3}.$$

证明　左端 $=\frac{1}{3}(1^2+1^2+1^2)\left[\left(a+\frac{1}{a}\right)^2+\left(b+\frac{1}{b}\right)^2+\left(c+\frac{1}{c}\right)^2\right]$

$$\geqslant\frac{1}{3}\left[1\cdot\left(a+\frac{1}{a}\right)+1\cdot\left(b+\frac{1}{b}\right)+1\cdot\left(c+\frac{1}{c}\right)\right]^2$$

$$=\frac{1}{3}\left[1+\left(\frac{1}{a}+\frac{1}{b}+\frac{1}{c}\right)\right]^2$$

$$=\frac{1}{3}\left[1+(a+b+c)\left(\frac{1}{a}+\frac{1}{b}+\frac{1}{c}\right)\right]^2$$

$$\geqslant\frac{1}{3}\left[1+\left(\sqrt{a}\cdot\frac{1}{\sqrt{a}}+\sqrt{b}\cdot\frac{1}{\sqrt{b}}+\sqrt{c}\cdot\frac{1}{\sqrt{c}}\right)^2\right]^2$$

$$=\frac{1}{3}(1+9)^2=\frac{100}{3}.$$

3.5.3　三角不等式

定理 3.5.4　$\sqrt{\sum_{i=1}^{n}(a_i+b_i)^2}\leqslant\sqrt{\sum_{i=1}^{n}a_i^2}+\sqrt{\sum_{i=1}^{n}b_i^2}$，$(a_i,b_i\in\mathbf{R})$　　(4)

当且仅当 a_i 与 b_i 成比例，且符号相反时等号成立.

证明　$\sum_{i=1}^{n}(a_i+b_i)^2=\sum_{i=1}^{n}a_i^2+\sum_{i=1}^{n}b_i^2+2\sum_{i=1}^{n}a_ib_i$

$$\leqslant\sum_{i=1}^{n}a_i^2+\sum_{i=1}^{n}b_i^2+2\sum_{i=1}^{n}|a_i||b_i|\quad(a_ib_i\leqslant|a_i||b_i|)$$

由柯西不等式得 $\left(\sum_{i=1}^{n}|a_i||b_i|\right)^2\leqslant\left(\sum_{i=1}^{n}a_i^2\right)\cdot\left(\sum_{i=1}^{n}b_i^2\right)$

所以
$$\sum_{i=1}^{n}|a_i||b_i|\leqslant\sqrt{\sum_{i=1}^{n}a_i^2}\cdot\sqrt{\sum_{i=1}^{n}b_i^2}$$

所以
$$\sum_{i=1}^{n}(a_i+b_i)^2\leqslant\sum_{i=1}^{n}a_i^2+\sum_{i=1}^{n}b_i^2+2\sqrt{\sum_{i=1}^{n}a_i^2}\cdot\sqrt{\sum_{i=1}^{n}b_i^2}$$
$$=\left(\sqrt{\sum_{i=1}^{n}a_i^2}+\sqrt{\sum_{i=1}^{n}b_i^2}\right)^2$$

故
$$\sqrt{\sum_{i=1}^{n}(a_i+b_i)^2}\leqslant\sqrt{\sum_{i=1}^{n}a_i^2}+\sqrt{\sum_{i=1}^{n}b_i^2}$$

(4)式有时也写成
$$\sqrt{\sum_{i=1}^{n}(a_i-b_i)^2}\leqslant\sqrt{\sum_{i=1}^{n}a_i^2}+\sqrt{\sum_{i=1}^{n}b_i^2}\tag{5}$$

当 $n=2$ 时,不等式(5)的形状是
$$\sqrt{(a_1-b_1)^2+(a_2-b_2)^2}\leqslant\sqrt{a_1^2+a_2^2}+\sqrt{b_1^2+b_2^2}\tag{6}$$
不等式(6)容易给以几何解释:设 $A(a_1,a_2)$ 与 $B(b_1,b_2)$ 是平面上的两个点,不等式(6)表明线段 OA 及 OB 的和不小于线段 AB.

例 3.5.6 求证:$(ab+cd)^2\leqslant(a^2+c^2)(b^2+d^2)$.

证明 由三角不等式知
$$[(a+b)^2+(c+d)^2]^{\frac{1}{2}}\leqslant(a^2+c^2)^{\frac{1}{2}}+(b^2+d^2)^{\frac{1}{2}},$$
两边平方得
$$(a+b)^2+(c+d)^2\leqslant a^2+c^2+b^2+d^2+2[(a^2+c^2)^{\frac{1}{2}}(b^2+d^2)^{\frac{1}{2}}]$$
两边同减 $(a^2+b^2+c^2+d^2)$ 得
$$2ab+2cd\leqslant2[(a^2+c^2)^{\frac{1}{2}}(b^2+d^2)^{\frac{1}{2}}]$$
$$ab+cd\leqslant[(a^2+c^2)(b^2+d^2)]^{\frac{1}{2}}$$
所以
$$(ab+cd)^2\leqslant(a^2+c^2)(b^2+d^2)$$

习题 3.5

1. 设 $a,b,c\in\mathbf{R}_+$,求证 $a^3+b^3+c^3\geqslant3abc$.(提示:$\forall a,b\in\mathbf{R}_+$,$a-b$ 与 a^2-b^2 同号,$(a-b)(a^2-b^2)\geqslant0$)

2. 已知 $a_1^2+a_2^2+\cdots+a_n^2=1$,$x_1^2+x_2^2+\cdots+x_n^2=1$,求证:$a_1x_1+a_2x_2+\cdots+a_nx_n\leqslant1$.

3. 应用算术平均值、几何平均值定理证明:
若 a,b,c,d 为正数,且 $abcd=1$,则 $a^2+b^2+c^2+d^2+ab+ac+ad+bc+bd+cd\geqslant10$.

4. 已知 $x_1x_2\cdots x_n=1$,且 $x_1,x_2,\cdots,x_n$ 都是正数,求证:$(1+x_1)(1+x_2)\cdots(1+x_n)\geqslant2^n$.

5. 用柯西不等式证明:
若 $a,b,c,d\in\mathbf{R}$,求证 $ac+bd\leqslant\sqrt{(a^2+b^2)(c^2+d^2)}$.

6. 如果 a,b,c,d 都是正数,则

$$\frac{1}{a+b+c}+\frac{1}{b+c+d}+\frac{1}{c+d+a}+\frac{1}{a+b+d}\geqslant\frac{16}{3}\cdot\frac{1}{a+b+c+d}$$

（提示：把左边的分别用 A_1,A_2,A_3,A_4 表示，利用例 3.5.2 的结果来证明）

3.6 不等式的应用

不等式的应用主要有两类：一类是应用于最优化问题，如用料（费用）最省、效益（产量）最高、体积（容积）最大、合理控制、聪明决策等，一般转化为求函数的最值问题求解；另一类是在其他数学问题中的应用，主要是探求参数的取值范围，这一类问题一般可以通过构造目标函数，然后运用求最值的方法来求解.

在最优化问题中，主要是应用平均值定理求最值. 我们知道，若 $x_1,x_2,\cdots,x_n$ 都是正数，则$\frac{x_1+x_2+\cdots+x_n}{n}\geqslant\sqrt[n]{x_2x_2\cdots x_n}$，当且仅当 $x_1=x_2=\cdots=x_n$ 时等号成立.

（1）若 $x_1+x_2+\cdots+x_n=S$ 为定值，则其积 $x_1x_2\cdots x_n$ 当诸数相等时有最大值；

（2）若 $x_1x_2\cdots x_n=S$ 为定值，则其和 $x_1+x_2+\cdots+x_n$ 当诸数相等时有最小值.

例 3.6.1 常见的罐装食品、饮料的形状大多是正圆柱体（见图 3.6.1）. 制造容积一定的正圆柱体罐，如何设计底面半径与高的尺寸所用材料最省（表面积最小）？

解 设底圆半径为 r，高为 h，则

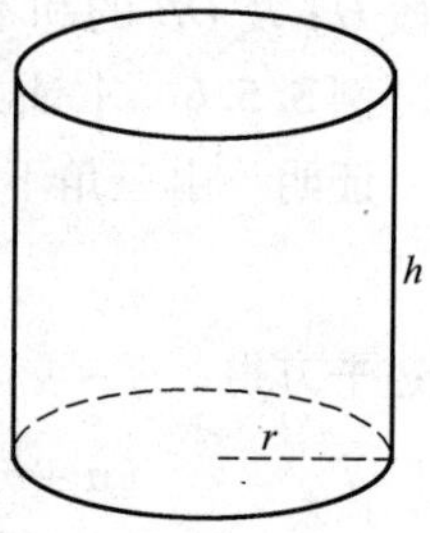

图 3.6.1

容积 $$V=\pi r^2h$$

表面积 $$S=2\pi r^2+2\pi rh$$

即在 V 一定的时候，怎样设计 r 和 h，使 S 最小.

从 $V=\pi r^2h$ 得 $$h=\frac{V}{\pi r^2}$$

$$S=2\pi r^2+2\pi r\left(\frac{V}{\pi r^2}\right)=2\pi r^2+\frac{2V}{r}$$

这里右边两项的积不是定值（含有 r），将其改写为

$$S=2\pi r^2+\frac{V}{r}+\frac{V}{r}$$

就可以得到

$$(2\pi r^2)\cdot\frac{V}{r}\cdot\frac{V}{r}=2\pi V^2\quad（定值）$$

于是 $$S=2\pi r^2+\frac{V}{r}+\frac{V}{r}\geqslant3\sqrt[3]{2\pi V^2}$$

当且仅当 $2\pi r^2=\frac{V}{r}$ 即 $r=\sqrt[3]{\frac{V}{2\pi}}$ 时，S 有最小值.

由 $V=\pi r^2h=2\pi r^3$ 知 $h=2r$.

所以圆柱体罐的高等于它的底面直径时，所用材料最省.

例 3.6.2 某村计划建设一个室内面积 800 m^2 的矩形温室，在温室内，沿左、右两侧和后侧内墙各保留 1 m 宽的通道，沿前侧内墙保留 3 m 宽的空地. 问矩形温室的边长各为多少

时，蔬菜的种植面积最大？最大种植面积是多少？

解 设矩形温室的左侧边长为 a m，后侧边长为 b m，则 $ab=800$，而蔬菜种植面积

$$S=(a-4)(b-2)=ab-4b-2a+8=808-2(a+2b)$$

所以
$$S\leqslant 808-4\sqrt{2ab}=648$$

当且仅当 $a=2b$ 时 S 取得最大值，此时由于 $ab=800$，得 $b=20$ m，$a=40$ m 时，$S_{最大}=648\ \text{m}^2$.

不等式应用于合理控制、正确决策等实际问题，关键是建立不等式模型以解决实际问题.

例 3.6.3 某市为促进淡水鱼养殖业发展，将价格控制在适当范围内，决定对淡水鱼养殖提供政府补贴，设淡水鱼的市场价格为 x 元/千克，政府补贴为 t 元/千克，根据市场调查，当 $8\leqslant x\leqslant 14$ 时，淡水鱼的市场日供应量 P 千克与市场日需求量 Q 千克近似地满足关系

$$P=1\ 000(x+t-8)\quad (x\geqslant 8,t\geqslant 0)$$
$$Q=500\sqrt{40-(x-8)^2}\quad (8\leqslant x\leqslant 14)$$

当 $P=Q$ 时，市场价格称为市场平衡价格.

问：(1) 将市场平衡价格表示为政府补贴的函数，并求出函数的定义域；

(2) 为使市场价格不高于 10 元/千克，政府补贴至少每千克多少元？

解 (1) 由题意，$1\ 000(x+t-8)=500\sqrt{40-(x-8)^2}\quad (8\leqslant x\leqslant 14)$

整理得
$$5x^2+(8t-80)x+(4x^2-64t+280)=0$$

解此方程得
$$x=8-\frac{4}{5}t\pm\frac{2}{5}\sqrt{50-t^2}$$

关于 x 的方程 $\Delta\geqslant 0, t\geqslant 0, 8\leqslant x\leqslant 14$，可得不等式组

$$\begin{cases}0\leqslant t\leqslant\sqrt{50}\\ 8\leqslant 8-\dfrac{4}{5}t+\dfrac{2}{5}\sqrt{50-t^2}\leqslant 14\end{cases}\tag{1}$$

$$\begin{cases}0\leqslant t\leqslant\sqrt{50}\\ \delta\leqslant 8-\dfrac{4}{5}t-\dfrac{2}{5}\sqrt{50-t^2}\leqslant 14\end{cases}\tag{2}$$

解不等式组(1)得 $0\leqslant t\leqslant\sqrt{10}$，不等式组(2)无解.

所以
$$x=8-\frac{4}{5}t\pm\frac{2}{5}\sqrt{50-t^2}\quad (0\leqslant t\leqslant\sqrt{10})$$

(2) 由题意：$8-\dfrac{4}{5}t\pm\dfrac{2}{5}\sqrt{50-t^2}\leqslant 10$，整理得

$$\sqrt{50-t^2}\leqslant 5\pm 2t$$

解不等式组
$$\begin{cases}50-t^2\geqslant 0\\ 5+2t\geqslant 0\\ 50-t^2\leqslant 4t^2+20t+25\end{cases}$$

得 $t\geqslant 1$. 所以政府补贴至少每千克 1 元.

习题 3.6

1. 有一个闸门，水道截面的形状如图 3.6.2 所示，已知截面面积 S 一定，在什么情况下截面的周长最短？

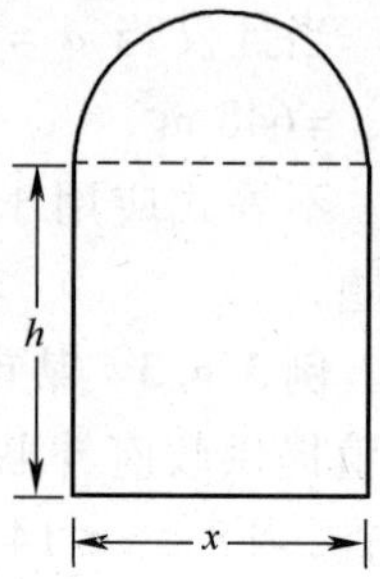

图　3.6.2

2. 设有边长为 a 的正方形纸片，从它的四角各剪去一个相同的小正方形后，制成一个盒子，问小正方形边长是多少时，盒子的容积最大．

3. 用一段圆木料制成截面是矩形的横梁(见图 3.6.3)，梁的高度和宽度是怎样的尺寸时，才能使制成的横梁的强度最大？

(提示：梁的强度 S 与梁的高 x 的平方、宽 y 成正比)

4. 电灯挂在桌子上空(见图 3.6.4)，假定它与桌面上 A 点的水平距离是 a，那么电灯离桌面的高度 h 等于多少时，A 点的照度最亮？

(提示：A 点的照度 I 与角 α 的正弦成正比而与 A 点到光源的距离 r 的平方成反比．)

5. 用一张半径为 r 的圆形滤纸做成一个容量最大的过滤器(正圆锥，见图 3.6.5)．应当剪去一个中心角是多少度的扇形？

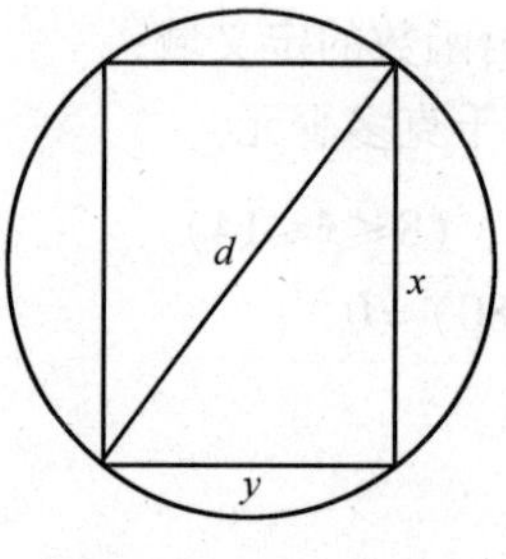

图　3.6.3

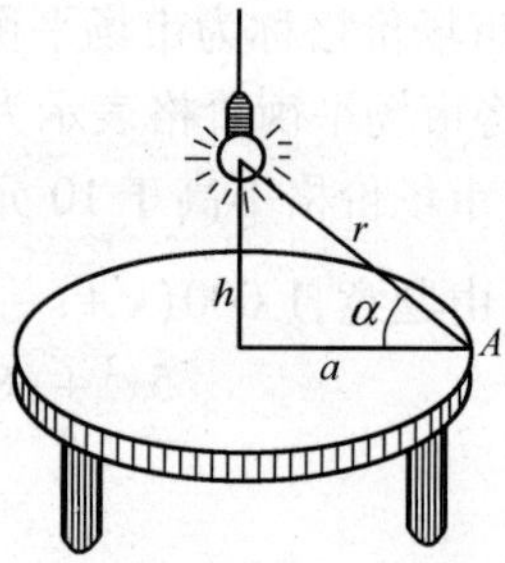

图　3.6.4

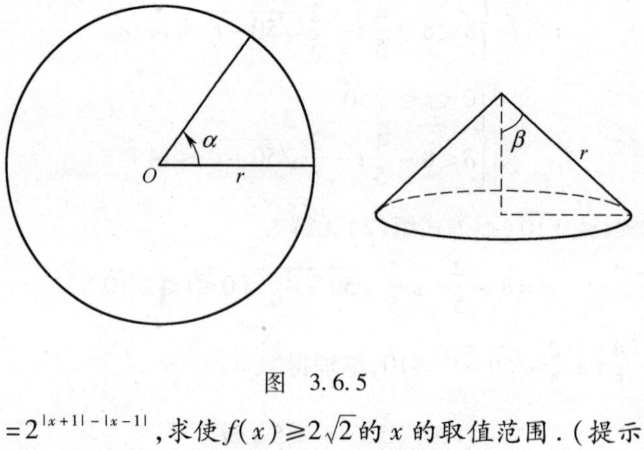

图　3.6.5

6. 设函数 $f(x)=2^{|x+1|-|x-1|}$，求使 $f(x)\geqslant 2\sqrt{2}$ 的 x 的取值范围．(提示：$y=2^x$ 是增函数)．

7. 设全集 $U=\mathbf{R}$. (1) 解关于 x 的不等式 $|x-1|+a-1>0\ (a\in\mathbf{R})$；(2) 记 A 为(1)中不等式的解集，集合 $B=\left\{x\,\middle|\,\sin\left(\pi x-\dfrac{\pi}{3}\right)+\sqrt{3}\cos\left(\pi x-\dfrac{\pi}{3}\right)=0\right\}$．若 $\bar{A}\cap B$ 恰有 3 个元素，求 a 的取值范围．

8. 一尊大炮与水平面成角 φ，发射出一颗初速是 v_0 的炮弹(见图 3.6.6). 炮弹离炮口多少时间，炮弹达到最大高度？这个高度是多少？最远射程是多少？

(提示：设时间是 t，按物理公式 $y = v_0 t\sin\varphi - \frac{1}{2}gt^2$，$x = v_0 t\cos\varphi$)

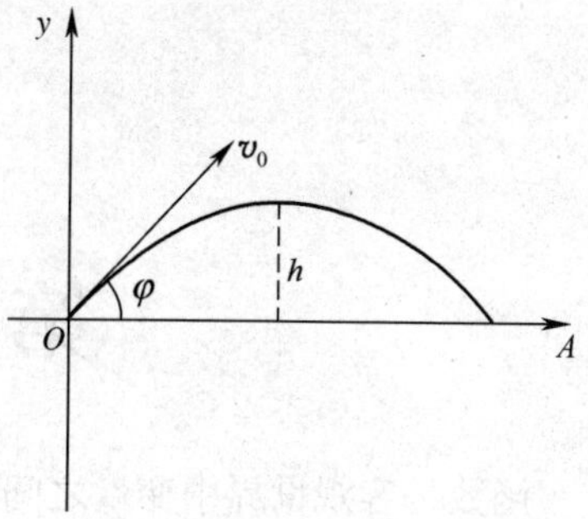

图 3.6.6

第4章　函　　数

函数是客观世界中变量之间依存关系的反映,是数学中最重要的概念之一.本章将讨论函数的一般概念和几类初等函数.

4.1　集　　合

4.1.1　集合的概念

集合是数学中的一个原始概念,只能对它作描述性说明:“把具有某种属性的一些对象看成一个整体便形成一个集合”.例如,“全体预科学生”组成一个集合;“一元二次方程 $x^2-x-6=0$ 的根”也组成一个集合.

集合常用大写字母 $A,B,C,\cdots$来表示,如

$$A=\{全体预科学生\};\quad B=\{x|x^2-x-6=0\};\quad C=\{1,3,5,7\};\quad \cdots$$

由数组成的集合简称为**数集**,常用的数集有:自然数集 $\mathbf{N}$,整数集 $\mathbf{Z}$(正数数集 $\mathbf{Z}_+$),有理数集 $\mathbf{Q}$,实数集 $\mathbf{R}$,复数集 $\mathbf{C}$.

集合中的每一个对象叫做这个集合的元素,常用小写字母 $a,b,c,\cdots$表示.集合的元素有三个特性:确定性、互异性和无序性.

记号 $a\in A$(a 属于 A)表示 a 是集合 A 的元素;$a\overline{\in}A$(a 不属于 A)表示 a 不是集合 A 的元素.

有限个元素组成的集合称为**有限集**;无限多个元素组成的集合称为**无限集**;没有任何元素的集合称为空集,记为$\varnothing$.

4.1.2　集合的表示法

集合的表示方法常用的有**列举法、描述法和文氏图法**.

列举法:把集合中的元素一一列举出来的方法(限于有限集),如由小于20的质数组成的集合 A,可用列举法表示为

$$A=\{2,3,5,7,11,13,17,19\}$$

描述法:把集合中元素用适合的条件描述出来的方法,一般表示形式为

$$A=\{x|P(x)\}\text{或}A=\{x:P(x)\}$$

其中 $P(x)$表示集合 A 中的元素 x 所适合的条件.例如

$$A=\{x|0<x\leqslant 4\}$$

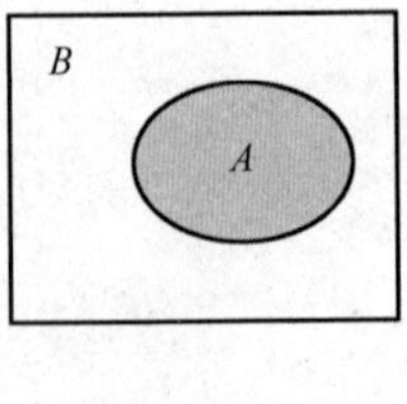

图　4.1.1

文氏图法:用一条闭曲线的内部表示一个集合的方法,闭曲线所围的图形称为**文氏图**.如图4.4.1所示,方框内部表示集合 B,圆圈内部表示集合 A.

4.1.3　子集、全集、补集

如果集合 A 的元素都是集合 B 的元素，那么称“A **包含于** B”或“B **包含** A”，记为 $A \subseteq B$，且把 A 称为 B 的**子集**(见图 4.1.1)．若 $A \subseteq B$，且 $B \subseteq A$，则称 $A = B$.

空集是任何集合的子集．对于任何一个集合 A，都有 $\varnothing \subseteq A$. 任何一个集合 A 也都是它自身的子集，即 $A \subseteq A$．

显然，若 $A \subseteq B$，$B \subseteq C$，则 $A \subseteq C$.

当研究集合与集合之间的关系时，在某些情况下，这些集合都是某个给定集合的子集，这个给定集合称为**全集**，通常用 I 表示全集．例如，若实数集 **R** 看做全集 I，则自然数集 **N**、整数集 **Z**、有理数集 **Q** 都是它的子集．

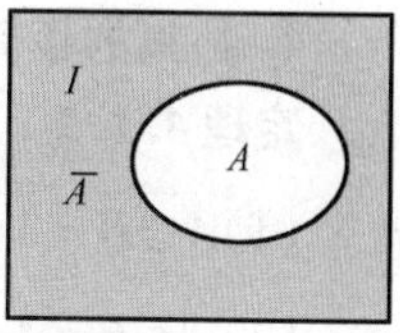

图　4.1.2

已知全集 I，$A \subseteq I$，由 I 中所有不属于 A 的元素组成的集合，称为集合 A 的**补集**，记为 $\overline{A}$，即 $\overline{A} = \{x \mid x \in I \text{ 且 } x \overline{\in} A\}$(见图 4.1.2)．例如，全集 I 为实数集 **R**，有理数集 **Q** 的补集 $\overline{\mathbf{Q}}$ 就是无理数集．

4.1.4　集合的运算

1. 集合的并集

由所有属于集合 A 或属于集合 B 的元素所组成的集合，称为 A 与 B 的**并集**，记作 $A \cup B$ (或 $A + B$)，读作“A 并 B”，即

$$A \cup B = \{x \mid x \in A \text{ 或 } x \in B\}$$

如图 4.1.3 所示．

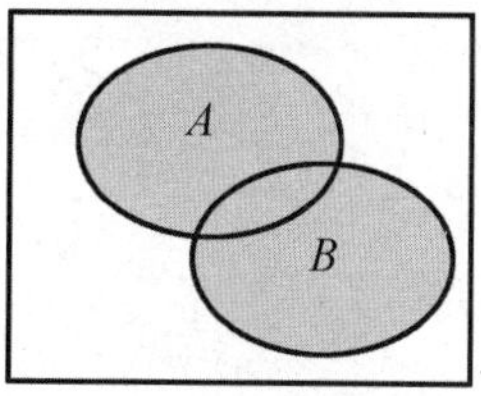

图　4.1.3

并集具有以下性质：

(1) $A \cup A = A$；

(2) $A \cup \varnothing = A$；

(3) $A \subseteq B \Leftrightarrow A \cup B = B$.

2. 集合的交集

由所有属于集合 A 且属于集合 B 的元素所组成的集合，叫做 A 与 B 的**交集**(见图 4.1.4)，记作 $A \cap B$(或 AB)，读作“A 交 B”，即

$$A \cap B = \{x \mid x \in A \text{ 且 } x \in B\}$$

交集具有以下性质：

(1) $A \cap A = A$；

(2) $A \cap \varnothing = \varnothing$；

(3) $A \cap B = B \cap A$.

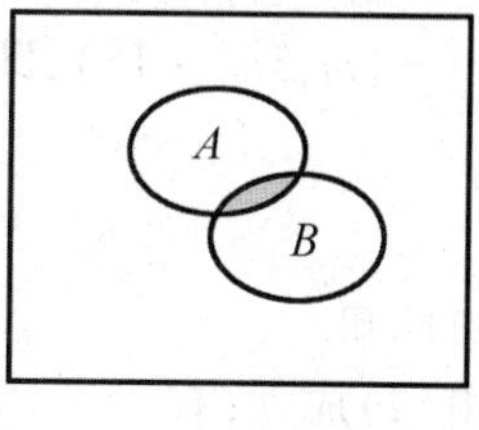

图　4.1.4

3. 差集

$A - B$ 称为 A 与 B 的**差集**，定义为

$$A - B = \{x \mid x \in A \text{ 且 } x \overline{\in} B\}$$

“ − ”称为**差运算**．

定理 4.1.1　对任意集合 A,B,C.

(1) $A-A=\varnothing, A-\varnothing=A, A-I=\varnothing$;

(2) $A-(B\cup C)=(A-B)\cap(A-C)$;

$A-(B\cap C)=(A-B)\cup(A-C)$.

证明　只证(2)中第一式,其余留给读者.

对 $\forall x, x\in A-(B\cup C)\Leftrightarrow x\in A$ 且 $x\in\overline{B\cup C}\Leftrightarrow x\in A$ 且 $x\in\overline{B}, x\in\overline{C}\Leftrightarrow x\in A-B$, 且 $x\in A-C$, $\Leftrightarrow x\in(A-B)\cap(A-C)$, 故 $A-(B\cup C)=(A-B)\cap(A-C)$.

4. 补集的运算规律

定理 4.1.2　对任意集合 A,B.

(1) $\overline{A\cup B}=\overline{A}\cap\overline{B}, \overline{A\cap B}=\overline{A}\cup\overline{B}$;

(2) $A-B=A\cap\overline{B}$.

证明　只证(1)的第一式

$$\overline{A\cup B}=I-(A\cup B)=(I-A)\cap(I-B)=\overline{A}\cap\overline{B}$$

例 4.1.1　设 $A=\{(x,y)\mid y=-4x+6\}, B=\{(x,y)\mid y=5x-3\}$, 求 $A\cap B$.

解　$$A\cap B=\{(x,y)\mid y=-4x+6\}\cap\{(x,y)\mid y=5x-3\}$$
$$=\left\{(x,y)\ \middle|\ \begin{cases}y=-4x+6\\ y=5x-3\end{cases}\right\}=\{(1,2)\}.$$

例 4.1.2　设 $I=\{a,b,c,d,e,f\}, A=\{a,c,d\}, B=\{b,d,e\}$, 求: $\overline{A}, \overline{B}, A\cup B, A\cap B, \overline{A}\cup\overline{B}$, $\overline{A\cup B}$.

解　$\overline{A}=\{b,e,f\}$; $\overline{B}=\{a,c,f\}$; $A\cup B=\{a,b,c,d,e\}$; $A\cap B=\{d\}$; $\overline{A}\cup\overline{B}=\{a,b,c,e,f\}=\overline{A\cap B}$; $\overline{A\cup B}=\{f\}$.

例 4.1.3　设 a,b 是两个实数,

$$A=\{(x,y)\mid x=n, y=na+b, n\in\mathbf{Z}\}$$
$$B=\{(x,y)\mid x=m, y=3m^2+15, m\in\mathbf{Z}\}$$
$$C=\{(x,y)\mid x^2+y^2\leqslant 144\}$$

是平面 xOy 内的点集合,讨论是否存在 a 和 b,使得(1) $A\cap B\neq\varnothing$,(2) $(a,b)\in C$ 同时成立.

解　如果实数 a 和 b 使(1)、(2)同时成立,由于(1)成立,则存在整数 m 和 n,使 $(n, na+b)=(m, 3m^2+15)$,即

$$\begin{cases}n=m\\ na+b=3m^2+15\end{cases}$$

由此知
$$b=3n^2+15-na \tag{1}$$
由(2)成立,有
$$a^2+b^2\leqslant 144 \tag{2}$$
将(1)代入(2),得到关于 a 的不等式
$$(1+n^2)a^2-2n(3n^2+15)a+[(3n^2+15)^2-144]\leqslant 0 \tag{3}$$

它的判别式

$$\begin{aligned}\Delta&=4n^2(3n^2+15)^2-4(1+n^2)[(3n^2+15)^2-144]\\&=-36(n^2-3)^2<0\end{aligned}$$

又因为 $1+n^2>0$,故不等式(3)不可能有实数解 a,这表明不存在实数 a 和 b,使(1)、(2)同时成立.

习题 4.1

1. 用适当的符号填空.

(1)若 $A=\{x\mid x^2=x\}$,则 -1 ____ A;

(2)a ____ $\{a,b,c\}$; (3)$\{a\}$ ____ $\{a,b,c\}$;

(4)$\{a,b,c\}$ ____ $\{a,b\}$; (5)$\{a,b\}$ ____ $\{b,a\}$;

(6)$\{x\mid x^2+x-6=0\}$ ____ $\{-3,2\}$;

(7)$\{x\mid x^2-5x+6=0\}$ ____ $\{2\}$.

2. 设 $I=\{1,2,3,4,5,6,7,8\}$,$A=\{3,4,5\}$,$B=\{4,7,8\}$. 求 $\overline{A},\overline{B},\overline{A}\cup\overline{B},\overline{A}\cap\overline{B}$.

3. 设 $M=\{x\mid x^2>4\}$,$N=\{x\mid x<3\}$,求 $M\cup N,M\cap N$.

4. 已知集合 $A=\{x\mid x^2-ax+a^2-19=0\}$,$B=\{x\mid, x^2-5x+6=0\}$,$C=\{x\mid x^2+2x-8=0\}$,且 $A\cap B\neq\varnothing$,$A\cap C=\varnothing$,求实数 a 的值.

5. 设 A,B,C 为集合,证明:

(1)$A\subseteq B\Leftrightarrow A\cup B=B$;

(2)$A-(B\cap C)=(A-B)\cup(A-C)$.

6. 证明:不等式 $2x^2-3x+1>0$ 的解集是 $\left\{x\,\middle|\,x<\frac{1}{2}\right\}\cup\left\{x\mid x>1\right\}$.

4.2 函数的概念和性质

4.2.1 函数的概念

1. 区间的概念

设 $a,b\in\mathbf{R}$,且 $a<b$,我们规定:

(1)满足不等式 $a\leqslant x\leqslant b$ 的实数 x 的集合,叫做**闭区间**,记作 $[a,b]$;

(2)满足不等式 $a<x<b$ 的实数 x 的集合,叫做**开区间**,记作 (a,b);

(3)满足不等式 $a\leqslant x<b$ 或 $a<x\leqslant b$ 的实数 x 的集合叫做**半开半闭区间**,分别表示为 $[a,b)$,$(a,b]$.

(4)正实数 x 的集合表示为 $(0,+\infty)$,非负实数 x 的集合表示为 $[0,+\infty)$;负实数 x 的集合表示为 $(-\infty,0)$;全体实数集 $\mathbf{R}$ 表示为 $(-\infty,+\infty)$.

2. 函数的概念

设 $A\in\mathbf{R}$,$B\in\mathbf{R}$,如果对于 $\forall x\in A$,按照确定的法则 f,在集合 B 中都有唯一确定的数 $y\in B$ 和它对应,则这种对应关系叫做集合 A 上的一个**函数**,记为

$$y=f(x),\quad x\in A$$

其中 x 叫做**自变量**,x 的取值范围 A 叫做函数的**定义域**,定义域常用区间表示;与 x 对应的 y 值叫做**函数值**,函数值的集合 $\{f(x)\mid x\in A\}$ 叫做函数的**值域**.

若 $a\in A$,则称函数 $f(x)$ 在点 a 有定义,由法则 f 确定的值 y 称为函数在 a 处的函数值,记

为 $y=f(a)$；若 $a\in\overline{A}$，则称函数 $f(x)$ 在点 a 无定义．

函数定义中三个要素：对应法则、定义域和值域．

对应法则是函数的核心．一般地，在函数 $y=f(x)$ 中，f 代表对应法则，x 在 f 的作用下可得到 y. f 的表示方法有三种：解析法，列表法和图象法．在实际应用中，用解析法表示函数时，有时由于变量之间的函数关系较复杂，需要用几个式子表示一个函数，这样的函数称为分段函数．如

$$f(x)=\begin{cases}x+3 & \text{当 } x>0\\ 0 & \text{当 } x=0\\ -x & \text{当 } x<0\end{cases}$$

就是一个分段函数．

函数的定义域是自变量的取值范围，它是函数的重要组成部分．如果两个函数的定义域不同，不论对应法则相同与否，都不是同一个函数，如 $y=x^2(x\in\mathbf{R})$ 与 $y=x^2(x<0)$ 是不同的两个函数．

函数的值域是由函数的定义域和对应法则唯一确定的．

当函数用解析法表示时，我们写出一个解析式，它的三要素就唯一确定了．定义域是使解析式有意义的自变量的取值范围．如 $y=2\sqrt{x}$（定义域 $x\geqslant 0$），$y=\dfrac{1}{2x+1}$（定义域 $x\neq-\dfrac{1}{2}$）．

按函数的三要素，只要写出对应法则和定义域，就定义了一个函数，如定义 Dirichlet 函数

$$D(x)=\begin{cases}1 & \text{当 } x \text{ 为有理数}\\ 0 & \text{当 } x \text{ 为无理数}\end{cases}$$

其定义域为 $\mathbf{R}$，值域是集合 $\{0,1\}$，对应法则已在表示式指明．

例 4.2.1　求下列函数的定义域．

(1) $f(x)=\sqrt{\sqrt{4-x^2}-1}$；　(2) $f(x)=\dfrac{\sqrt{x^2-3x-4}}{|x+1|-2}$

解　(1) 要使函数有意义，必须 $\begin{cases}4-x^2\geqslant 0,\\ \sqrt{4-x^2}\geqslant 1,\end{cases}$ 解之得 $-2\leqslant x\leqslant 2$，$-\sqrt{3}\leqslant x\leqslant\sqrt{3}$，所以定义域为 $[-\sqrt{3},\sqrt{3}]$．

(2) 要使函数有意义，必须 $\begin{cases}x^2-3x-4\geqslant 0\\ |x+1|-2\neq 0\end{cases}\Rightarrow\begin{cases}x\geqslant 4 \text{ 或 } x\leqslant -1\\ x\neq -3, x\neq 1\end{cases}\Rightarrow x<-3$ 或 $-3<x\leqslant -1$ 或 $x\geqslant 4$. 所以定义域为 $x<-3$ 或 $-3<x\leqslant -1$ 或 $x\geqslant 4$.

例 4.2.2　求下列函数的值域．

(1) $y=\dfrac{x}{x+1}$；　(2) $y=x+\dfrac{1}{x}$.

解　(1) $y=\dfrac{x}{x+1}=\dfrac{x+1-1}{x+1}=1-\dfrac{1}{x+1}$，因为 $\dfrac{1}{x+1}\neq 0$，所以 $y\neq 1$. 即函数的值域为 $\{y\mid y\in\mathbf{R}$，且 $y\neq 1\}$（此法称分离常数法）．

(2) 定义域为 $x\neq 0$，当 $x>0$ 时，$y=x+\dfrac{1}{x}=\left(\sqrt{x}-\dfrac{1}{\sqrt{x}}\right)^2+2\geqslant 2$，当 $x<0$ 时，$y=$

$-\left(-x+\dfrac{1}{-x}\right)=-\left(\sqrt{-x}-\dfrac{1}{\sqrt{-x}}\right)^2-2\leqslant -2$. 所以值域是$(-\infty,-2]\cup[2,+\infty)$.

设函数$y=f(x),x\in D$,若$a\in D$,则$f(a)$表示$f(x)$在点a的值．求函数值,有时根据$x=a$的形式,先化简函数表达式,再代入$x=a$较简便．

例 4.2.3　(1)设$f(x)=\dfrac{x}{\sqrt{1-x^2}}+\dfrac{\sqrt{1-x^2}}{x}$,$a=\sqrt{\dfrac{m-\sqrt{m^2-4}}{2m}}$,求$f(a)$;

(2)若$f(x)=x^{10}+2x^9-2x^8-2x^7+x^6+3x^2+6x+1$,求$f(\sqrt{2}-1)$.

解　(1)先化简$f(x)$,易知

$$f(x)=\frac{1}{x\sqrt{1-x^2}}$$

所以$f(a)=\dfrac{1}{\sqrt{\dfrac{m-\sqrt{m^2-4}}{2m}}\sqrt{1-\dfrac{m-\sqrt{m^2-4}}{2m}}}$

$$=\frac{1}{\sqrt{\dfrac{m-\sqrt{m^2-4}}{2m}}\cdot\sqrt{\dfrac{m+\sqrt{m^2-4}}{2m}}}=\frac{2m}{\sqrt{m^2-(m^2-4)}}=m.$$

(2)当$x=\sqrt{2}-1$时,$(x-\sqrt{2}+1)=0$,有$(x-\sqrt{2}+1)(x+\sqrt{2}+1)=0$,即$x^2+2x-1=0$.

$$f(x)=x^8(x^2+2x-1)-x^6(x^2+2x-1)+3(x^2+2x-1)+4$$

所以$f(\sqrt{2}-1)=4$.

例 4.2.4　(1)已知$f(x)+2f\left(\dfrac{1}{x}\right)=2x+1$,求$f(x)$的表达式．

(2)设$f(x)=\dfrac{x}{\sqrt{1-x^2}}$,记$f_1(x)=f(x),f_2(x)=f(f_1(x)),\cdots,f_n(x)=f(f_{n-1}(x))$,求$f_2(x),f_3(x)$及$f_n(x)$的表达式．

解　(1)由已知得

$$\begin{cases}f(x)+2f\left(\dfrac{1}{x}\right)=2x+1\\ f\left(\dfrac{1}{x}\right)+2f(x)=\dfrac{2}{x}+1\end{cases}$$

消去$f\left(\dfrac{1}{x}\right)$,得

$$f(x)=\frac{4+x-2x^2}{3x}$$

(2)$f_2(x)=f(f_1(x))=\dfrac{\dfrac{x}{\sqrt{1-x^2}}}{\sqrt{1-\left(\dfrac{x}{\sqrt{1-x^2}}\right)^2}}=\dfrac{x}{\sqrt{1-2x^2}}$;

$f_3(x)=f(f_2(x))=\dfrac{\dfrac{x}{\sqrt{1-2x^2}}}{\sqrt{1-\left(\dfrac{x}{\sqrt{1-2x^2}}\right)^2}}=\dfrac{x}{\sqrt{1-3x^2}}$;

一般地，$f_n(x)=f(f_{n-1}(x))=\dfrac{x}{\sqrt{1-nx^2}}(n\in\mathbf{N})$. 可以用数学归纳法（第6章）证明上述表达式对任意自然数 n 成立.

4.2.2　函数的几种特性

1. 函数的单调性

设函数 $f(x)$ 的定义域为 D，区间 $I\subset D$. 若对于 $\forall x_1,x_2\in I$（"$\forall$"任意）. 当 $x_1<x_2$ 时恒有 $f(x_1)<f(x_2)$，则称函数 $f(x)$ 在区间 I 上是**单调增加**的；若对于 $\forall x_1,x_2\in I$，当 $x_1<x_2$ 时，恒有 $f(x_1)>f(x_2)$，则称函数 $f(x)$ 在区间 I 上是**单调减少**的. 单调增加和单调减少函数统称为**单调函数**（见图 4.2.1）.

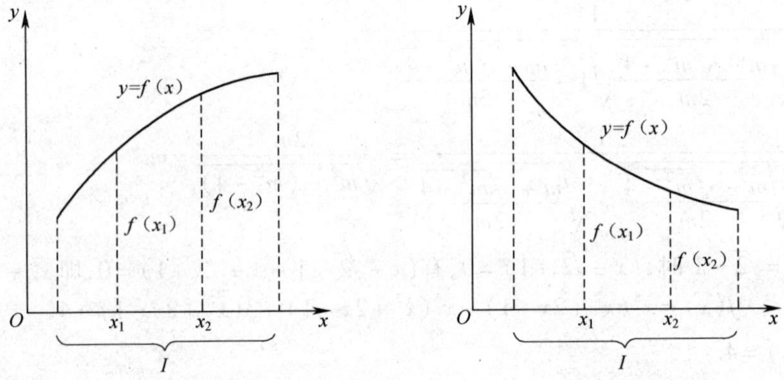

图　4.2.1

例如，函数 $f(x)=x^2$ 在区间 $[0,+\infty)$ 上单调增加，在 $(-\infty,0]$ 上单调减少；在区间 $(-\infty,+\infty)$ 内不是单调函数. 函数 $f(x)=x^3$ 在 $(-\infty,+\infty)$ 是单调增加函数（见图 4.2.2）.

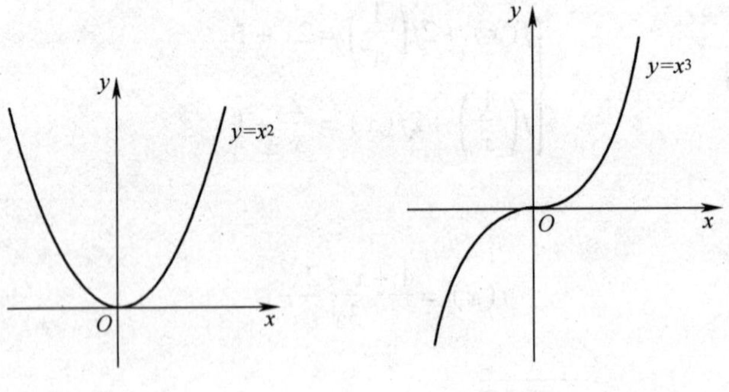

图　4.2.2

2. 函数的奇偶性

设函数 $f(x)$ 的定义域 D 关于原点对称，如果对 $\forall x\in D$，$f(-x)=f(x)$ 恒成立，则称 $f(x)$ 为**偶函数**. 如果对 $\forall x\in D$，$f(-x)=-f(x)$ 恒成立，则称 $f(x)$ 为**奇函数**.

例如，$f(x)=x^2$ 是偶函数，$f(x)=x^3$ 是奇函数.

偶函数的图形关于 y 轴对称；奇函数的图形关于原点对称，如图 4.2.3 所示.

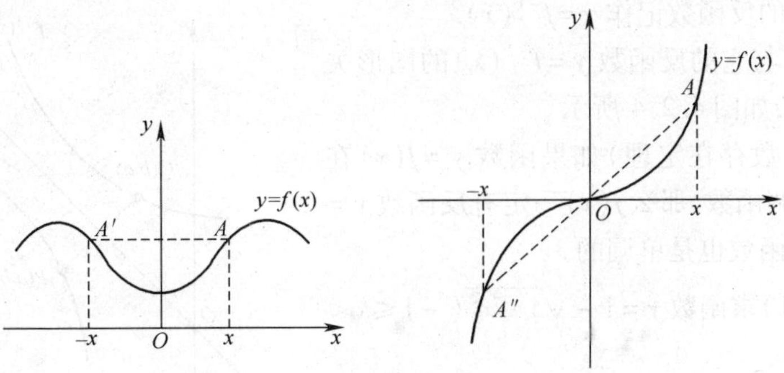

图　4.2.3

不满足$f(-x)=f(x)$，$f(-x)=-f(x)$之一或定义域D非对称区间的函数$f(x)$既不是奇函数也不是偶函数，即为**非奇非偶函数**.

3. 函数的有界性

设函数$f(x)$的定义域为D，数集$x\subset D$，如果存在数k_1，对$\forall x\in x$，恒有$f(x)\leqslant k_1$，则称$f(x)$在x上**有上界**，而k_1称为$f(x)$的一个**上界**，如果存在数k_2，对$\forall x\in x$，恒有$f(x)\geqslant k_2$，则称$f(x)$在x上**有下界**，而k_2称为$f(x)$的一个**下界**. 如果存在数M，对$\forall x\in D$，恒有$|f(x)|\leqslant M$，则称$f(x)$在X上**有界**，或称$f(x)$是x上的**有界函数**. 有界函数$f(x)$的图象介于直线$y=-M$和$y=M$之间.

如果对于任何正数M，总存在$x_1\in x$，使$|f(x_1)|>M$，则称$f(x)$在x上**无界**.

例如，函数$y=\sin x$在$(-\infty,+\infty)$内是有界函数($|\sin x|\leqslant 1$)；函数$f(x)=\dfrac{1}{x}$在区间$(0,1)$内没有上界，但有下界(如1是它的一个下界)，函数$f(x)=\dfrac{1}{x}$在$(0,1)$内是无界的.

容易证明，函数$f(x)$在x上有界的充分必要条件是它在x上既有上界又有下界.

4. 函数的周期性

设函数$f(x)$的定义域为D，如果存在一个正数T，使对$\forall x\in D$有$(x\pm T)\in D$，且

$$f(x+T)=f(x)$$

恒成立，则称$f(x)$为**周期函数**，T称为$f(x)$的**周期**，通常我们说周期函数的周期是指最小正周期.

例如，函数$\sin x$，$\cos x$都以2π为周期的周期函数；函数$\tan x$，$\cot x$是以π为周期的周期函数.

4.2.3　反函数

设函数$y=f(x)$，$x\in D$满足对于值域$f(D)$中每一个y值，D中有且仅有一个值x使得$f(x)=y$. 按此对应关系得到一个定义在$f(D)$上的函数，记为$x=f^{-1}(y)$，$y\in f(D)$，则称这个函数为$f(x)$的**反函数**.

函数$y=f(x)$的定义域和值域分别是函数$x=f^{-1}(y)$的值域和定义域. 函数f也是函数f^{-1}的反函数. 或者说，f与f^{-1}互为反函数.

在反函数$x=f^{-1}(y)$中，y是自变量，x是因变量. 习惯上，取x作为自变量，y作为因变

量. 因此, $y=f(x)$ 的反函数记作 $y=f^{-1}(x)$.

函数 $y=f(x)$ 与它的反函数 $y=f^{-1}(x)$ 的图形关于直线 $y=x$ 对称,如图 4.2.4 所示.

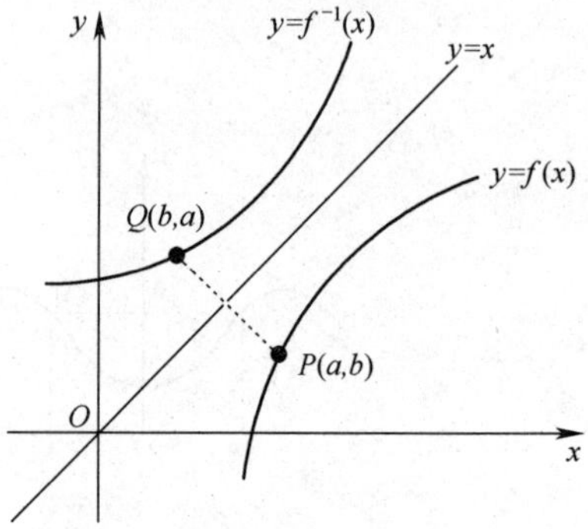

图 4.2.4

定理 (反函数存在定理)如果函数 $y=f(x)$ 在定义域 D 上是单调函数,那么 $f(x)$ 一定有反函数 $y=f^{-1}(x)$ 存在,且反函数也是单调的.

例 4.2.5 (1)求函数 $y=1-\sqrt{1-x^2}\ (-1\leqslant x<0)$ 的反函数;

(2)设 $f(2x+1)=\dfrac{1-x}{x}$,求函数 $y=f(f(x))$ 的反函数.

解 (1)由 $\sqrt{1-x^2}=1-y$,两边平方得 $x^2=2y-y^2$.

因为 $-1\leqslant x<0$,所以 $x=-\sqrt{2y-y^2}\ (0<y\leqslant 1)$,

故所求的反函数为 $y=-\sqrt{2x-x^2}\ (0<x\leqslant 1)$.

(2)令 $t=2x+1$, $f(t)=\dfrac{3-t}{t-1}$,即 $f(x)=\dfrac{3-x}{x-1}(x\neq 1)$,则 $f(f(x))=\dfrac{3-\dfrac{3-x}{x-1}}{\dfrac{3-x}{x-1}-1}=\dfrac{2x-3}{2-x}(x\neq 2)$.

由 $y=\dfrac{2x-3}{2-x}$,解出 $x=\dfrac{2y+3}{y+2}(y\neq -2)$,

故 $f(f(x))$ 的反函数为 $y=\dfrac{2x+3}{x+2}(x\neq -2)$.

4.2.4 复合函数

由两个或两个以上函数用"中间变量"传递的方法,能生成新的函数,如设 $y=\lg u$, $u=2x+1$,由中间变量 u 传递生成新的函数

$$y=\lg(2x+1)$$

其定义域为 $x>-\dfrac{1}{2}$.

一般地,设函数 $y=f(u)$, $u\in D$ 和 $u=g(x)$, $x\in E$,且 $u=g(x)$ 的值域 $U\subseteq D$,记 $G=\{x\mid g(x)\in D\}\cap E$,若 $G\neq\varnothing$,则对 $\forall x\in G$,可以通过函数 g 对应 D 内的一个值 u,而 u 又通过 f 对应唯一一个 y 值. 这样,得到一个定义于 G 的函数

$$y=f(g(x)),\quad x\in G$$

称为函数 f 和 g 的**复合函数**,并称 f 为**外函数**, g 为**内函数**,而 $u=g(x)$ 称为**中间变量**.

例如,函数 $y=f(u)=\sqrt{u}$, $u\in[0,+\infty)$ 与函数 $u=g(x)=1-x^2$, $x\in\mathbf{R}$ 的复合函数为 $y=f(g(x))=\sqrt{1-x^2}$,其定义域为 $[-1,1]$.

反之,复合函数可以"分解"为基本初等函数. 例如,函数 $y=\sin\sqrt[3]{x^2-1}$ 分解为 $y=u^3$, $u=\sin v$, $v=\sqrt{w}$, $w=x^2-1$.

4.2.5 初等函数

在中学数学中,我们已经熟悉以下六类函数:

常量函数 $y=c$(c 为常数);

幂函数 $y=x^{\alpha}(\alpha\in\mathbf{Q})$;

指数函数 $y=a^{x}(a>0,a\neq 1)$;

对数函数 $y=\log_{a}x(a>0,a\neq 1)$;

三角函数 $y=\sin x,y=\cos x,y=\tan x,y=\cot x,y=\sec x,y=\csc x$;

反三角函数 $y=\arcsin x,y=\arccos x,y=\arctan x,y=\operatorname{arccot} x$.

由以上基本初等函数经过有限次四则运算与复合所得到的函数,称为**初等函数**. 不是初等函数的函数,称为**非初等函数**. 如 Dirichlet 函数就是一个非初等函数. 我们仅讨论初等函数.

习题 4.2

1. 求下列函数的定义域.

(1) $y=\dfrac{3x+2}{x^{2}-2}$; (2) $y=\dfrac{\sqrt{x+2}}{\sqrt{x-3}}$;

(3) $y=\dfrac{3x}{\sqrt{2x^{2}-8x+8}}$; (4) $y=\sqrt{-x^{2}+3x-2}+\dfrac{1}{x-3}$;

(5) $y=\dfrac{\sqrt{-x}}{2x^{2}-3x-2}$; (6) $y=\sqrt{\dfrac{8}{|x|}-1}+\lg(x^{2}-1)$;

(7) $y=\sqrt{25-x^{2}}+\lg\cos x$.

2. 已知函数 $f(x)=\dfrac{2x-5}{x-2}$ 的值域是 $[4,+\infty)$,求 $f(x)$ 的定义域.

3. (1) 已知 $f(x)$ 为一次函数,且 $f(f(f(x)))=8x+7$,求 $f(x)$ 的表达式.

(2) 已知 $f(x+1)=x^{2}-3x+2$,求 $f(x)$ 的表达式.

4. 下列各对函数中,不是同一个函数的是哪几对.

(1) $f(x)=(x^{2})^{\frac{1}{2}}$ 与 $g(x)=(x^{\frac{1}{2}})^{2}$; (2) $f(x)=(x^{3})^{\frac{1}{3}}$ 与 $g(x)=(x^{\frac{1}{3}})^{3}$;

(3) $f(x)=|x^{2}+1|+|x^{2}+2|$ 与 $g(x)=2x^{2}+3$; (4) $f(x)=\dfrac{x^{2}-4}{x+2}$ 与 $g(x)=x-2$;

(5) $f(x)=\lg x^{2}$ 与 $g(x)=2\lg x$.

5. (1) 已知 $x-\dfrac{1}{x}=1$,求 $x^{2}+\dfrac{1}{x^{2}}$ 与 $x^{3}-\dfrac{1}{x^{3}}$ 的值.

(2) 设 $x+\dfrac{1}{x}=m$,用 m 表示 $x^{4}+\dfrac{1}{x^{4}}$ 的值.

6. (1) 若 $a=\sqrt{3}+\sqrt{2},b=\sqrt{3}-\sqrt{2}$,求 $a^{2}+ab+b^{2}$ 的值.

(2) 若 $\dfrac{x^{2}-y^{2}}{xy}=2$,且 x,y 为正数,求 $\dfrac{x-y}{x+y}$ 的值.(提示:先解出 $x=(1+\sqrt{2})y$)

7. 判断下列函数的奇偶性.

(1)$f(x)=x^4-2x^2$；　　(2)$f(x)=x-x^2$；

(3)$f(x)=\dfrac{e^x-e^{-x}}{2}$；　　(4)$f(x)=\dfrac{3^x-1}{3^x+1}$；

(5)$f(x)=x\cdot\dfrac{3^x-1}{3^x+1}$；　　(6)$f(x)=|x|$.

8. 求下列函数的单调区间.

(1)$y=\lg(x^2+2x+1)$；　　(2)$y=\dfrac{2x+3}{4x-2}\ (x>0)$；

(3)$y=x^2-2|x|-3$；　　(4)$y=\dfrac{x^2-2x}{1-|x-1|}$.

9. 求$f(x)=\dfrac{2x+1}{3x-2}$的单调区间和反函数.

10. 求下列函数的反函数,并指出其定义域.

(1)$y=\sqrt[3]{x+1}$；　　(2)$y=2^x+1$；

(3)$y=1-\lg(x+2)$；　　(4)$y=\log_2(x^2+1)(x<0)$；

(5)$y=\begin{cases}x^2-1 & 当\ 0\leqslant x\leqslant 1\\ x^2 & 当\ -1\leqslant x<0\end{cases}$.

11. (1)证明:$f(x)=x^{\frac{3}{2}}$在$[0,+\infty)$上单调增加.

(2)解不等式:$(x^2-3x+2)^{\frac{3}{2}}<(x+7)^{\frac{3}{2}}$.

12. 设函数$f(x)=\sqrt{x+2\sqrt{x-1}}+\sqrt{x-2\sqrt{x-1}}$.

(1)求$f(x)$的定义域；(2)求$f(x)$的单调区间以及相应的反函数；(3)求$f(x)$的值域.

13. 将下列复合函数"分解"为基本初等函数:

(1)$y=\sqrt[3]{\arcsin a^x}$；　　(2)$y=a^{\sin(3x-1)}$；

(3)$y=\lg\cos\sqrt[3]{\arccos x}$；　　(4)$y=\sin[\cos^2(x^2+3x-1)]$.

4.3 二次函数

函数$y=ax^2+bx+c$(a,b,c常数,$a\neq0$)叫做**二次函数**. 它是整指数幂的线性组合. 其定义域是实数集$\mathbf{R}$.

(1)二次函数的图象如图4.3.1所示,是一条抛物线.

(2)二次函数$y=ax^2+bx+c$通过配方可以化成$y=a(x+m)^2+k$的形成,其中$m=\dfrac{b}{2a}$,$k=-\dfrac{b^2-4ac}{4a}$.

(3)二次函数$y=ax^2+bx+c$具有下列性质:

① 抛物线是轴对称图形,其对称轴是平行于y轴的直线$x=-\dfrac{b}{2a}$.

② 抛物线和它的对称轴的交点叫做抛物线的顶点,其坐标为$(-m,k)$,即

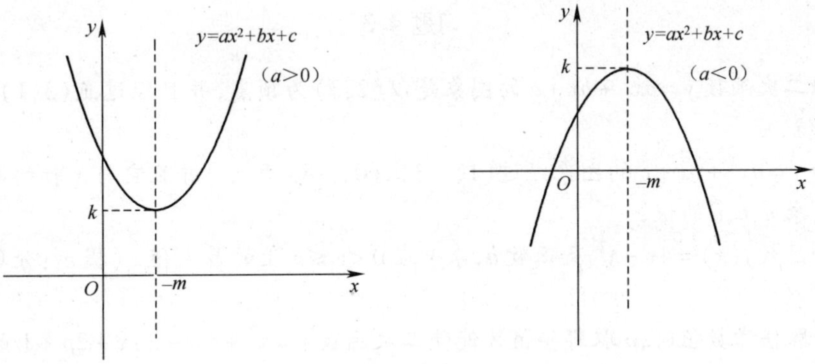

图 4.3.1

$\left(-\dfrac{b}{2a},-\dfrac{b^2-4ac}{4a}\right)$.

③ 当 $a>0$ 时,抛线的开口向上;当 $a<0$ 时,抛物线的开口向下.

④ 二次函数 $y=ax^2+bx+c$ 在 $x=-\dfrac{b}{2a}$时,y 有极值,即 $y_{极值}=-\dfrac{b^2-4ac}{4a}$. 当 $a>0$ 时,y 取极小值;当 $a<0$ 时,y 取极大值.

例 4.3.1 已知二次函数 $y=2x^2-6x+m$. 如果 x 取任意值时 y 恒取正值,问 m 应取何值?

解 因为 $y=2x^2-6x+m$ 是开口向上的抛物线,对 $\forall x\in\mathbf{R}$,$y>0$,必须抛物线与 x 轴无交点.

而抛物线与 x 轴交点的横坐标是方程 $2x^2-6x+m=0$ 的根. 抛物线与 x 轴无交点,必须 $\Delta=(-6)^2-4\cdot 2m<0$,即 $m>4\dfrac{1}{2}$. 所以当 $m>\dfrac{9}{2}$时,对任意 x 值,y 恒取正值.

例 4.3.2 设方程 $7x^2-(k+13)x+k^2-k-2=0$ 有两实根,k 为何值时,方程的两根分别在0与1和1与2之间?

解 考虑二次函数 $y=7x^2-(k+13)x+k^2-k-2$ 的图象(读者自画草图),方程的两根分别在0与1和1与2之间,只能是$f(0)>0,f(1)<0,f(2)>0$ 或$f(0)<0,f(1)>0,f(2)<0$ 两种情况,得两个不等式

$$\frac{f(0)}{f(1)}<0 \text{ 和 } \frac{f(1)}{f(2)}<0$$

即

$$\frac{(k+1)(k-2)}{(k+2)(k-4)}<0 \text{ 和} \frac{(k+2)(k-4)}{k(k-3)}<0$$

解之,得 $3<k<4$ 或 $-2<k<-1$.

例 4.3.3 求函数 $y=\dfrac{m}{3x^2+\sqrt{3}x+2}(m\neq 0)$的极值;在何处取得极值?

解 将所给函数变形为 $y=\dfrac{m}{\left(\sqrt{3}x+\dfrac{1}{2}\right)^2+\dfrac{7}{4}}$.

当 $m>0$ 时,在 $x=-\dfrac{\sqrt{3}}{6}$时,$y_{极大值}=\dfrac{4m}{7}$;

当 $m<0$ 时,在 $x=-\dfrac{\sqrt{3}}{6}$时,$y_{极小值}=\dfrac{4m}{7}$.

习题 4.3

1. 已知二次函数 $y=ax^2+bx+c$ 的图象是以 $(2,3)$ 为顶点，并且经过点 $(3,1)$ 的抛物线，求 a,b,c 的值.

2. 已知 $y=ax^2+bx+c$ 的图象经过 $(1,-3),(0,-8)$ 两点. 并且它与 x 轴的两个交点间的距离为 2，求 a,b,c 的值.

3. 已知函数 $f(x)=4x-x^2$ 及正数 a，求 y 在 $0<x\leqslant a$ 上的最大值.（提示：分 $0<a<2$ 与 $a>2$ 讨论）.

4. 为 x 取任意数值时，p 取哪些值才能使二次函数 $y=x^2+(p-2)x+2p+1$ 的函数值是正的？

5. 证明：周长为定值的矩形中，正方形的面积最大.

6. 设长度为 $a(a\geqslant 1)$ 的线段 AB 的两端点 A 和 B 在抛物线 $y=x^2$ 上移动，AB 的中点为 $M(x,y)$，求 M 离 x 轴最近时的坐标.（提示：设 $A(x_1,y_1),B(x_2,y_2)$，直线 AB 的倾斜角为 α）.

4.4 幂函数

函数 $y=x^\alpha(\alpha\in\mathbf{Q})$ 称为**幂函数**，其中 x 称为**幂的底数**，常数 α 称为**幂的指数**. 这里 $\alpha\in\mathbf{Q}$，是有理指数的幂函数，它是一种基本初等函数. 如果 α 是无理数，则称为无理指数的幂函数，它是一种非初等函数，我们不予讨论.

常见的幂的运算法则有：

$$x^n\cdot x^m=x^{m+n};\quad (x^m)^n=x^{mn};\quad (x_1\cdot x_2)^n=x_1^n\cdot x_2^n,\quad \frac{x^m}{x^n}=x^{m-n}(x\neq 0).$$

几种常见的幂函数的定义域、性质和图象如表 4.4.1 所示.

表　4.4.1

函数	$y=x^{-2}$	$y=x^{-\frac{1}{2}}$	$y=x^{\frac{1}{3}}$	$y=x^{\frac{1}{2}}$	$y=x^2$	$y=x^3$
定义域	$(-\infty,0)\cup(0,+\infty)$	$(0,+\infty)$	$(-\infty,+\infty)$	$[0,+\infty)$	$(-\infty,+\infty)$	$(-\infty,+\infty)$
奇偶性	偶函数	非奇非偶	奇函数	非奇非偶	偶函数	奇函数
单调性	$x<0$ 时，单调增加 $x>0$ 时，单调减少	单调减少	单调增加	单调增加	$x>0$ 时，单调增加 $x<0$ 时，单调减少	单调增加
图象	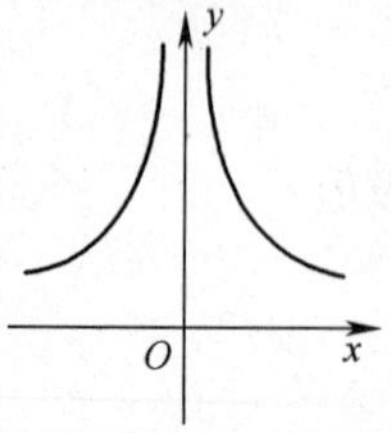	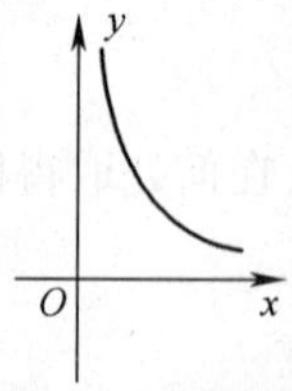	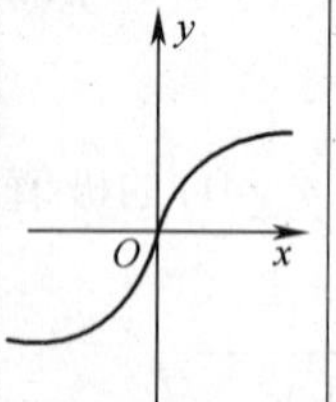	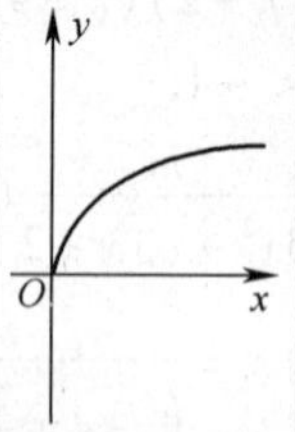	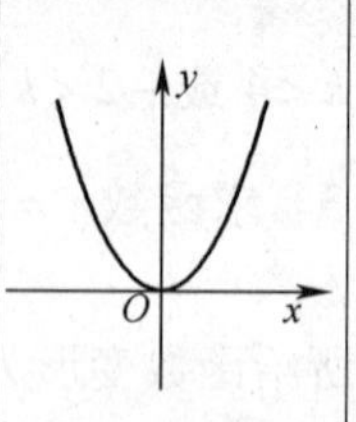	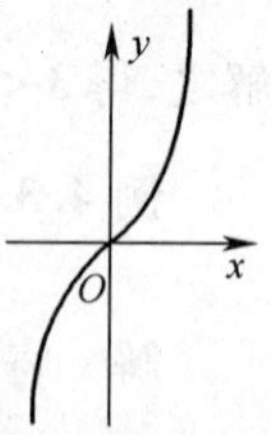

一般地，当 $\alpha>0$ 时，$y=x^\alpha$ 的图象经过点 $(0,0)$ 和 $(1,1)$，在区间 $[0,+\infty)$ 上是增函数；当 $\alpha<0$ 时，$y=x^\alpha$ 的图象经过点 $(1,1)$，在 $(0,+\infty)$ 内是减函数.

例 4.4.1　比较下列各组中两个值的大小.

(1) $0.21^{0.4},0.27^{0.4}$；　(2) $(-2.5)^{-\frac{2}{3}},(-2.9)^{-\frac{2}{3}}$；

解　(1)设$f(x)=x^{0.4}$,由于$\alpha=0.4>0$,$f(0.21)<f(0.27)$,

所以$0.21^{0.4}<0.27^{0.4}$.

(2)设$f(x)=x^{-\frac{2}{3}}$,由于$\alpha=-\frac{2}{3}<0$,所以$f(-2.5)<f(-2.9)$,

所以$(-2.5)^{-\frac{2}{3}}<(-2.9)^{-\frac{2}{3}}$

例 4.4.2　已知幂函数$f(x)=x^{-p^2+2p+3}(p\in\mathbf{Z})$在$(0,+\infty)$上是增函数且在其定义域内是偶函数,求$p$的值并写出相应的$f(x)$.

解　因为$f(x)$在$(0,+\infty)$上是增函数.

所以$-p^2+2p+3>0\Rightarrow -1<p<3$,由$p\in\mathbf{Z}$得$p=0,1,2$.

当$p=0,2$时,$f(x)=x^3$是奇函数,不合题意;当$p=1$时,$f(x)=x^4$符合题意.

所以$f(x)=x^4$,$p=1$为所求.

例 4.4.3　已知幂函数$f(x)=(t^3-t+1)x^{\frac{1}{5}(7-3t-2t^2)}(t\in\mathbf{Z})$是偶函数,且在$[1,+\infty)$上是增函数,求实数$t$的值,并求出相应的幂函数.

解　因为函数是幂函数,所以$t^3-t+1=1\Rightarrow t=0,-1,1$.

当$t=0$时,$f(x)=x^{\frac{7}{5}}$是奇函数,所以$t=0$不符合条件.

当$t=-1$时,$f(x)=x^{\frac{2}{5}}$是偶函数且在$[1,+\infty)$是增函数.

当$t=1$时,$f(x)=x^{\frac{8}{5}}$是偶函数且在$[1,+\infty)$是增函数.

所以$t=-1$时,$f(x)=x^{\frac{2}{5}}$;$t=1$时,$f(x)=x^{\frac{8}{5}}$为所求.

习题 4.4

1. 比较$(-0.6)^{\frac{2}{3}}$,$(-0.4)^{\frac{2}{3}}$,$(0.5)^{\frac{2}{3}}$的大小.

2. 设$-1<a<0$,比较2^{-a},2^a,0.2^a的大小.

3. 已知函数$y=(m^2-m-1)x^{m^2-2m-3}$是幂函数,且在$(0,+\infty)$内为减函数,求实数m的值并写出相应的幂函数.

4. 已知$f(x)=x^7+mx^3-4$,且$f(-3)=5$,求$f(3)$的值.

5. 化简:$\frac{a^2-b^2}{a^2+b^2}\left(\frac{a-b}{a+b}\right)^{\frac{p+q}{p-q}}\left[\left(\frac{a+b}{a-b}\right)^{\frac{2p}{p-q}}+\left(\frac{a+b}{a-b}\right)^{\frac{2q}{p-q}}\right]$.

6. 两幂函数$y=x^m$和$y=x^{-m}(m\in\mathbf{Q})$的图象交于点p,求以原点为圆心,过p点的圆的方程.

7. 设函数$f(x)$在$[-1,1]$上有表示式$f(x)=x^2$,对任意$x\in\mathbf{R}$均有$f(x)=f(x+2)$,求$f(-5.5)$的值.

4.5 指数函数

4.5.1 指数函数概述

函数$y=a^x$称为**指数函数**,其中底数a为常数,$a>0$,且$a\neq1$.

指数函数 $y=a^x(a>0,a\neq1)$ 的定义域和值域分别为 $(-\infty,+\infty)$ 和 $(0,+\infty)$.

指数函数 $y=a^x$ 的性质与图象如表 4.5.1 所示.

表　4.5.1

<table>
<tr><td>a 值</td><td>$a>1$</td><td>$0<a<1$</td></tr>
<tr><td>图象</td><td>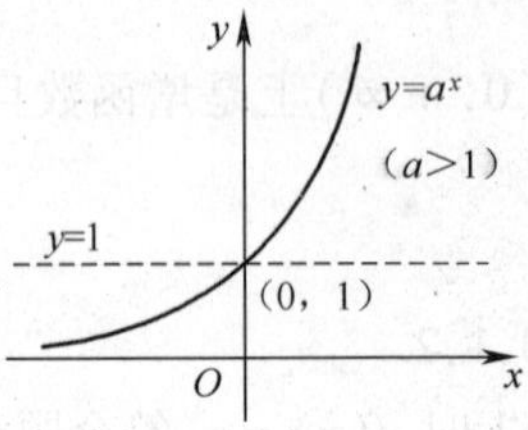
</td><td>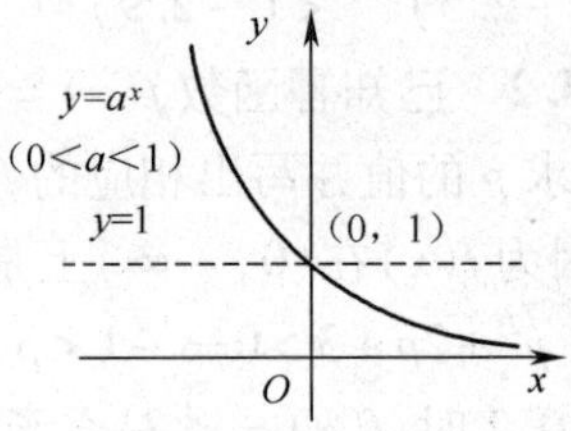
</td></tr>
<tr><td rowspan="3">性质</td><td colspan="2">(1)定义域为 $(-\infty,+\infty)$，值域为 $(0,+\infty)$</td></tr>
<tr><td colspan="2">(2)图象都过 $(0,1)$，即当 $x=0$ 时，$y=1$</td></tr>
<tr><td>(3)在 $(-\infty,+\infty)$ 上是增函数</td><td>(3)在 $(-\infty,+\infty)$ 上是减函数</td></tr>
</table>

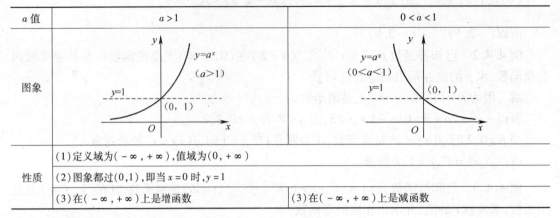

常见的指数运算法则有

$$a^{x_1}\cdot a^{x_2}=a^{x_1+x_2};\quad \frac{a^{x_1}}{a^{x_2}}=a^{x_1-x_2},\quad (ab)^x=a^x\cdot b^x;\quad \left(\frac{b}{a}\right)^x=\frac{b^x}{a^x}.$$

例 4.5.1　比较下列各组数的大小.

(1) $2^{0.6}$ 与 $2^{\frac{4}{5}}$；　(2) $0.75^{-0.2}$ 与 $0.75^{0.1}$.

解　(1)当底数 $a=2>1$ 时，指数函数是增函数，由 $0.6<\frac{4}{5}$ 知 $2^{0.6}<2^{\frac{4}{5}}$.

(2)当底数 $a=0.75<1$ 时，指数函数是减函数，由 $-0.2<0.1$ 知 $0.75^{-0.2}>0.75^{0.1}$.

例 4.5.2　解不等式 $a^{2x^2+1}<a^{x^2+2}$.

解　当 $a>1$ 时，由指数函数的递增性知 $2x^2+1<x^2+2$，即 $x^2<1$，所以 $-1<x<1$.

当 $0<a<1$ 时，由指数函数的递减性知 $2x^2+1>x^2+2$，即 $x^2>1$，所以 $x>1$ 或 $x<-1$.

例 4.5.3　解方程 $2+3^{x-1}=9^{x-\frac{1}{2}}$.

解　方程化为 $2+3^{x-1}=3^{2x-1}$，$3^{2x}-3^x-6=0$.

解之，得 $3^x=3$（$3^x=-2$ 舍去），所以 $x=1$.

在科学技术中，我们常常要用到以无理数 $e=2.71828\cdots$ 为底的指数函数 $y=e^x$. 例如，最简单的人口模型：假设在人口的自然增长过程中，净相对增长率是常数 r，在某个时刻 t_0 人口总数为 N_0，则任意时刻 t 的人口总数 $N(t)$ 表示为

$$N(t)=N_0e^{r(t-t_0)}$$

可见，如果不实行计划生育，人口将呈几何级数增长.

4.5.2　双曲函数

在应用上常遇到以 e 为底的指数函数 $y=e^x$ 和 $y=e^{-x}$ 所产生的双曲函数，它们的定义如下：

双曲正弦　$\operatorname{sh}x=\dfrac{e^x-e^{-x}}{2}$；

双曲余弦　$\operatorname{ch} x=\dfrac{e^{x}+e^{-x}}{2}$；

双曲正切　$\operatorname{th} x=\dfrac{\operatorname{sh} x}{\operatorname{ch} x}=\dfrac{e^{x}-e^{-x}}{e^{x}+e^{-x}}$.

双曲正弦、双曲余弦的图象如图 4.5.1 所示，双曲正切的图象如图 4.5.2 所示

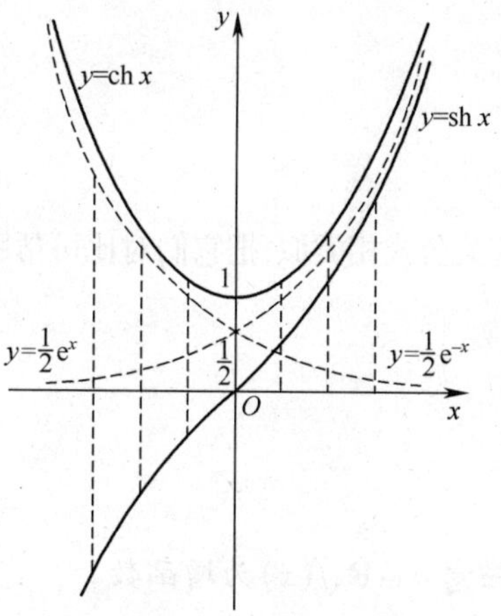

图　4.5.1

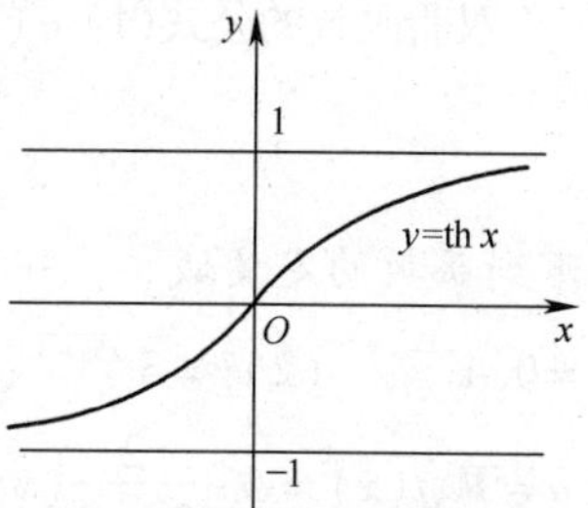

图　4.5.2

双曲正弦 $y=\operatorname{sh} x$ 的定义域为 $(-\infty,+\infty)$；它是奇函数，其图形通过原点且关于原点对称；在 $(-\infty,+\infty)$ 内为单调增的无界函数，当 x 绝对值很大时，其图形在第一象限内接近于曲线 $y=\dfrac{1}{2}e^{x}$，在第三象限内接近于曲线 $y=\dfrac{1}{2}e^{-x}$.

双曲余弦 $y=\operatorname{ch} x$ 定义域为 $(-\infty,+\infty)$；它是偶函数，其图形通过 $(0,1)$ 且关于 y 轴对称；在 $(-\infty,0]$ 内单调减函数，在 $[0,+\infty)$ 内单调增函数，有最小值 $\operatorname{ch} 0=1$；当 x 的绝对值很大时，它的图形在第一象限内接近于曲线 $y=\dfrac{1}{2}e^{x}$，在第二象限内接近于曲线 $y=\dfrac{1}{2}e^{-x}$.

双曲正切 $y=\operatorname{th} x$ 的定义域为 $(-\infty,+\infty)$；它是奇函数，其图形通过原点且关于原点对称；在 $(-\infty,0)$ 内单调减少，在 $[0,+\infty)$ 内单调增加；在其定义域上是有界函数，且 $|\operatorname{th} x|<1$，即图形夹于水平直线 $y=-1$ 和 $y=1$ 之间.

根据双曲函数的定义，容易证明下列四个公式

$$\operatorname{sh}(x+y)=\operatorname{sh} x\operatorname{ch} y+\operatorname{ch} x\operatorname{sh} y \tag{1}$$

$$\operatorname{sh}(x-y)=\operatorname{sh} x\operatorname{ch} y-\operatorname{ch} x\operatorname{sh} y \tag{2}$$

$$\operatorname{ch}(x+y)=\operatorname{ch} x\operatorname{ch} y+\operatorname{sh} x\operatorname{sh} y \tag{3}$$

$$\operatorname{ch}(x-y)=\operatorname{ch} x\operatorname{ch} y-\operatorname{sh} x\operatorname{sh} y \tag{4}$$

我们来证明公式(1)，其他三个公式读者可自行证明．由定义，得

$$\begin{aligned}\operatorname{sh} x\operatorname{ch} y+\operatorname{ch} x\operatorname{sh} y&=\frac{e^{x}-e^{-x}}{2}\cdot\frac{e^{y}+e^{-y}}{2}+\frac{e^{x}+e^{-x}}{2}\cdot\frac{e^{y}-e^{-y}}{2}\\&=\frac{1}{4}(e^{x+y}-e^{y-x}+e^{x-y}-e^{-(x+y)})+\\&\quad\ \frac{1}{4}(e^{x+y}+e^{y-x}-e^{x-y}-e^{-(x+y)})\end{aligned}$$

$$=\frac{e^{x+y}-e^{-(x+y)}}{2}=\mathrm{sh}(x+y)$$

由以上几个公式可以导出其他一些公式,例如:

在公式(4)中,令 $x=y$,并注意到 $\mathrm{ch}\,0=1$,得

$$\mathrm{ch}^2 x-\mathrm{sh}^2 x=1 \tag{5}$$

在公式(1)中令 $x=y$,得

$$\mathrm{sh}\,2x=2\mathrm{sh}\,x\mathrm{ch}\,x \tag{6}$$

在公式(3)中,令 $x=y$,得

$$\mathrm{ch}\,2x=\mathrm{ch}^2 x+\mathrm{sh}^2 x \tag{7}$$

以上关于双曲函数的公式(1)~(7),与三角函数的有关公式相类似,把它们对比可帮助记忆.

习题 4.5

1. 求下列函数的定义域.

(1) $y=0.4^{\frac{1}{x-1}}$;　(2) $y=3^{\sqrt{5x-1}}$;　(3) $y=2^x+1$.

2. 设 $a\in\mathbf{R}$, $f(x)=a-\dfrac{2}{2^x+1}(x\in\mathbf{R})$. 证明:对于任意 $a\in\mathbf{R}$, $f(x)$ 为增函数.

3. 求函数 $y=\begin{cases}3^{x-1}-2 & 当\ x\in(-\infty,1]\\ 3^{1-x}-2 & 当\ x\in[1,+\infty)\end{cases}$ 的值域.

4. 由定义直接证明下列等式.

(1) $\mathrm{ch}^2x-\mathrm{sh}^2x=1$;　(2) $\mathrm{sh}\,2x=2\mathrm{sh}\,x\mathrm{ch}\,x$;

(3) $\mathrm{ch}\,2x=\mathrm{ch}^2x+\mathrm{sh}^2x$;　(4) $\mathrm{ch}(x-y)=\mathrm{ch}\,x\mathrm{ch}\,y-\mathrm{sh}\,x\mathrm{sh}\,y$.

4.6　对数和对数函数

4.6.1　对　数

定义　设 $a>0$ 且 $a\neq1$,如果 $a^b=N$,那么 b 叫做以 a 为底 N 的**对数**,记作 $b=\log_a N(a>0,a\neq1,N>0)$.

以 10 为底的对数 $\log_{10}N$ 叫做**常用对数**,记作 $\lg N$;

以 e 为底的对数 $\log_e N$ 叫做**自然对数**,记作 $\ln N$. 在高等数学中主要用自然对数.

根据对数的定义,立即得到对数恒等式

$$a^{\log_a N}=N\quad(a>0,a\neq1,N>0) \tag{1}$$

和对数换底公式

$$\log_a N=\frac{\log_b N}{\log_b a}\quad(a>0,a\neq1,b>0,b\neq1,N>0) \tag{2}$$

于是有 $\log_a N=\dfrac{\lg N}{\lg a}$; $\log_a N=\dfrac{\ln N}{\ln a}$.

对数的基本性质:

(1)零和负数没有对数.

(2)底的对数等于1,1的对数等于0. 即 $\log_a a=1$, $\log_a 1=0$.

(3) $\log_a(M\cdot N)=\log_a M+\log_a N$; $(a>0, a\neq 1, M、N>0)$

$$\log_a\frac{M}{N}=\log_a M-\log_a N;\ (a>0, a\neq 1, M、N>0)$$

$$\log_a M^n=n\log_a M.\ (a>0, a\neq 1, M>0, n\in\mathbf{R})$$

例 4.6.1　展开对数式 $\log_a\sqrt[5]{\dfrac{(x+y)^2}{y^3\sqrt[4]{x^3}}}$.

解　原式 $=\dfrac{1}{5}[\log_a(x+y)^2-\log_a y^3x^{\frac{3}{4}}]$

$$=\frac{2}{5}\log_a(x+y)-\frac{3}{5}\log_a y-\frac{3}{20}\log_a x.$$

例 4.6.2　已知 $\log_{12}7=a$, $\log_{12}3=b$, 求 $\log_{28}63$.

解　原式 $=\dfrac{\log_{12}63}{\log_{12}28}=\dfrac{\log_{12}(7\times 3^2)}{\log_{12}\left(7\times\dfrac{12}{3}\right)}$

$$=\frac{\log_{12}7+2\log_{12}3}{\log_{12}7+\log_{12}12-\log_{12}3}$$

$$=\frac{a+2b}{a-b+1}.$$

例 4.6.3　计算下列各式的值.

(1) $\lg 4+\lg 9+2\sqrt{\lg^2 6-2\lg 6+1}$;

(2) $2^{\log_4(2-\sqrt{3})^2}+3^{\log_9(2+\sqrt{3})^2}$.

解　(1)原式 $=2\lg 2+2\lg 3+2\sqrt{[1-\lg 6]^2}$

$$=2[\lg 6+(1-\lg 6)]=2.$$

(2)原式 $=2^{\frac{\log_2(2-\sqrt{3})^2}{\log_2 4}}+3^{\frac{\log_3(2+\sqrt{3})^2}{\log_3 9}}$

$$=2^{\frac{2\log_2(2-\sqrt{3})}{2}}+3^{\frac{2\log_3(2+\sqrt{3})}{2}}$$

$$=2^{\log_2(2-\sqrt{3})}+3^{\log_3(2+\sqrt{3})}$$

$$=(2-\sqrt{3})+(2+\sqrt{3})=4.$$

例 4.6.4　解下列方程

(1) $\log_{16}x+\log_4 x+\log_2 x=7$;　(2) $x^{\lg x+2}=1\ 000$;

(3) $\sqrt{\log_x\sqrt{5x}}\log_5 x=-1$.

解　(1)方程的存在域为 $x>0$,不同底的对数化为同底对数.

$$\log_2\sqrt[4]{x}+\log_2\sqrt{x}+\log_2 x=7$$

$$\left(\frac{1}{4}+\frac{1}{2}+1\right)\log_2 x=7,\quad \log_2 x=4$$

所以

$$x=2^4=16.$$

(2)方程的存在域为 $x>0$,方程两边取对数,得

$$(\lg x+2)\lg x=3,\quad \lg^2 x+2\lg x-3=0$$

所以 $\lg x=-3,1$，故　　$x=10^{-3}$，或 $x=10$.

(3) 两边平方，并注意到 $\log_x 5\cdot\log_5 x=1$，$\log_5 x<0$.

$$\frac{1}{2}(\log_x 5+1)\log_5^2 x=1$$

$$\log_5^2 x+\log_5 x-2=0$$

所以 $\log_5 x=-2$，$\log_5 x=1$（增根），所以 $x=5^{-2}=\frac{1}{25}$.

例 4.6.5　已知不为 1 的三个正数 a,b,c 成等比数列，$x>0$，$x\neq 1$. 若 $\log_a x,\log_b x,\log_c x$ 成等差数列，求证：$\log_b a\cdot\log_b c=1$.

证明　因为 a,b,c 成等比数列，所以 $b^2=ac$.

又 $\log_a x,\log_b x,\log_c x$ 成等差数列，所以 $2\log_b x=\log_a x+\log_c x$.

所以 $2\log_b x=\frac{\log_b x}{\log_b a}+\frac{\log_b x}{\log_b c}$，

因以 $x\neq 1$，所以 $\log_b x\neq 0$，于是有 $2=\frac{1}{\log_b a}+\frac{1}{\log_b c}$，

$2\log_b a\log_b c=\log_b a+\log_b c=\log_b ac=\log_b b^2=2$，

所以　　$$\log_b a\cdot\log_b c=1.$$

4.6.2　对数函数

由上一节可知，指数函数 $y=a^x(a>0,a\neq 1)$ 的定义域和值域分别是 $(-\infty,+\infty)$ 和 $(0,+\infty)$，且在 $(-\infty,+\infty)$ 内单调（$a>1$ 时单调增加，$0<a<1$ 时单调减少），根据反函数的存在定理，它有反函数，通常把这个反函数称为以 a 为底的**对数函数**，记为

$$y=\log_a x(a>0 \text{ 且 } a\neq 1)$$

其定义域和值域分别是 $(0,+\infty)$ 和 $(-\infty,+\infty)$，a,x,y 分别称为**底数**、**真数**、**对数**.

在 $y=\log_a x$ 中，当 $a=10$ 时，称为**常用对数**，记为 $y=\lg x$.

当 $a=\mathrm{e}(2.71828\cdots)$ 时，称为**自然对数**，记为 $y=\ln x$.

对数函数 $y=\log_a x$ 的图象和性质如表 4.6.1 所示.

表　4.6.1

<table>
<tr><td>a 值</td><td>a > 1</td><td>0 < a < 1</td></tr>
<tr><td>图象</td><td>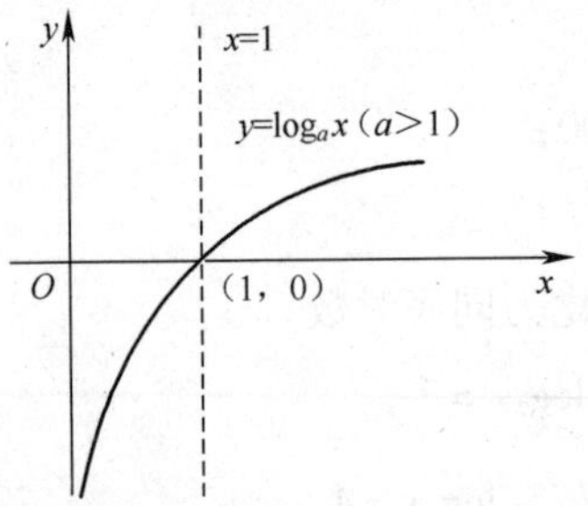
</td><td>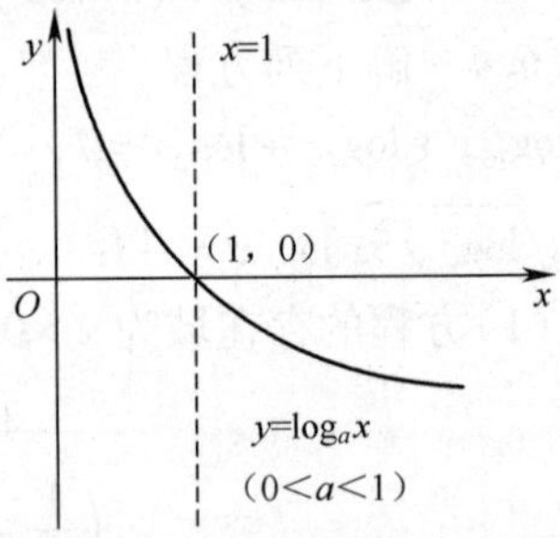
</td></tr>
<tr><td rowspan="4">性质</td><td colspan="2">(1) 定义域 (0, +∞)</td></tr>
<tr><td colspan="2">(2) 值域 R</td></tr>
<tr><td colspan="2">(3) 过点 (1,0)，即当 x = 1 时，y = 0</td></tr>
<tr><td>(4) 在 (0, +∞) 上是增函数</td><td>(5) 在 (0, +∞) 上是减函数</td></tr>
</table>

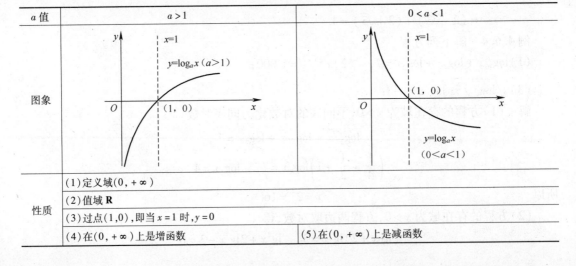

例 4.6.6 已知函数 $y=\log_4(2x+3-x^2)$. (1)求函数的定义域;(2)求单调区间;(3)求 y 的最大值.

解 (1)由 $2x+3-x^2>0$,解得 $-1<x<3$.

所以定义域是$(-1,3)$.

(2)令 $u=-x^2+2x+3, x\in(-1,3)$,显然 u 的图象是开口向下的抛物线,对称轴为 $x=1$. 所以 u 在$(-1,1]$内单增,在$[1,3)$内单减.

又 $y=\log_4 u$ 在$(0,+\infty)$内是单调增函数.

所以 $y=\log_4(2x+3-x^2)$ 单增区间是$(-1,1]$,单减区间是$[1,3)$.

(3)因为 $u=2x+3-x^2=-(x-1)^2+4\leqslant 4$,

所以当 $x=1$ 时,$u_{\max}=4$,即当 $x=1$ 时,$y_{\max}=\log_4 4=1$.

例 4.6.7 求函数 $y=\dfrac{a^x-1}{a^x+1}(a>0,a\neq1)$的反函数及其定义域.

解 由 $y=\dfrac{a^x-1}{a^x+1}$解出 $a^x=\dfrac{1+y}{1-y}$.

所以反函数是 $y=\log_a\dfrac{1+x}{1-x}(a>0,a\neq1)$.

由$\dfrac{1+x}{1-x}>0$ 易知 $-1<x<1$. 所以反函数的定义域是$(-1,1)$.

例 4.6.8 设 $\lg(x^2+1)+\lg(y^2+4)=\lg 8+\lg x+\lg y$,求 x,y 的值.

解 $\lg(x^2+1)(y^2+4)=\lg 8xy$.

所以$(x^2+1)(y^2+4)=8xy$,即 $x^2y^2+4x^2+y^2+4=8xy$.

即
$$(xy-2)^2+(2x-y)^2=0.$$

所以
$$\begin{cases}xy-2=0\\2x-y=0\end{cases}.$$

解此方程组,得

$\begin{cases}x=1\\y=2\end{cases}$ 和 $\begin{cases}x=-1\\y=-2\end{cases}$(不合题意).

习题 4.6

1. 计算.

(1)$\lg 25+\dfrac{2}{3}\lg 8+\lg 5\lg 20+(\lg 2)^2$; (2)$\lg^2 5+\lg 2\cdot\lg 50$;

(3)$\log_{15}^2 3+\dfrac{\log_{15}45}{\log_5 15}$; (4)$\log_2 3\cdot\log_3 4\cdot\log_4 5\cdot\log_5 6\cdot\log_6 7\cdot\log_7 8$.

2. 证明下列等式.

(1)$\log_a\dfrac{x+\sqrt{x^2-1}}{x-\sqrt{x^2-1}}=2\log_a(x+\sqrt{x^2-1})$;

(2)设 $b^2=ac$,求证$\dfrac{1}{\log_a x}+\dfrac{1}{\log_c x}=\dfrac{2}{\log_b x}$;

(3)设 $0<x<1, a>0, a\neq1$,证明$|\log_a(1-x)|>\log_a(1+x)|$.

3. 比较下列各组数的大小.

(1) $\frac{3}{2}, \log_8 27, \log_9 25$;

(2) $(\log_d x)^2, \log_d x^2, \log_d(\log_d x)\quad (1<x<d)$;

(3) 设 $1<a<1<b, \log_a(\log_a b), \log_a b^2, (\log_a b)^2$;

(4) 设 $1<a<b<a^2, \log_a b, \log_b a, \log_a \frac{a}{b}, \log_b \frac{b}{a}, \frac{1}{2}$.

4. 设 $a>1, 0<x<1$, 比较 $|\log_a(1-x)|$ 与 $|\log_a(1+x)|$ 的大小.

5. 求函数 $y=\lg(2x^2-5x-3)$ 的单调区间.

6. 设对所有实数 x, 不等式

$$x^2 \cdot \log_2 \frac{4(a+1)}{a} + 2x \cdot \log_2 \frac{2a}{a+1} + \log_2 \frac{(a+1)^2}{4a^2} > 0$$

恒成立, 求 a 的取值范围.(提示:根据对数的真数大于0,关于 x 的一元二次不等式大于0,其判别式 $\Delta<0$ 列出不等式组,令 $z=\log_2 \frac{2a}{a+1}$)

7. 设关于 x 的方程 $(\lg ax)\lg(ax^2)=4$ 的所有解 x 都大于1, 求 a 的取值范围.

8. 求函数 $y=\log_{\frac{1}{2}}(-x^2+2x+2)$ 的定义域、单调区间与最小值.

9. 解不等式 $|\log_2 x| + |\log_2(2-x)| \geqslant 1$.

10. 设函数 $f(x)=\log_a(2-ax)$ 在 $[0,1]$ 上单调减少, 求 a 的取值范围.

11. 设 $a>0, a\neq1$, 如果 $\log_a(x^2+1) - \log_a x - \log_a 4 = 1 - \log_a(y^2+a^2) + \log_a y$, 求 x, y 的值.

第5章　三角函数

平面三角在理论科学和实用科学上都很重要，它是高等数学、天文学、物理学、测量学以及其他科学的重要基础，在工程技术中有广泛的应用．本章将讨论平面三角和三角函数的性质．

5.1　任意角的三角函数

5.1.1　角的概念

在平面直角坐标系中，设射线 OA 的原始位置与 x 轴的正向重合，以 O 为轴心按照逆时针方向（或顺时针方向）旋转，最后达到 OB 的位置，这样就形成一个任意角 α，OA 叫做 α 的**始边**，OB 叫做 α 的**终边**，通常把按逆时针方向旋转形成的角叫**正角**，按顺时针方向旋转形成的角叫**负角**，不做任何旋转的角叫**零角**．

衡量角的大小通常有两种方法：**角度制**和**弧度制**．

（1）角度制：周角的$\frac{1}{360}$称为 $1°$.

（2）弧度制：弧长等于半径的圆弧所对的圆心角叫做 1 rad.

$$1° = \frac{\pi}{180}\ \text{rad};\quad 1\ \text{rad} = \frac{180°}{\pi} \approx 57°18'$$

所以，周角等于 $360°$ 或 2π(rad)．在应用中 rad 省略不写．

如果圆的半径为 R，那么中心角 α 所对的弧长 l 及中心角为 α 的扇形面积 $S_{扇}$ 有如下公式：

$$l = R\alpha,\quad S_{扇} = \frac{1}{2}lR = \frac{1}{2}R^2\alpha$$

5.1.2　任意角的三角函数的定义

在平面直角坐标系内，设 α 为顶点在原点、始边在 x 轴正半轴上的角；$P(x,y)$ 是角 α 终边上的任意点，到原点的距离 $r = \sqrt{x^2 + y^2}$，则定义下列函数：

（1）正弦函数：$\sin\alpha = \frac{y}{r}$.

（2）余弦函数：$\cos\alpha = \frac{x}{r}$.

（3）正切函数：$\tan\alpha = \frac{y}{x}$.

（4）余切函数：$\cot\alpha = \frac{x}{y}$.

(5) 正割函数：$\sec\alpha = \dfrac{r}{x}$.

(6) 余割函数：$\csc\alpha = \dfrac{r}{y}$.

5.1.3　三角函数值在各象限中的符号

由三角函数的定义式可见，在各象限内取正值的函数是“Ⅰ全部，Ⅱ正弦、余割，Ⅲ正切、余切，Ⅳ正割、余弦”，如图 5.1.1 所示．

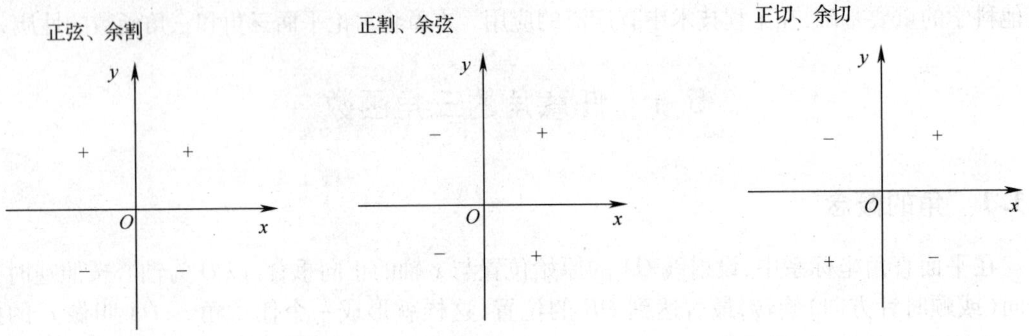

图　5.1.1

5.1.4　特殊角的三角函数值

熟记特殊角的三角函数值，对解题和实际应用非常有帮助．

特殊角的三角函数值列表如表 5.1.1 所示．

表　5.1.1

函数	α						
	0°	30°	45°	60°	90°	180°	270°
$\sin\alpha$	0	$\frac{1}{2}$	$\frac{\sqrt{2}}{2}$	$\frac{\sqrt{3}}{2}$	1	0	−1
$\cos\alpha$	1	$\frac{\sqrt{3}}{2}$	$\frac{\sqrt{2}}{2}$	$\frac{1}{2}$	0	−1	0
$\tan\alpha$	0	$\frac{\sqrt{3}}{3}$	1	$\sqrt{3}$	不存在	0	不存在

5.1.5　同角三角函数的关系

由三角函数的定义，可得到下列基本恒等式：

(1) 平方关系：

$$\sin^2\alpha + \cos^2\alpha = 1,\quad 1 + \tan^2\alpha = \sec^2\alpha,\quad 1 + \cot^2\alpha = \csc^2\alpha$$

(2) 倒数关系：

$$\sin\alpha\csc\alpha=1,\quad \cos\alpha\sec\alpha=1,\quad \tan\alpha\cot\alpha=1$$

(3)商的关系：

$$\tan\alpha=\frac{\sin\alpha}{\cos\alpha},\quad \cot\alpha=\frac{\cos\alpha}{\sin\alpha}$$

例 5.1.1 化简下列各式.

(1) $2(\cos^6\alpha+\sin^6\alpha)-3(\cos^4\alpha+\sin^4\alpha)$；

(2) $\left(\sqrt{\dfrac{1-\sin\alpha}{1+\sin\alpha}}-\sqrt{\dfrac{1+\sin\alpha}{1-\sin\alpha}}\right)\cdot\left(\sqrt{\dfrac{1-\cos\alpha}{1+\cos\alpha}}-\sqrt{\dfrac{1+\cos\alpha}{1-\cos\alpha}}\right)$.

解 (1)原式 $=2(\cos^2\alpha+\sin^2\alpha)(\cos^4\alpha-\cos^2\alpha\sin^2\alpha+\sin^4\alpha)-3(\cos^4\alpha+\sin^4\alpha)$

$=2(\cos^4\alpha-\cos^2\alpha\sin^2\alpha+\sin^4\alpha)-3(\cos^4\alpha+\sin^4\alpha)$

$=-(\cos^4\alpha+2\cos^2\alpha\sin^2\alpha+\sin^4\alpha)=-1.$

(2)原式 $=\left(\dfrac{1-\sin\alpha}{\sqrt{\cos^2\alpha}}-\dfrac{1+\sin\alpha}{\sqrt{\cos^2\alpha}}\right)\left(\dfrac{1-\cos\alpha}{\sqrt{\sin^2\alpha}}-\dfrac{1+\cos\alpha}{\sqrt{\sin^2\alpha}}\right)$

$=\dfrac{-2\sin\alpha}{|\cos\alpha|}\cdot\dfrac{-2\cos\alpha}{|\sin\alpha|}=\dfrac{4\cos\alpha\sin\alpha}{|\cos\alpha\sin\alpha|}.$

由原题知，$\sin\alpha\neq\pm1$，$\cos\alpha\neq\pm1$，α 的终边不在坐标轴上．若 α 的终边在第一、三象限内，则 $\sin\alpha\cos\alpha$ 同号；若 α 的终边在第二、四象限内，则 $\sin\alpha$ 与 $\cos\alpha$ 异号．所以

$$原式=\begin{cases}4 & 当\,\alpha\,终边在第一、三象限\\ -4 & 当\,\alpha\,终边在第二、四象限\end{cases}$$

例 5.1.2 已知 α 是第二象限的角，且 $\sin\alpha=\dfrac{5}{13}$，求角 α 的其他三角函数.

解 因 α 是第二象限的角，$\cos\alpha<0$，所以

$\cos\alpha=-\sqrt{1-\sin^2\alpha}=-\dfrac{12}{13}$，$\tan\alpha=\dfrac{\sin\alpha}{\cos\alpha}=-\dfrac{5}{12}$，$\cot\alpha=-\dfrac{12}{5}$

$\sec\alpha=-\dfrac{13}{12}$，$\csc\alpha=\dfrac{13}{5}$

例 5.1.3 已知 $\sin\alpha+\cos\alpha=a$，求 $\sin^3\alpha+\cos^3\alpha$ 的值.

解 由已知可得 $(\sin\alpha+\cos\alpha)^2=a^2$，从而

$$\sin\alpha\cos\alpha=\frac{a^2-1}{2}$$

所以，$\sin^3\alpha+\cos^3\alpha=(\sin\alpha+\cos\alpha)(\sin^2\alpha-\sin\alpha\cos\alpha+\cos^2\alpha)$

$=a\left(1-\dfrac{a^2-1}{2}\right)=\dfrac{a}{2}(3-a^2).$

习题 5.1

1. 已知角 α 的终边分别通过下列各点，求 α 的三角函数值.

(1) $M(\sqrt{3},-1)$；　　(2) $N(-8,6)$.

2. 已知 α 为第四象限的角，且 $\sin\alpha=-\dfrac{\sqrt{3}}{2}$，求角 α 的其他三角函数.

3. 已知 α 为第三象限的角，且 $\tan\alpha=\sqrt{3}$，求角 α 的其他三角函数.

4. 已知 $\cos\alpha=-\frac{52}{173}$，且 $\frac{\pi}{2}<\alpha<\pi$，计算 $\tan\alpha-\sec\alpha$ 的值．

5. 设 $\tan\alpha=2$，计算 $\frac{\sin\alpha+\cos\alpha}{\sin\alpha-\cos\alpha}$ 的值．

6. 证明下列恒等式．

(1) $\sin^6\alpha+\cos^6\alpha=1-3\sin^2\alpha\cos^2\alpha$；

(2) $\sin^2\alpha+\sin^2\beta-\sin^2\alpha\sin^2\beta+\cos^2\alpha\cos^2\beta=1$；

(3) $(1-\sin\alpha+\cos\alpha)^2=2(1-\sin\alpha)(1+\cos\alpha)$；

(4) $\frac{1}{\sec\alpha+\tan\alpha}=\sec\alpha-\tan\alpha$；

(5) $\sqrt{\frac{1-\cos\alpha}{1+\cos\alpha}}=\frac{1}{\csc\alpha+\cot\alpha}\quad(0<\alpha<\pi)$；

(6) $\frac{1}{\csc x-\cot x}-\frac{1}{\sin x}=\frac{1}{\sin x}-\frac{1}{\csc x+\cot x}$.

7. 化简下列各式．

(1) $\frac{\sin\alpha+\cos\alpha}{\sec\alpha+\csc\alpha}$；　　(2) $\frac{\tan\alpha-\cot\alpha}{\sin^4\alpha-\cos^4\alpha}$；

(3) $\sin^2\alpha\tan\alpha+\cos^2\alpha\cot\alpha+2\sin\alpha\cos\alpha$；　　(4) $\frac{\tan\beta+\cot\alpha}{\cot\beta+\tan\alpha}$.

8. 已知 $\sin x+\cos x=a$，求 $\sin^4x+\cos^4x$.

9. 已知 $\tan x+\cot x=2$，求 $\sin x$.

10. 已知 $\tan x+\cot x=a$，求 $\tan^2x+\cot^2x$，$\tan^3x+\cot^3x$ 的值．

11. 已知 $4x^2-2(\sqrt{3}+2)x+\sqrt{3}=0$ 的两根为 $\sin\theta$，$\cos\theta$，求 $\frac{\sin\theta}{1-\cot\theta}+\frac{\cos\theta}{1-\tan\theta}$ 的值．

12. 若 $0<x<\frac{\pi}{4}$，且 $\lg\cot x-\lg\cos x=\lg\sin x-\lg\tan x+2\lg 3-\frac{3}{2}\lg 2$，求 $\cos x-\sin x$ 的值．

13. 设 $0<\theta\leqslant\frac{\pi}{4}$，$t=\tan\theta+\frac{1}{\tan\theta}$.

(1) 求 t 的取值范围；

(2) 用 t 的关系式表示 $\sin\theta\cos\theta$，$\sin\theta+\cos\theta$，$\sin\theta-\cos\theta$ 之值．

5.2 诱导公式

在研究三角函数时，通常将研究对象看成是 $0\sim2\pi(0\sim360°)$ 之间的角，特别是化成锐角来处理，其基本工具就是诱导公式，列表如表 5.2.1 所示．

表　5.2.1

角	函数			
	sin	cos	tan	cot
$-\alpha$	$-\sin\alpha$	$\cos\alpha$	$-\tan\alpha$	$-\cot\alpha$
$\frac{\pi}{2}-\alpha$	$\cos\alpha$	$\sin\alpha$	$\cot\alpha$	$\tan\alpha$

续表

角	函数			
	sin	cos	tan	cot
$\pi-\alpha$	$\sin\alpha$	$-\cos\alpha$	$-\tan\alpha$	$-\cot\alpha$
$\pi+\alpha$	$-\sin\alpha$	$-\cos\alpha$	$\tan\alpha$	$\cot\alpha$
$2\pi-\alpha$	$-\sin\alpha$	$\cos\alpha$	$-\tan\alpha$	$-\cot\alpha$
$2k\pi+\alpha$	$\sin\alpha$	$\cos\alpha$	$\tan\alpha$	$\cot\alpha$

例 5.2.1　求下列各式的值.

(1) $\dfrac{2\cos 660°+\sin 660°}{3\cos 1\,020°+2\cos 600°}$;

(2) $\dfrac{\sin(-\alpha)}{\sin(\alpha-\pi)}-\dfrac{\tan\left(\alpha-\frac{\pi}{2}\right)}{\cot(\alpha-2\pi)}+\dfrac{\cos(\alpha+\pi)}{\sin\left(\alpha-\frac{\pi}{2}\right)}$;

(3) $\sin 840°+\cos 750°-\tan 945°+\sec 405°$.

解　(1) 原式 $=\dfrac{2\cos(2\cdot 360°-60°)+\sin(2\cdot 360°-60°)}{3\cos(3\cdot 360°-60°)+2\cos(2\cdot 360°-120°)}$

$$=\frac{2\cos 60°-1}{3\cos 60°+2\cos(180°-60°)}=0.$$

(2) 原式 $=\dfrac{-\sin\alpha}{-\sin\alpha}+\dfrac{\cot\alpha}{\cot\alpha}+\dfrac{\cos\alpha}{\cos\alpha}=3.$

(3) 原式 $=\sin 120°+\cos 30°-\tan 225°+\sec 45°$

$$=\sin 60°+\cos 30°-\tan 45°+\sec 45°$$

$$=\frac{\sqrt{3}}{2}+\frac{\sqrt{3}}{2}-1+\sqrt{2}=\sqrt{3}+\sqrt{2}-1.$$

例 5.2.2　化简下列各式.

(1) $\dfrac{2\sin(-\alpha)\cdot\cos(7\pi-\alpha)}{\tan(5\pi-\alpha)}\cdot\csc\left(\dfrac{\pi}{2}+\alpha\right)$;

(2) $\dfrac{\sin(\alpha-k\pi)}{\cos(-\alpha-k\pi)}-\tan(k\pi-\alpha)\quad(k\in\mathbf{Z})$.

解　(1) 原式 $=\dfrac{(-2\sin\alpha)\cdot(-\cos\alpha)}{-\tan\alpha}\cdot\sec\alpha$

$$=-2\sin\alpha\cos\alpha\cdot\frac{\cos\alpha}{\sin\alpha}\cdot\frac{1}{\cos\alpha}$$

$$=-2\cos\alpha.$$

(2) 当 $k=2n\,(n\in\mathbf{Z})$ 时,

原式 $=\dfrac{\sin(\alpha-2n\pi)}{\cos(-\alpha-2n\pi)}-\tan(2n\pi-\alpha)$

$$=\frac{\sin\alpha}{\cos(-\alpha)}-\tan(-\alpha)$$

$$=\frac{\sin\alpha}{\cos\alpha}+\tan\alpha$$

$$=2\tan\alpha;$$

当 $k=2n+1(n\in\mathbf{Z})$ 时,

$$原式=\frac{\sin(\alpha-2n\pi-\pi)}{\cos(-\alpha-2n\pi-\pi)}-\tan(2n\pi+\pi-\alpha)$$

$$=\frac{-\sin\alpha}{-\cos\alpha}+\tan\alpha$$

$$=2\tan\alpha.$$

例 5.2.3 求证:$2[\sin(-210°)\cos(-\beta)+\cos(-210°)\sin(-\beta)]$

$$=\cos\beta+\sqrt{3}\sin\beta.$$

证明 右边 $=2[\sin(-360°+150°)\cos\beta-\cos(-360°+150°)\sin\beta]$

$$=2[\sin(180°-30°)\cos\beta-\cos(180°-30°)\sin\beta]$$

$$=2(\sin 30°\cos\beta+\cos 30°\sin\beta)$$

$$=\cos\beta+\sqrt{3}\sin\beta.$$

习题 5.2

1. 求下列各式的值.

(1) $\sin(-1665°)$;

(2) $3\cos 240°-2\tan 240°$;

(3) $2\sin 765°+\tan^2 1485°\cot 135°$;

(4) $\cos(-999°)\sin 99°+\sin(-171°)\sin(-261°)+\cot 1089°\cot(-630°)$.

2. 化简下列各式.

(1) $\tan(\alpha-\pi)\cos(\pi-\alpha)\cdot\sin\left(\frac{3\pi}{2}-\alpha\right)$;

(2) $\frac{(a^2-b^2)\cot(180°-x)}{\cos(180°+x)}+\frac{(a^2+b^2)\tan(90°-x)}{\cos(180°-x)}$;

(3) $\tan(\alpha-2\pi)-2\sin(\pi+\alpha)\sin\left(\frac{\pi}{2}+\alpha\right)+\cos\left(\frac{3\pi}{2}+\alpha\right)$;

(4) $\frac{\sin 217°}{\cos 53°}+\frac{\tan 98°}{\tan 278°}$.

3. 求证下列各恒等式.

(1) $(1-\sin\alpha+\cos\alpha)^2=2(1-\sin\alpha)(1+\cos\alpha)$;

(2) $\left(\frac{1}{\sec^2\alpha-\cos^2\alpha}+\frac{1}{\csc^2\alpha-\sin^2\alpha}\right)\cos^2\alpha\sin^2\alpha=\frac{1-\cos^2\alpha\sin^2\alpha}{2+\cos^2\alpha\sin^2\alpha}$;

(3) $\frac{\sec(-\alpha)+\sin\left(-\alpha-\frac{\pi}{2}\right)}{\csc(3\pi-\alpha)-\cos\left(-\alpha-\frac{3\pi}{2}\right)}=\tan^3\alpha$;

(4) $\sin\left(\frac{\pi}{6}+\alpha\right)\tan\left(\frac{\pi}{4}+\alpha\right)\tan\left(\frac{\pi}{4}-\alpha\right)\sec\left(\frac{\pi}{3}-\alpha\right)=1$.

4. 已知 $\cos x-\sin x=\sqrt{2}\sin x$，求证 $\cos x+\sin x=\sqrt{2}\cos x$.
5. 求证 $\sin(n\pi+\alpha)=(-1)^n\sin\alpha$.
6. 已知 $\tan x+\sin x=a,\tan x-\sin x=b$，求证：$(a^2-b^2)^2=16ab$.

5.3　两角的三角函数

5.3.1　两角和与差的三角函数公式（加法定理）

$$\sin(\alpha+\beta)=\sin\alpha\cos\beta+\cos\alpha\sin\beta \tag{1}$$

$$\sin(\alpha-\beta)=\sin\alpha\cos\beta-\cos\alpha\sin\beta \tag{2}$$

$$\cos(\alpha+\beta)=\cos\alpha\cos\beta-\sin\alpha\sin\beta \tag{3}$$

$$\cos(\alpha-\beta)=\cos\alpha\cos\beta+\sin\alpha\sin\beta \tag{4}$$

$$\tan(\alpha\pm\beta)=\frac{\tan\alpha\pm\tan\beta}{1\mp\tan\alpha\tan\beta} \tag{5}$$

公式(1)～(4)具有一般性，对任意 α、β 都成立，公式(5)在 $\alpha\neq k\pi+\frac{\pi}{2},\beta\neq k\pi+\frac{\pi}{2}$，$\alpha\pm\beta\neq k\pi+\frac{\pi}{2},k\in\mathbf{Z}$ 时成立.

例 5.3.1　求下列各式的值.

(1) $\sin\frac{\pi}{12}-\sqrt{3}\cos\frac{\pi}{12}$；　　(2) $\sin 50°-\sin 70°+\sin 10°$；

(3) $\tan 15°+\tan 30°+\tan 15°\cdot\tan 30°$.

解　(1) 原式 $=2\left(\frac{1}{2}\sin\frac{\pi}{12}-\frac{\sqrt{3}}{2}\cos\frac{\pi}{12}\right)$

$=2\left(\sin\frac{\pi}{6}\sin\frac{\pi}{12}-\cos\frac{\pi}{6}\cos\frac{\pi}{12}\right)$

$=-2\cos\left(\frac{\pi}{6}+\frac{\pi}{12}\right)$

$=-2\cos\frac{\pi}{4}$

$=-\sqrt{2}$.

(2) 原式 $=\sin(60°-10°)-\sin(60°+10°)+\sin 10°$

$=\sin 60°\cos 10°-\cos 60°\sin 10°-(\sin 60°\cos 10°+\cos 60°\sin 10°)+\sin 10°$

$=-2\sin 60°\sin 10°+\sin 10°$

$=-\sin 10°+\sin 10°$

$=0$.

(3) 原式 $=\tan(15°+30°)(1-\tan 15°\cdot\tan 30°)+\tan 15°\cdot\tan 30°$

$=1-\tan 15°\cdot\tan 30°+\tan 15°\cdot\tan 30°$

$=1$.

例 5.3.2　(1) 已知 α,β 为锐角，$\cos\alpha=\frac{1}{7}$，$\cos(\alpha+\beta)=-\frac{11}{14}$，求 $\cos\beta$.

(2)已知 $\tan(\alpha+\beta)=\dfrac{2}{5}$, $\tan\left(\beta-\dfrac{\pi}{4}\right)=\dfrac{1}{4}$,求 $\tan\left(\alpha+\dfrac{\pi}{4}\right)$的值.

解　(1)因为 α,β 为锐角,所以 $0<\alpha+\beta<\pi$,

$$\sin\alpha=\sqrt{1-\cos^2\alpha}=\sqrt{1-\left(\frac{1}{7}\right)^2}=\frac{4\sqrt{3}}{7}$$

$$\sin(\alpha+\beta)=\sqrt{1-\cos^2(\alpha+\beta)}=\sqrt{1-\left(-\frac{11}{14}\right)^2}=\frac{5\sqrt{3}}{14}$$

$$\begin{aligned}\cos\beta&=\cos[(\alpha+\beta)-\alpha]\\&=\cos(\alpha+\beta)\cos\alpha+\sin(\alpha+\beta)\sin\alpha\\&=-\frac{11}{14}\times\frac{1}{7}+\frac{5\sqrt{3}}{14}\times\frac{4\sqrt{3}}{7}\\&=\frac{1}{2}\end{aligned}$$

$$\begin{aligned}(2)\tan\left(\alpha+\frac{\pi}{4}\right)&=\tan\left[(\alpha+\beta)-\left(\beta-\frac{\pi}{4}\right)\right]\\&=\frac{\tan(\alpha+\beta)-\tan\left(\beta-\frac{\pi}{4}\right)}{1+\tan(\alpha+\beta)\cdot\tan\left(\beta-\frac{\pi}{4}\right)}\\&=\frac{\frac{2}{5}-\frac{1}{4}}{1+\frac{2}{5}\times\frac{1}{4}}\\&=\frac{3}{22}.\end{aligned}$$

例 5.3.3　设 $a,b\in\mathbf{R}$,且 $a>0,b>0$,将 $a\sin\omega x+b\cos\omega x$ 化成一个角的正弦.

解　令 $\cos\theta=\dfrac{a}{\sqrt{a^2+b^2}}$,则 $\sin\theta=\sqrt{1-\cos^2\theta}=\sqrt{1-\left(\dfrac{a^2}{\sqrt{a^2+b^2}}\right)^2}=\dfrac{b}{\sqrt{a^2+b^2}}$.

记 $A=\sqrt{a^2+b^2}$,

原式 $=A(\sin\omega x\cos\theta+\cos\omega x\sin\theta)=A\sin(\omega x+\theta)$.

在物理学中,$y=A\sin(\omega x+\theta)$表示一个简谐振动,A 叫做振幅,ω 叫做频率,θ 叫做初相.

若令 $\sin\theta=\dfrac{a}{\sqrt{a^2+b^2}}$,则 $\cos\theta=\dfrac{b}{\sqrt{a^2+b^2}}$,

$$\begin{aligned}\text{原式}&=\sqrt{a^2+b^2}(\sin\omega x\sin\theta+\cos\omega x\cos\theta)\\&=A\cos(\theta-\omega x)\\&=A\cos(\omega x-\theta).\end{aligned}$$

5.3.2　倍角公式和半角公式

在两角和的三角函数公式(1)、(3)、(5)中,设 $\alpha=\beta$,就可得到二倍角公式:

$$\sin2\alpha=2\sin\alpha\cos\alpha\tag{6}$$

$$\cos 2\alpha=\cos^2\alpha-\sin^2\alpha=2\cos^2\alpha-1=1-2\sin^2\alpha \tag{7}$$

$$\tan 2\alpha=\frac{2\tan\alpha}{1-\tan^2\alpha} \tag{8}$$

最后的正切倍角公式必须在 $\alpha\neq k\pi+\dfrac{\pi}{4},\alpha\neq k\pi+\dfrac{\pi}{2},k\in\mathbf{Z}$ 时才成立.

在倍角公式(7)中,令 $\theta=2\alpha$,则

$$\cos\theta=\cos^2\frac{\theta}{2}-\sin^2\frac{\theta}{2}=2\cos^2\frac{\theta}{2}-1=1-2\sin^2\frac{\theta}{2}$$

由此可得半角公式:

$$\sin\frac{\alpha}{2}=\pm\sqrt{\frac{1-\cos\alpha}{2}},\quad \cos\frac{\alpha}{2}=\pm\sqrt{\frac{1+\cos\alpha}{2}} \tag{9}$$

$$\tan\frac{\alpha}{2}=\pm\sqrt{\frac{1-\cos\alpha}{1+\cos\alpha}}=\frac{1-\cos\alpha}{\sin\alpha}=\frac{\sin\alpha}{1+\cos\alpha} \tag{10}$$

其中“±”由$\dfrac{\alpha}{2}$所在象限确定,这几个恒等式对于三角函数的计算和化简是十分有用的.

例 5.3.4　(1)若 $\sin 2\alpha=\dfrac{2\sqrt{2}}{3}$,求 $\tan^2\alpha+\cot^2\alpha$ 的值;

(2)若 $\sin x=\dfrac{1}{2}$,求 $\sin 2\left(x-\dfrac{\pi}{4}\right)$的值;

(3)已知 $2\tan 2\beta=\tan\alpha+\tan\beta$,求证:$|\tan(\alpha-\beta)|\leqslant 1$.

解　(1)
$$\begin{aligned}\tan^2\alpha+\cot^2\alpha&=\frac{\sin^4\alpha+\cos^4\alpha}{\sin^2\alpha\cos^2\alpha}\\&=\frac{(\sin^2\alpha+\cos^2\alpha)^2-2\sin^2\alpha\cos^2\alpha}{\sin^2\alpha\cos^2\alpha}\\&=\frac{4}{\sin^2 2\alpha}-2=\frac{4}{\left(\frac{2\sqrt{2}}{3}\right)^2}-2\\&=\frac{5}{2}.\end{aligned}$$

(2)
$$\begin{aligned}\sin 2\left(x-\frac{\pi}{4}\right)&=\sin\left(2x-\frac{\pi}{2}\right)=-\cos 2x\\&=-(1-2\sin^2x)\\&=2\sin^2x-1=-\frac{1}{2}.\end{aligned}$$

(3)证明:已知 $2\tan 2\beta=\tan\alpha+\tan\beta$,得

$$\tan\alpha=\frac{\tan\beta(3+\tan^2\beta)}{1-\tan^2\beta}$$

所以

$$\begin{aligned}\tan(\alpha-\beta)&=\frac{\tan\alpha-\tan\beta}{1+\tan\alpha\tan\beta}.\\&=\frac{\frac{\tan\beta(3+\tan^2\beta)}{1-\tan^2\beta}-\tan\beta}{1+\frac{\tan\beta(3+\tan^2\beta)}{1-\tan^2\beta}-\tan\beta}\end{aligned}$$

$$=\frac{2\tan\beta(1+\tan^2\beta)}{(1+\tan^2\beta)^2}$$

$$=\frac{2\tan\beta}{1+\tan^2\beta}=\sin 2\beta$$

又因为$|\sin 2\beta|\leqslant 1$,所以$|\tan(\alpha-\beta)|\leqslant 1$.

例 5.3.5 设$\tan\frac{\theta}{2}=t$,求证:(1)$\sin\theta=\frac{2t}{1+t^2}$;(2)$\cos\theta=\frac{1-t^2}{1+t^2}$;(3)$\tan\theta=\frac{2t}{1-t^2}$.

证明 (1)$\sin\theta=2\sin\frac{\theta}{2}\cos\frac{\theta}{2}=\frac{2\sin\frac{\theta}{2}\cos\frac{\theta}{2}}{\sin^2\frac{\theta}{2}+\cos^2\frac{\theta}{2}}$

$$=\frac{2\tan\frac{\theta}{2}}{\tan^2\frac{\theta}{2}+1}=\frac{2t}{1+t^2}.$$

(2)$\cos\theta=\cos^2\frac{\theta}{2}-\sin^2\frac{\theta}{2}=\frac{\cos^2\frac{\theta}{2}-\sin^2\frac{\theta}{2}}{\sin^2\frac{\theta}{2}+\cos^2\frac{\theta}{2}}$

$$=\frac{1-\tan^2\frac{\theta}{2}}{1+\tan^2\frac{\theta}{2}}=\frac{1-t^2}{1+t^2}.$$

(3)$\tan\theta==\frac{2\tan\frac{\theta}{2}}{1-\tan^2\frac{\theta}{2}}=\frac{2t}{1-t^2}.$

在上例我们看到,如果令$\sin\frac{x}{2}=t$,那么$\sin x,\cos x,\tan x$都可以表示为t的有理式,这种变形在高等数学中经常使用,被称为**万能代换**.

5.3.3 积化和差与和差化积公式

对公式(1)~(4)进行加减运算,则可得积化和差公式:

$$\sin\alpha\cos\beta=\frac{1}{2}[\sin(\alpha+\beta)+\sin(\alpha-\beta)] \tag{11}$$

$$\cos\alpha\sin\beta=\frac{1}{2}[\sin(\alpha+\beta)-\sin(\alpha-\beta)] \tag{12}$$

$$\cos\alpha\cos\beta=\frac{1}{2}[\cos(\alpha+\beta)+\cos(\alpha-\beta)] \tag{13}$$

$$\sin\alpha\sin\beta=-\frac{1}{2}[\cos(\alpha+\beta)-\cos(\alpha-\beta)] \tag{14}$$

在公式(1)~(4)中,令$x=\alpha+\beta,y=\alpha-\beta$即$\alpha=\frac{x+y}{2},\beta=\frac{x-y}{2}$,再代入,得和差化积公式

$$\sin x+\sin y=2\sin\frac{x+y}{2}\cos\frac{x-y}{2} \tag{15}$$

$$\sin x-\sin y=2\cos\frac{x+y}{2}\sin\frac{x-y}{2} \tag{16}$$

$$\cos x+\cos y=2\cos\frac{x+y}{2}\cos\frac{x-y}{2} \tag{17}$$

$$\cos x-\cos y=-2\sin\frac{x+y}{2}\sin\frac{x-y}{2} \tag{18}$$

例 5.3.6　将下列各式化为积的形式.

(1) $\sin\alpha+\cos\beta$;　　(2) $\tan\alpha+\cot\beta$;　　(3) $1+\tan x+\sec x$.

解　(1) $\sin\alpha+\cos\beta=\sin\alpha+\cos\left(\frac{\pi}{2}-\beta\right)=2\sin\left(\frac{\alpha-\beta}{2}+\frac{\pi}{4}\right)\cos\left(\frac{\alpha+\beta}{2}-\frac{\pi}{4}\right)$.

(2)
$$\begin{aligned}\tan\alpha+\cot\beta&=\tan\alpha+\tan\left(\frac{\pi}{2}-\beta\right)\\&=\frac{\sin\alpha}{\cos\alpha}+\frac{\sin\left(\frac{\pi}{2}-\beta\right)}{\cos\left(\frac{\pi}{2}-\beta\right)}\\&=\frac{\cos(\alpha-\beta)}{\cos\alpha\cos\left(\frac{\pi}{2}-\beta\right)}.\end{aligned}$$

(3)
$$\begin{aligned}原式&=\frac{\cos x+\sin x+1}{\cos x}\\&=\frac{2\cos^2\frac{x}{2}-1+2\sin\frac{x}{2}\cos\frac{x}{2}+1}{\cos x}\\&=\frac{2\cos\frac{x}{2}\left(\cos\frac{x}{2}+\sin\frac{x}{2}\right)}{\cos x}\\&=\frac{2\cos\frac{x}{2}\left[\sin\left(\frac{\pi}{2}-\frac{x}{2}\right)+\sin\frac{x}{2}\right]}{\cos x}\\&=\frac{2\sqrt{2}\cos\frac{x}{2}\cos\left(\frac{\pi}{4}-\frac{x}{2}\right)}{\cos x}.\end{aligned}$$

例 5.3.7　化简下列各题.

(1) $\sin^2\alpha+\sin^2\left(\alpha-\frac{\pi}{3}\right)+\sin^2\left(\alpha+\frac{\pi}{3}\right)$;

(2) $\cos[(n+1)\alpha]\cos[(n-1)\alpha]-\cos^2 n\alpha+\sin^2\alpha$.

解　(1)
$$\begin{aligned}原式&=\frac{1}{2}\left[1-\cos2\alpha+1-\cos2\left(\alpha-\frac{\pi}{3}\right)+1-\cos2\left(\alpha+\frac{\pi}{3}\right)\right]\\&=\frac{3}{2}-\frac{1}{2}\left[\cos2\alpha+\cos2\left(\alpha-\frac{\pi}{3}\right)+\cos2\left(\alpha+\frac{\pi}{3}\right)\right]\end{aligned}$$

$$=\frac{3}{2}-\frac{1}{2}\left(\cos 2\alpha+2\cos 2\alpha\cos\frac{2\pi}{3}\right)=\frac{3}{2}.$$

(2)原式 $=\frac{1}{2}[\cos 2n\alpha+\cos 2\alpha]-\cos^2 n\alpha+\sin^2\alpha$

$$=\frac{1}{2}[2\cos^2 n\alpha-1+2\cos^2\alpha-1]-\cos^2 n\alpha+\sin^2\alpha$$

$$=\cos^2 n\alpha+\cos^2\alpha-1-\cos^2 n\alpha+\sin^2\alpha$$

$$=0.$$

例 5.3.8 求证:$\dfrac{1+\sin\theta-\cos\theta}{1+\sin\theta+\cos\theta}=\tan\dfrac{\theta}{2}$.

证明 方法一:

左边 $=\dfrac{(1-\cos\theta)+\sin\theta}{1+\cos\theta+\sin\theta}$

$$=\frac{2\sin^2\frac{\theta}{2}+2\sin\frac{\theta}{2}\cos\frac{\theta}{2}}{2\cos^2\frac{\theta}{2}+2\sin\frac{\theta}{2}\cos\frac{\theta}{2}}$$

$$=\frac{2\sin\frac{\theta}{2}\left(\sin\frac{\theta}{2}+\cos\frac{\theta}{2}\right)}{2\cos\frac{\theta}{2}\left(\cos\frac{\theta}{2}+\sin\frac{\theta}{2}\right)}$$

$$=\tan\frac{\theta}{2}.$$

方法二:应用万能代换,令 $\tan\dfrac{\theta}{2}=t$,

所以,左边 $=\dfrac{1+\dfrac{2t}{1+t^2}-\dfrac{1-t^2}{1+t^2}}{1+\dfrac{2t}{1+t^2}+\dfrac{1-t^2}{1+t^2}}$

$$=\frac{(1+t^2)+2t-(1-t^2)}{(1+t^2)+2t+(1-t^2)}$$

$$=\frac{2t+2t^2}{2+2t}=t=\tan\frac{\theta}{2}.$$

习题 5.3

1. 已知 $\cos\theta=\dfrac{5}{11}$,$\dfrac{3}{2}\pi<\theta<2\pi$,求 $\tan\dfrac{\theta}{2}$ 和 $\tan 2\theta$.

2. 已知 $\tan\alpha=\dfrac{m}{n}$,求 $m\cos 2\alpha+n\sin 2\alpha$.

3. 设 $\sin\alpha+\sin\beta=a$,$\cos\alpha+\cos\beta=b$,求 $\tan\dfrac{\alpha-\beta}{2}$.

4. 已知 $\tan\alpha$ 和 $\tan\beta$ 是方程 $x^2+6x+7=0$ 的两个根,求证 $\sin(\alpha+\beta)=\cos(\alpha+\beta)$.

5. 已知 $\cos(\alpha-\beta)=-\dfrac{4}{5}$,$\cos(\alpha+\beta)=\dfrac{4}{5}$,且 $\dfrac{\pi}{2}<\alpha-\beta<\pi$,$\dfrac{3\pi}{2}<\alpha+\beta<2\pi$,求 $\cos 2\alpha$

和 $\cos 2\beta$ 的值.(提示:$\cos 2\alpha=\cos[(\alpha-\beta)+(\alpha+\beta)]$,$\cos(\alpha-\beta)=\cos(\beta-\alpha)$)

6. 设 $0<\alpha<\frac{\pi}{4}$,求证 $\sin\alpha+\cos\alpha=\sqrt{2}\sin\left(\frac{\pi}{4}+\alpha\right)$.

7. 求证:$\tan\alpha+(1+\tan\alpha)\tan\left(\frac{\pi}{4}-\alpha\right)=1$.

8. 已知 $\cos\alpha=\frac{3}{5}$,且 $\frac{3\pi}{2}<\theta<2\pi$,求 $\sin\frac{\alpha}{2}$,$\cos\frac{\alpha}{2}$ 和 $\tan\frac{\alpha}{2}$.

9. 求证:$\tan(\alpha+\beta)+\tan(\alpha-\beta)=\frac{2\sin 2\alpha}{\cos 2\alpha+\cos 2\beta}$.

10. 化简下列各式.

(1) $\cos\left(\frac{\pi}{3}+\alpha\right)+\cos\left(\frac{\pi}{3}-\alpha\right)$;　　(2) $\frac{\sin\alpha+\sin 2\alpha}{1+\cos\alpha+\cos 2\alpha}$;

(3) $\frac{\sin(n+1)A+2\sin nA+\sin(n-1)A}{\cos(n-1)A-\cos(n+1)A}$.

11. 求下列各式的值(不查表).

(1) $\sin 20°+\sin 40°-\sin 80°$;　　(2) $\cos 40°\cos 80°\cos 160°$;

(3) $\cos 20°+\cos 60°+\cos 100°+\cos 140°$.

12. 设 $A+B+C=\pi$,求证:

(1) $\cot A\cot B+\cot B\cot C+\cot C\cot A=1$;

(2) $\sin 4A+\sin 4B+\sin 4C=-4\sin 2A\cdot\sin 2B\cdot\sin 2C$.

13. (1) 设 α,β 为锐角,且 $3\sin^2\alpha+2\sin^2\beta=1$,$3\sin^2\alpha-2\sin^2\beta=0$,求证:$\alpha+2\beta=\frac{\pi}{2}$.

(2) 设 α,β 为锐角,且 $\tan\alpha=\frac{1}{7}$,$\sin\beta=\frac{1}{\sqrt{10}}$,求证:$\alpha+2\beta=\frac{\pi}{4}$.

(3) 求证:$\frac{\sin(2\alpha+\beta)}{\sin\alpha}-2\cos(\alpha+\beta)=\frac{\sin\beta}{\sin\alpha}$.

(提示:$2\alpha+\beta=(\alpha+\beta)+\alpha$)

14. 已知 $\frac{\pi}{2}<\beta<\alpha<\frac{3\pi}{4}$,$\cos(\alpha-\beta)=\frac{12}{13}$,$\sin(\alpha+\beta)=-\frac{3}{5}$,求 $\sin 2\alpha$.

(提示:$2\alpha=(\alpha-\beta)+(\alpha+\beta)$,注意各角所在象限)

15. 计算:$\frac{2\sin 130°-\sin 100°(1+\sqrt{3}\tan 10°)}{\sqrt{1-\sin 100°}}$.

5.4　三角函数的图象和性质

5.4.1　正弦函数、余弦函数的图象和性质

正弦函数 $y=\sin x,x\in\mathbf{R}$ 的图象称为正弦曲线,如图 5.4.1 所示.

余弦函数 $y=\cos x,x\in\mathbf{R}$ 的图象称为余弦曲线,如图 5.4.2 所示.

因为 $y=\cos x=\sin\left(x+\frac{\pi}{2}\right)$,所以,余弦曲线可以通过正弦曲线沿 x 轴向左平移 $\frac{\pi}{2}$ 个单位

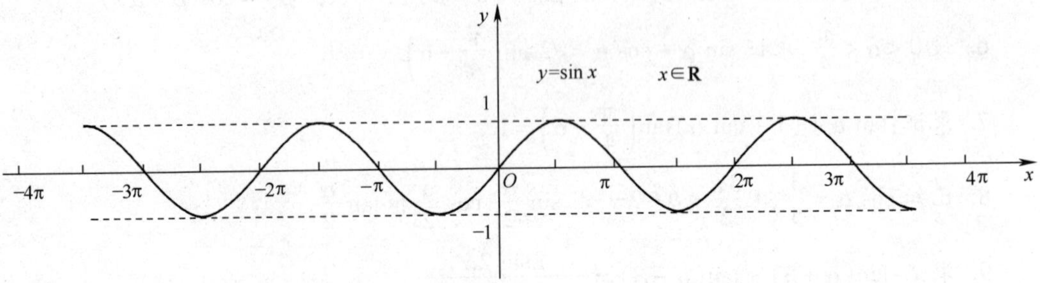

图　5.4.1

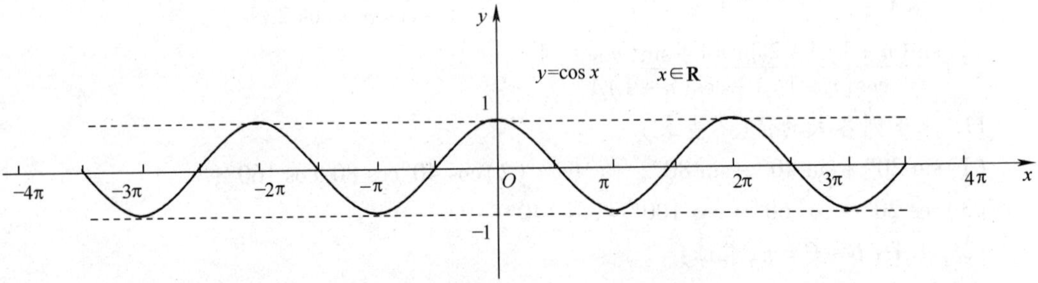

图　5.4.2

而得到.

正弦函数、余弦函数的主要性质:

(1)定义域:$y=\sin x$,$y=\cos x$ 的定义域都是 $\mathbf{R}$.

(2)值域:$|\sin x|\leqslant 1$,$|\cos x|\leqslant 1$.

$y=\sin x$ 当且仅当 $x=\dfrac{\pi}{2}+2n\pi(n\in\mathbf{Z})$ 时取得最大值 1,当且仅当 $x=-\dfrac{\pi}{2}+2n\pi(n\in\mathbf{Z})$ 时取得最小值 -1,明显有 $\sin\left(n\pi+\dfrac{\pi}{2}\right)=(-1)^n$.

$y=\cos x$ 当且仅当 $x=2n\pi$,$n\in\mathbf{Z}$ 时取得最大值 1,当且仅当 $x=(2n+1)\pi(n\in\mathbf{Z})$ 时,取得最小值 -1,$\cos n\pi=(-1)^n$.

(3)周期性和奇偶性:正弦函数、余弦函数都是以 $2n\pi(n\in\mathbf{Z})$ 为周期重复,最小正周期为 2π;正弦函数为奇函数,余弦函数为偶函数.

(4)单调性:正弦函数在 $\left[-\dfrac{\pi}{2}+2n\pi,\dfrac{\pi}{2}+2n\pi\right](n\in\mathbf{Z})$ 上是增函数,在 $\left[\dfrac{\pi}{2}+2n\pi,\dfrac{3\pi}{2}+2n\pi\right](n\in\mathbf{Z})$ 上是减函数.

余弦函数在 $[(2n-1)\pi,2n\pi](n\in\mathbf{Z})$ 上是增函数,在 $[2n\pi,(2n+1)\pi](n\in\mathbf{Z})$ 上是减函数.

例 5.4.1　(1)求 $y=\cos 2x+3\sin x$ 的最大值和最小值;

(2)求函数 $y=\sin\left(\dfrac{x}{2}-\dfrac{\pi}{6}\right)$,$x\in\mathbf{R}$ 的周期;

(3)求函数 $y=2\sin\left(\frac{\pi}{4}-x\right)$ 的单调区间．

解　(1) $y=\cos 2x+3\sin x=1-2\sin^2 x+3\sin x$

$$=-2\left(\sin x-\frac{3}{4}\right)^2+\frac{17}{8}.$$

因为 $-1\leqslant\sin x\leqslant -1$，所以当 $\sin x=\frac{3}{4}$ 时，$y_{\max}=\frac{17}{8}$；当 $\sin x=-1$ 时，$y_{\min}=-4$.

(2) $y=\sin\left(\frac{x}{2}-\frac{\pi}{6}\right)$

$$=\sin\left[\left(\frac{x}{2}-\frac{\pi}{6}\right)+2\pi\right]$$

$$=\sin\left(\frac{x+4\pi}{2}-\frac{\pi}{6}\right).$$

所以，函数 $y=\sin\left(\frac{x}{2}-\frac{\pi}{6}\right)$ 的周期是 4π.

(3) $y=2\sin\left(\frac{\pi}{4}-x\right)=-2\sin\left(x-\frac{\pi}{4}\right)$.

因为 $y=\sin u(u\in\mathbf{R})$ 的单调递增区间、单调递减区间分别为

$$2k\pi-\frac{\pi}{2}\leqslant u\leqslant 2k\pi+\frac{\pi}{2} \text{和} 2k\pi+\frac{3\pi}{2}\leqslant u\leqslant 2k\pi+\frac{3\pi}{2},\quad k\in\mathbf{Z}$$

所以 $y=2\sin\left(\frac{\pi}{4}-x\right)=-2\sin\left(x-\frac{\pi}{4}\right)$ 的单调递增、递减区间分别为

$$\left[2k\pi+\frac{3\pi}{4},2k\pi+\frac{7\pi}{4}\right] \text{和} \left[2k\pi-\frac{\pi}{4},2k\pi+\frac{3\pi}{4}\right],\quad k\in\mathbf{Z}$$

5.4.2　正切函数、余切函数的图象和性质

正切函数 $y=\tan x, x\in\mathbf{R}$ 且 $x\neq\frac{\pi}{2}+n\pi(n\in\mathbf{Z})$ 的图象称为正切曲线，如图 5.4.3 所示．

余切函数 $y=\cot x, x\in\mathbf{R}$ 且 $x\neq n\pi(n\in\mathbf{Z})$ 的图象称为余切曲线，如图 5.4.4 所示．

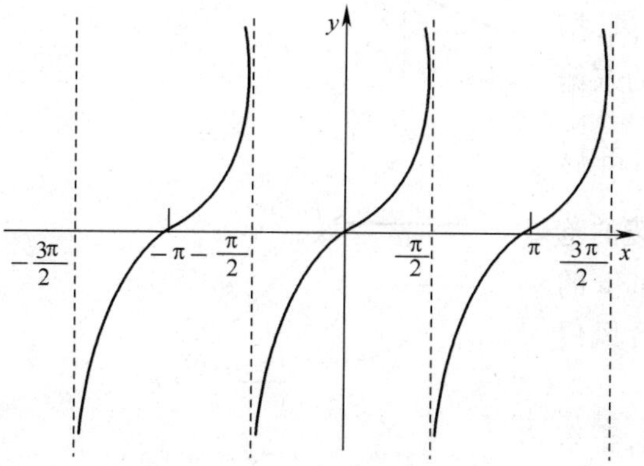

图　5.4.3

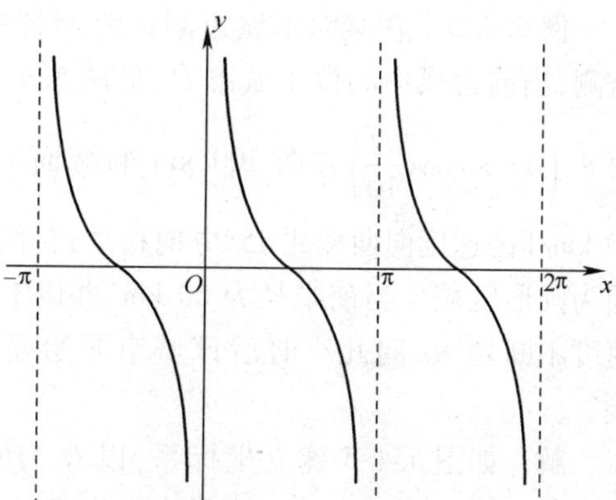

图　5.4.4

正切函数和余切函数的主要性质：

(1) 定义域：$y=\tan x$ 的定义域是 $\{x \mid x\in\mathbf{R}$ 且 $x\neq\frac{\pi}{2}+n\pi, n\in\mathbf{Z}\}$；

$y=\cot x$ 的定义域是 $\{x \mid x\in\mathbf{R}$ 且 $x\neq n\pi, n\in\mathbf{Z}\}$.

(2) 值域：正切函数、余切函数的值域都是 $\mathbf{R}$，因而都是无界函数.

(3) 周期性和奇偶性：正切函数和余切函数都是以 π 为最小正周期的奇函数.

(4) 单调性：

正切函数在 $\left(-\frac{\pi}{2}+n\pi, \frac{\pi}{2}+n\pi\right)(n\in\mathbf{Z})$ 内是增函数；

余切函数在 $(n\pi,(n+1)\pi)(n\in\mathbf{Z})$ 内是减函数.

例 5.4.2　(1) 判断函数 $y=\lg\frac{\tan x+1}{\tan x-1}$ 的奇偶性；

(2) 求函数 $y=\cot\left(1+\frac{3\pi x}{5}\right)$ 的周期.

解　(1) 函数应满足 $\frac{\tan x+1}{\tan x-1}>0$，即 $\tan x<-1$ 或 $\tan x>1$.

所以定义域为 $\left(n\pi-\frac{\pi}{2}, n\pi-\frac{\pi}{4}\right)\cup\left(n\pi+\frac{\pi}{4}, n\pi+\frac{\pi}{2}\right), n\in\mathbf{Z}$.

对定义域内的任意 x，

$$f(-x)=\lg\frac{\tan(-x)+1}{\tan(-x)-1}=\lg\frac{\tan x-1}{\tan x+1}=-\lg\frac{\tan x+1}{\tan x-1}=-f(x)$$

故 $y=\lg\frac{\tan x+1}{\tan x-1}$ 是奇函数.

$$(2)\ y=\cot\left(1+\frac{3\pi x}{5}\right)=\cot\left(1+\frac{3\pi x}{5}+\pi\right)$$

$$=\cot\left[1+\frac{3\pi}{5}\left(x+\frac{3}{5}\right)\right],$$

所以 $y=\cot\left(1+\frac{3\pi x}{5}\right)$ 的周期是 $\frac{3}{5}$.

例 5.4.3　在某海滨城市附近海面有一台风，据监测，当前台风中心位于城市 O（见图 5.4.5）的东偏南 $\theta^\circ\left(\theta=\arccos\frac{\sqrt{2}}{10}\right)$ 方向 300 km 的海面 P 处，并以 20 km/h的速度向西偏北 45°方向移动，台风侵袭的范围为圆形区域. 当前半径为 60 km，并以 10 km/h 的速度不断增大，问几小时后该城市开始受到台风侵袭？

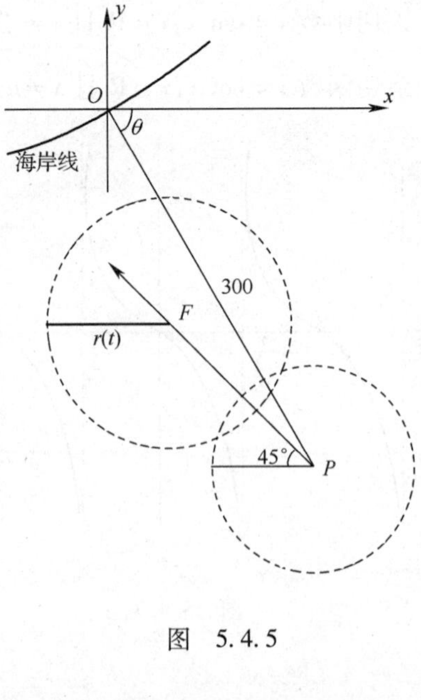

图　5.4.5

解　如图 5.4.5 建立坐标系：以 O 为原点，正东方向为 x 轴正向，在时刻 t 台风中心为 $F(x_0, y_0)$.

因为 $\theta=\arccos\frac{\sqrt{2}}{10}$，所以 $\cos\theta=\frac{\sqrt{2}}{10}$，则

$$\sin\theta=\sqrt{1-\left(\frac{\sqrt{2}}{10}\right)^2}=\frac{7\sqrt{2}}{10}$$

因此,

$$\begin{cases}x_0=300\times\dfrac{\sqrt{2}}{10}-20\times\dfrac{\sqrt{2}}{10}t\\ y_0=-300\times\dfrac{7\sqrt{2}}{10}+20\times\dfrac{\sqrt{2}}{10}t\end{cases}$$

此时,台风侵袭的区域是

$$(x-x_0)^2+(y-y_0)^2\leqslant[r(t)]^2$$

其中 $r(t)=10t+60$.

若在 t 时刻城市 O 受到台风侵袭,则有

$$(0-x_0)^2+(0-y_0)^2\leqslant(10t+60)^2$$

即

$$\left(300\times\frac{\sqrt{2}}{10}-20\times\frac{\sqrt{2}}{10}t\right)^2+\left(-300\times\frac{7\sqrt{2}}{10}+20\times\frac{\sqrt{2}}{10}t\right)^2\leqslant(10t+60)^2$$

即

$$t^2-36t+288\leqslant0$$

解得　$12\leqslant t\leqslant24$.

答:12 小时后该城市开始受到台风侵袭.

习题 5.4

1. 求下列函数的定义域.

(1) $y=\dfrac{1}{1-\cos x}$;　　(2) $y=\sqrt{1+\sin x}$;

(3) $y=\tan\left(x+\dfrac{\pi}{4}\right)$;　　(4) $y=\lg(2\sin x-1)+\sqrt{1-2\cos x}$.

2. 求下列函数的周期.

(1) $y=2\cos\dfrac{x}{2}$;　　(2) $y=\dfrac{3}{5}\sin\left(4x-\dfrac{\pi}{6}\right)$;

(3) $y=2\sin\left(\dfrac{x}{2}+\dfrac{\pi}{3}\right)$;　　(4) $y=4\tan\left(3x+\dfrac{\pi}{4}\right)$;

(5) $y=\sqrt{2}\cot\left(\dfrac{x}{3}+\dfrac{\pi}{3}\right)$.

3. 求下列函数的单调区间:

(1) $y=3\sin\left(\dfrac{x}{2}-\dfrac{\pi}{4}\right)$;　　(2) $y=\cos\left(2x+\dfrac{\pi}{4}\right)$.

4. 求函数 $y=\sin^2\left(x+\dfrac{\pi}{4}\right)-\cos^2\left(x+\dfrac{\pi}{4}\right)$ 的周期,并判断奇偶性.

5. 求函数 $y=\log_{\frac{1}{3}}(\sin 2x+\cos 2x)$ 的单调区间.(提示:将 $u=\sin 2x+\cos 2x$ 化为 $\sqrt{2}\sin\left(2x+\dfrac{\pi}{4}\right)$)

6. 如果函数 $y=\sin 2x+a\cos 2x$ 的图象关于直线 $x=-\dfrac{\pi}{8}$ 对称,求 a 的值.(提示:将 $y=$

$\sin 2x + a\cos 2x$ 化为 $A\sin(2x+\varphi)$ ）

7. 设 $\sin\alpha + \sin\beta = \frac{1}{3}$，求 $\sin\alpha - \cos^2\beta$ 的最大值．（提示：化为关于 β 的二次式，再用配方法）

8. 怎样从 $y=\sin 2x$ 的图象得到 $y=\cos^4 x - \sin^4 x$ 的图象？

9. 在直角坐标系中，在 y 轴的正半轴（除原点外）给定两点 A、B，试在 x 轴的正半轴（除原点外）上求点 C，使 $\angle ACB$ 取得最大值．

5.5　反三角函数与三角方程

5.5.1　反三角函数

1. 反正弦函数

$y=\sin x\left(x\in\left[-\frac{\pi}{2},\frac{\pi}{2}\right]\right)$ 的反函数，叫做**反正弦函数**，记为 $y=\arcsin x, x\in[-1,1]$．

反正弦函数 $y=\arcsin x$ 的定义域是 $[-1,1]$，值域是 $\left[-\frac{\pi}{2},\frac{\pi}{2}\right]$，图象如图 5.5.1 所示．

在 $[-1,1]$ 上，反正弦函数是奇函数，即 $\arcsin(-x) = -\arcsin x$，是单调递增函数，有下列恒等式

$$\sin(\arcsin x)=x,\quad x\in[-1,1]$$

$$\arcsin(\sin x)=x,\quad x\in\left[-\frac{\pi}{2},\frac{\pi}{2}\right]$$

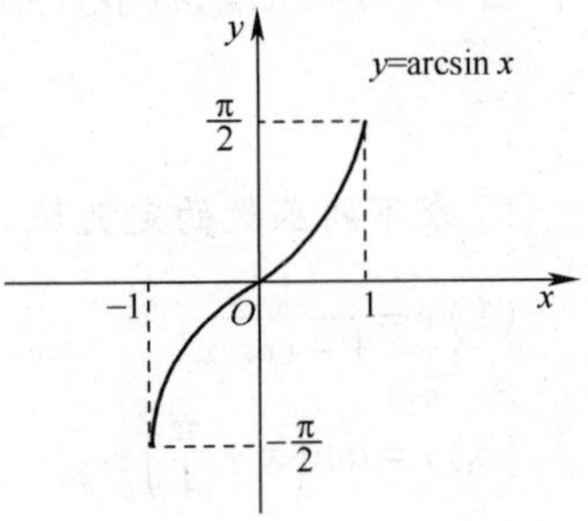

图　5.5.1

2. 反余弦函数

$y=\cos x(x\in(0,\pi))$ 的反函数，叫做**反余弦函数**，记作 $y=\arccos x, x\in[-1,1]$．

反余弦函数 $y=\arccos x$ 的定义域是 $[-1,1]$，值域是 $[0,\pi]$，它的图象如图 5.5.2 所示．

$y=\arccos x$ 在 $[-1,1]$ 上是递减函数，有以下恒等式

$$\cos(\arccos x)=x,\quad x\in[-1,1]$$

$$\arccos(\cos x)=x,\quad x\in[0,\pi]$$

$$\arcsin x+\arccos x=\frac{\pi}{2},\quad x\in[-1,1]$$

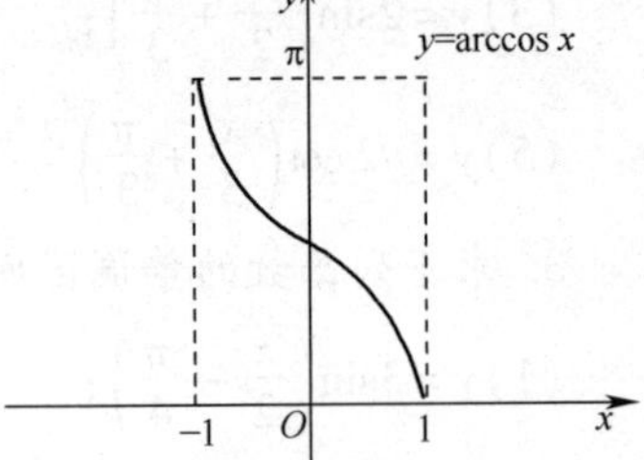

图　5.5.2

例 5.5.1　求下列各式的值．

(1) $\sin(2\arcsin x)$；　　(2) $\cos\left(2\arcsin\frac{x}{2}\right)$．

解　(1) 令 $\arcsin x=\theta$，则 $\sin\theta = x$，

$$\sin(2\arcsin x)=\sin 2\theta = 2\sin\theta\cos\theta,$$

因为 $-\frac{\pi}{2}\leqslant\theta\leqslant\frac{\pi}{2}$，所以 $\cos\theta>0$，得

$$\cos\theta=\sqrt{1-\sin^2\theta}=\sqrt{1-x^2}$$

所以
$$\sin(2\arcsin x)=2x\sqrt{1-x^2}.$$

(2)令 $\arcsin\dfrac{x}{2}=\theta$,则 $\sin\theta=\dfrac{x}{2}$.

$$\cos\left(2\arcsin\frac{x}{2}\right)=\cos 2\theta=1-2\sin^2\theta=1-\frac{x^2}{2}$$

例 5.5.2　设 $|x|\leqslant 1$,求证:

(1) $\arccos(-x)=\pi-\arccos x$;

(2) $\sin(\arccos x)=\sqrt{1-x^2}$.

证明　(1)设 $\alpha=\arccos x(|x|\leqslant 1)$,

则
$$\cos\alpha=\cos(\arccos x)=x,\cos(\pi-\alpha)=-\cos\alpha=-x,$$

因为 $0\leqslant\alpha\leqslant\pi$,所以 $\pi-\alpha=\arccos(-x)$.

即 $\cos(-x)=\pi-\arccos x$.

(2)令 $\arccos x=\alpha$,则 $\cos\alpha=x$,

因为 $x\in[-1,1]$,有 $0\leqslant\alpha\leqslant\pi$,所以 $\sin\alpha\geqslant 0$, $\sin\alpha=\sqrt{1-\cos^2\alpha}=\sqrt{1-x^2}$,

即
$$\sin(\arccos x)=\sqrt{1-x^2}.$$

例 5.5.3　求证:$\arccos\dfrac{1}{3}+\arccos\left(-\dfrac{3}{5}\right)=\pi+\arcsin\dfrac{6\sqrt{2}-4}{15}$.

证明　设 $\alpha=\arccos\dfrac{1}{3}$, $\beta=\arccos\left(-\dfrac{3}{5}\right)$,则

$\cos\alpha=\dfrac{1}{3}$, $\cos\beta=-\dfrac{3}{5}$且 $0<\alpha<\dfrac{\pi}{2}$, $\dfrac{\pi}{2}<\beta<\pi$,

于是 $\sin\alpha>0$, $\sin\beta>0$.

所以 $\sin\alpha=\sqrt{1-\cos^2\alpha}=\dfrac{2\sqrt{2}}{3}$, $\sin\beta=\sqrt{1-\cos^2\beta}=\dfrac{4}{5}$,

$$\sin(\alpha+\beta)=\frac{2\sqrt{2}}{3}\cdot\left(-\frac{3}{5}\right)+\frac{1}{3}\cdot\frac{4}{5}=\frac{4-6\sqrt{2}}{15}.$$

由于 $\dfrac{\pi}{2}<\alpha+\beta<\dfrac{3\pi}{2}$,则 $-\dfrac{\pi}{2}<\pi-(\alpha+\beta)<\dfrac{\pi}{2}$,

又
$$\sin[\pi-(\alpha+\beta)]=\sin(\alpha+\beta)=\frac{4-6\sqrt{2}}{15},$$

$$\pi-(\alpha+\beta)=\arcsin\frac{4-6\sqrt{2}}{15}=-\arcsin\frac{6\sqrt{2}-4}{15},$$

故
$$\alpha+\beta=\pi+\arcsin\frac{6\sqrt{2}-4}{15}.$$

3. 反正切函数

$y=\tan x$ 在单调区间 $\left(-\dfrac{\pi}{2},\dfrac{\pi}{2}\right)$ 内的反函数,叫做**反正切函数**,记作 $y=\arctan x$, $x\in(-\infty,+\infty)$,它的图象如图 5.5.3 所示.

$y=\arctan x$ 的定义域为 $(-\infty,+\infty)$,值域为 $\left(-\dfrac{\pi}{2},\dfrac{\pi}{2}\right)$,在 $(-\infty,+\infty)$ 上是增函数,由

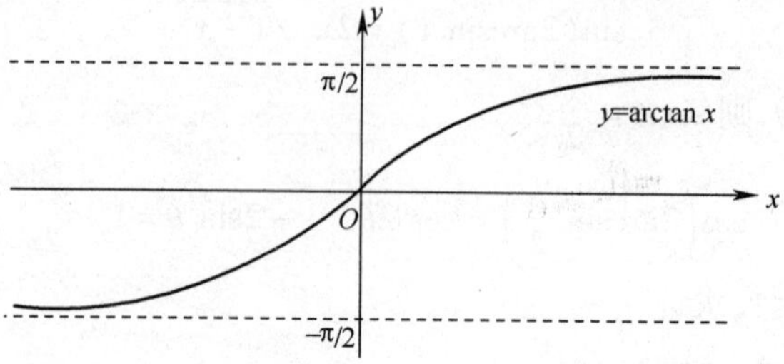

图　5.5.3

$\arctan(-x)=-\arctan x$ 知其为奇函数，有以下恒等式

$$\tan(\arctan x)=x,\quad x\in\mathbf{R}$$

$$\arctan(\tan x),\quad x\in\left(-\frac{\pi}{2},\frac{\pi}{2}\right)$$

例 5.5.4　求 $\tan\left(\frac{1}{2}\arctan x\right)$ 的值．

解　设 $\arctan x=\theta$，则 $\tan\theta=x$，

从而 $\cos\theta=\dfrac{1}{\sqrt{1+x^2}}$，$\sin\theta=\dfrac{x}{\sqrt{1+x^2}}$．

所以 $\tan\left(\frac{1}{2}\arctan x\right)=\tan\dfrac{\theta}{2}=\dfrac{1-\cos\theta}{\sin\theta}=\dfrac{\sqrt{1+x^2}-1}{x}$．

例 5.5.5　若 $-\frac{\pi}{2}<\arctan(\sqrt{2}x+1)+\arctan(\sqrt{2}x-1)<\frac{\pi}{2}$，求证：

$$\arctan(\sqrt{2}x+1)+\arctan(\sqrt{2}x-1)=\arctan\frac{\sqrt{2}x}{1-x^2}\quad(|x|\neq1)$$

证明　设 $\alpha=\arctan(\sqrt{2}x+1)$，$\beta=\arctan(\sqrt{2}x-1)$，则

$$\tan\alpha=\sqrt{2}x+1,\quad \tan\beta=\sqrt{2}x-1$$

$$\tan(\alpha+\beta)=\frac{2\sqrt{2}x}{1-(\sqrt{2}x+1)(\sqrt{2}x-1)}=\frac{\sqrt{2}x}{1-x^2}\quad(|x|\neq1)$$

4. 反余切函数

$y=\cot x$ 在单调区间 $(0,\pi)$ 内的反函数，叫做**反余切函数**，记作 $y=\operatorname{arccot} x$，$x\in\mathbf{R}$，它的图象如图 5.5.4 所示．

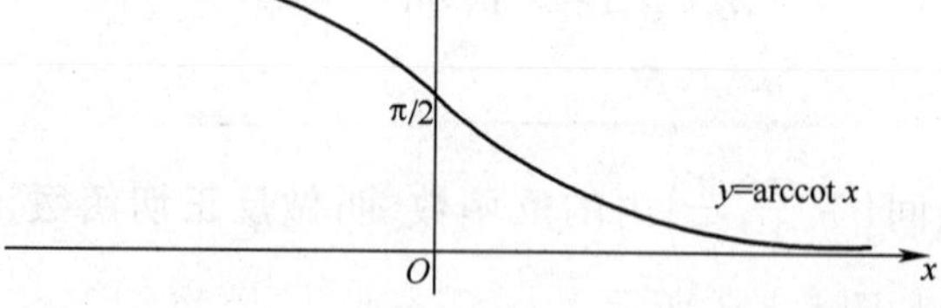

图　5.5.4

反余切函数 $y=\operatorname{arccot}x$ 的定义域为 $(-\infty,+\infty)$，值域为 $(0,\pi)$，在 $(-\infty,+\infty)$ 上是减函数，由 $\operatorname{arccot}(-x)=\pi-\operatorname{arccot}x$ 知，它是非奇非偶函数，有以下恒等式

$$\cot(\operatorname{arccot}x)=x,\quad x\in\mathbf{R}$$

$$\operatorname{arccot}(\cot x)=x,\quad x\in(0,\pi)$$

例 5.5.6　求下列各式的值.

(1) $\operatorname{arccot}\dfrac{3}{4}+\operatorname{arccot}\dfrac{1}{7}$；　　(2) $\arcsin\dfrac{1}{\sqrt{5}}+\operatorname{arccot}3$.

解　(1) 令 $\operatorname{arccot}\dfrac{3}{4}=\alpha$，$\operatorname{arccot}\dfrac{1}{7}=\beta$，

则 $\cot\alpha=\dfrac{3}{4}$，$\cot\beta=\dfrac{1}{7}$.

$$\cot(\alpha+\beta)=\frac{\cot\alpha\cot\beta-1}{\cot\alpha+\cot\beta}=\frac{\frac{3}{4}\times\frac{1}{7}-1}{\frac{3}{4}+\frac{1}{7}}=-1.$$

因为 $0<\alpha+\beta<\pi$，所以 $\alpha+\beta=\dfrac{3\pi}{4}$，

即
$$\operatorname{arccot}\frac{3}{4}+\operatorname{arccot}\frac{1}{7}=\frac{3\pi}{4}.$$

(2) 令 $\arcsin\dfrac{1}{\sqrt{5}}=\alpha$，$\operatorname{arccot}3=\beta$，则 $\sin\alpha=\dfrac{1}{\sqrt{5}}$，$\cot\beta=3$.

由此而得 $\cos\alpha=\dfrac{2}{\sqrt{5}}$，$\sin\beta=\dfrac{1}{\sqrt{10}}$，$\cos\beta=\dfrac{3}{\sqrt{10}}$

$$\sin(\alpha+\beta)=\frac{1}{\sqrt{5}}\cdot\frac{3}{\sqrt{10}}+\frac{2}{\sqrt{5}}\cdot\frac{1}{\sqrt{10}}=\frac{1}{\sqrt{2}}.$$

因为 $\sin\alpha=\dfrac{1}{\sqrt{5}}<\dfrac{1}{2}=\sin\dfrac{\pi}{6}$，$\cot\alpha=3>1=\cot\dfrac{\pi}{4}$，

有 $0<\alpha<\dfrac{\pi}{6}$，$0<\beta<\dfrac{\pi}{4}$，所以 $0<\alpha+\beta<\dfrac{\pi}{2}$，

即
$$\arcsin\frac{1}{\sqrt{5}}+\operatorname{arccot}3=\frac{\pi}{4}.$$

5.5.2　三角方程

方程中含有未知数的三角函数，叫做**三角方程**，求出适合于三角方程的未知数的一切值，叫做**解三角方程**.

1. 最基本的三角方程

(1) $\sin x=a$. 当 $|a|>1$ 时，方程无解；

当 $|a|\leqslant 1$ 时，方程的解为 $x=n\pi+(-1)^n\arcsin a$，$n\in\mathbf{Z}$，特别地，$\sin x=0$ 的解是 $x=n\pi$，$n\in\mathbf{Z}$.

(2) $\cos x=a$. 当 $|a|>1$ 时，方程无解；

当$|a|\leqslant 1$时，方程的解为$x=2n\pi\pm\arccos a, n\in\mathbf{Z}$，特别地，$\cos x=0$的解为$x=n\pi+\dfrac{\pi}{2}$，$n\in\mathbf{Z}$.

(3) $\tan x=a$，方程的解为$x=n\pi+\arctan a, n\in\mathbf{Z}$.

(4) $\cot x=a$，方程的解为$x=n\pi+\operatorname{arccot} a, n\in\mathbf{Z}$.

2. 一般三角方程

同名三角函数方程的解法比较简单，参见以下例题.

例 5.5.7　解下列方程.

(1) $2\sin^2 x-5\sin x-3=0$；　(2) $\dfrac{\cos x-\sqrt{5}}{\cos x}-\dfrac{\cos x-10}{\cos x+\sqrt{5}}=0$

解　(1) 关于$\sin x$解方程，得$\sin x=-\dfrac{1}{2}$和$\sin x=3$（无解）.

由$\sin x=-\dfrac{1}{2}$，得$x=n\pi+(-1)^n\arcsin\left(-\dfrac{1}{2}\right)=n\pi+(-1)^{n+1}\dfrac{\pi}{6}, n\in\mathbf{Z}$.

(2) 方程两边同乘以$\cos x(\cos x+\sqrt{5})$，

得$\cos^2 x-5=\cos^2 x-10\cos x$，即$\cos x=\dfrac{1}{2}$，

所以$x=2n\pi\pm\dfrac{\pi}{3}, n\in\mathbf{Z}$.

不同名三角函数方程的一般解法是化为同名三角函数方程；或者使方程一边为0，另一边化成两个（或几个）因式的积；或者引入参数$\tan\theta$，使方程得解.

例 5.5.8　解下列方程.

(1) $3\cos\dfrac{x}{2}+\cos x=1$；　(2) $\sin 3x+\cos 2x=0$；

(3) $6\cos x-8\sin x=9$.

解　(1) $3\cos\dfrac{x}{2}+2\cos^2\dfrac{x}{2}-1=1$，即$2\cos^2\dfrac{x}{2}+3\cos\dfrac{x}{2}-2=0$.

解关于$\cos\dfrac{x}{2}$的方程，得$\cos\dfrac{x}{2}=\dfrac{1}{2}$和$\cos\dfrac{x}{2}=-2$（无解）.

由$\cos\dfrac{x}{2}=\dfrac{1}{2}$得$\dfrac{x}{2}=2n\pi\pm\dfrac{\pi}{3}$，所以$x=4n\pi\pm\dfrac{2x}{3}, n\in\mathbf{Z}$.

(2) 原方程化为$\sin 3x+\sin\left(\dfrac{\pi}{2}-2x\right)=0$，

$$2\sin\left(\frac{x}{2}+\frac{\pi}{4}\right).\cos\left(\frac{5x}{2}-\frac{\pi}{4}\right)=0.$$

由$\sin\left(\dfrac{x}{2}+\dfrac{\pi}{4}\right)=0$，得$\dfrac{x}{2}+\dfrac{\pi}{4}=n\pi$，

所以
$$x=2n\pi-\frac{\pi}{2}, n\in\mathbf{Z}.$$

由$\cos\left(\dfrac{5x}{2}-\dfrac{\pi}{4}\right)=0$，得$\dfrac{5x}{2}-\dfrac{\pi}{4}=n\pi+\dfrac{\pi}{2}$，

所以 $$x=\frac{2}{5}n\pi+\frac{3\pi}{10},n\in\mathbf{Z}.$$

(3)原方程化为 $\cos x-\frac{4}{3}\sin x=\frac{3}{2}$，

令 $\tan\theta=\frac{4}{3}$，代入得

$$\cos x\cos\theta-\sin x\sin\theta=\frac{3}{2}\cos\theta，即\cos(x+\theta)=\frac{3}{2}\cos\theta.$$

由 $\tan\theta=\frac{4}{3}$，得 $\cos\theta=\frac{1}{\sqrt{1+\tan^2\theta}}=\frac{3}{5}$，

所以 $$\cos(x+\theta)=\frac{9}{10},\quad x+\theta=2n\pi\pm\arccos\frac{9}{10},$$

故 $$x=2n\pi\pm\arccos\frac{9}{10},n\in\mathbf{Z}.$$

例 5.5.9　解方程：$\sin^4x+\cos^4x=\sin 2x$.

解　因为 $\sin^4x+\cos^4x=(\sin^2x+\cos^2x)^2-2\sin^2x\cos^2x$

$$=1-\frac{1}{2}\sin^2 2x$$

所以原方程化为 $$\sin^2 2x+2\sin 2x-2=0$$

关于 $\sin 2x$ 解方程得

$$\sin 2x=-\sqrt{3}-1（无解），\sin 2x=\sqrt{3}-1$$

所以 $$x=\frac{1}{2}[n\pi+(-1)^n\arcsin(\sqrt{3}-1)],\quad n\in\mathbf{Z}.$$

习题 5.5

1. 求下列函数的定义域.

(1) $y=\arccos\sqrt{3x-1}$；　　(2) $y=\arccos(\sqrt{2}\sin x)$；

(3) $y=\arctan\frac{1}{x-1}$；　　(4) $y=\arcsin\frac{2}{x}+\arctan\frac{2}{x}$.

2. 求下列各式的值.

(1) $\tan(\arcsin x)$；　　(2) $\cos\left[\frac{1}{2}\arcsin\left(-\frac{4}{5}\right)\right]$；

(3) $3\arctan(-1)+\frac{3\pi}{4}$；　　(4) $\arccos 1+\arctan(-\sqrt{3})+2\arcsin\frac{1}{2}$；

(5) $\arcsin\frac{4}{5}+\arcsin\frac{5}{13}+\arcsin\frac{16}{65}$；　　(6) $\arctan\sqrt{3}+\operatorname{arccot}(-\sqrt{3})$.

3. 证明下列恒等式.

(1) $\arccos\left(-\frac{11}{14}\right)-\arccos\frac{1}{7}=\frac{\pi}{3}$；

(2) $\arctan 2+\arctan 3=\frac{3\pi}{4}$；

(3) $\arctan(2x+1)+\arctan(2x-1)=\arctan\dfrac{2x}{1-x^2}$；

(4) $\operatorname{arccot}\left(\cot\dfrac{2\pi}{3}\right)-\arctan\left(\tan\dfrac{2\pi}{3}\right)=\arccos(\cos 9\pi)$.

4. 解下列方程.

(1) $\sin^4 x-\cos^4 x=\dfrac{1}{2}$；　　(2) $2\cot^2 x+2\csc^2 x-7\cot x+1=0$；

(3) $2\sin^2 x-\sin^2 2x=0$；　　(4) $5\cos^2 x+3\sin^2 x=7\cos x$；

(5) $\dfrac{1+\tan x}{1-\tan x}=1+\sin 2x$；　　(6) $\sin x+\sqrt{3}\cos x=1$；

(7) $\cos 2x=\cos x+\sin x$；　　(8) $3\sin^2 x-4\sin x\cos x+5\cos^2 x=2$.

5. 求函数 $y=(\arcsin x)^2+2\arcsin x-1$ 的最大值和最小值.

6. 设方程 $x^2+3\sqrt{3}x+4=0$ 两实根为 x_1,x_2，又设 $\alpha=\arctan x_1,\beta=\arctan x_2$. 求 $\alpha+\beta$.

7. 已知方程 $\sin^2 x+3a^2\cos x-2a^2(3a-2)-1=0$ 有实数解，求实数 a 的范围.

8. 设方程 $\sin x+\sqrt{3}\cos x+a=0$，在 $(0,2\pi)$ 内有相异实根 α,β，求实数 a 的取值范围及 $\alpha+\beta$ 的值.（提示：原方程化为 $\sin\left(x+\dfrac{\pi}{3}\right)=-\dfrac{a}{2}$，确定 $-1<-\dfrac{a}{2}<1$，且 $\dfrac{a}{2}\neq\dfrac{\sqrt{3}}{2}$，由 $\tan\dfrac{\alpha+\beta}{2}$ 求 $\alpha+\beta$ 的值.）

5.6　任意三角形的解法

一个三角形的三条边和三个角叫做它的六个**元素**. 根据已知元素求出它的未知元素，叫做**解三角形**. 大家已熟知利用锐角三角函数和勾股定理解直角三角形的方法，本节讨论解斜三角形的问题.

解斜三角形需要利用下列定理：

(1) 正弦定理　三角形的各边和其对角正弦之比都等于三角形外接圆的直径.

设 R 为 $\triangle ABC$ 外接圆的半径，则

$$\frac{a}{\sin A}=\frac{b}{\sin B}=\frac{c}{\sin C}=2R$$

(2) 余弦定理. 三角形一边的平方等于另两边的平方和减去这两边与其夹角余弦之积的两倍.

即在 $\triangle ABC$ 中

$$a^2=b^2+c^2-2bc\cos A$$
$$b^2=a^2+c^2-2ac\cos B$$
$$c^2=a^2+b^2-2ab\cos C$$

显然，当 $C=90°$ 时，$c^2=a^2+b^2$，此为勾股定理.

(3) 三角形的面积定理. 三角形的面积等于任意两边及其夹角正弦值之积的一半.

即

$$S_{\triangle ABC}=\frac{1}{2}ab\sin C=\frac{1}{2}bc\sin A=\frac{1}{2}ac\sin B$$

例 5.6.1 在$\triangle ABC$中,已知$A=15°$,$C=30°$,$c=20$,解此三角形,并求$S_{\triangle ABC}$.

解
$$B=180°-(A+C)=135°$$

因为$\frac{b}{\sin B}=\frac{c}{\sin C}$,所以

$$b=\frac{c\sin B}{\sin C}=\frac{20\sin 135°}{\sin 30°}=20\sqrt{2}$$

因为$\frac{a}{\sin A}=\frac{c}{\sin C}$,所以

$$a=\frac{c\sin A}{\sin C}=\frac{20\sin 15°}{\sin 30°}$$

又因为
$$\tan 15°=\sqrt{\frac{1-\cos 30°}{1+\cos 30°}}=2-\sqrt{3}$$

$$\cos 15°=\frac{1}{\sqrt{1+\tan^2 15°}}=\frac{1}{\sqrt{8-4\sqrt{3}}}=\frac{1}{\sqrt{6}-\sqrt{2}}=\frac{\sqrt{6}+\sqrt{2}}{4}$$

所以
$$\sin 15°=\tan 15°\cos 15°=(2-\sqrt{3})\cdot\frac{\sqrt{6}+\sqrt{2}}{4}=\frac{\sqrt{6}-\sqrt{2}}{4}$$

所以
$$a=\frac{20\cdot\frac{\sqrt{6}-\sqrt{2}}{4}}{\frac{1}{2}}=10(\sqrt{6}-\sqrt{2})$$

$$S_{\triangle ABC}=\frac{1}{2}bc\sin A=\frac{1}{2}\cdot 20\sqrt{2}\cdot 20\cdot\frac{\sqrt{6}-\sqrt{2}}{4}=100(\sqrt{3}-1)$$

例 5.6.2 $\triangle ABC$中,已知$a=2$,$b=2\sqrt{2}$,$C=15°$,解此三角形,并求$S_{\triangle ABC}$.

解 由余弦定理,
$$c^2=a^2+b^2-2ab\cos C$$

即
$$c^2=2^2+(2\sqrt{2})^2-2\cdot 2\cdot 2\sqrt{2}\cdot\frac{\sqrt{6}+\sqrt{2}}{4}=8-4\sqrt{3}$$

所以
$$c=\sqrt{8-4\sqrt{3}}=\sqrt{6}-\sqrt{2}$$

又由余弦定理,
$$\cos A=\frac{b^2+c^2-a^2}{2bc}=\frac{8+8-4\sqrt{3}-4}{2\cdot 2\sqrt{2}(\sqrt{6}-\sqrt{2})}=\frac{\sqrt{3}}{2}$$

所以
$$A=30°,\quad B=180°-(A+C)=135°$$

$$S_{\triangle ABC}=\frac{1}{2}bc\sin A=\frac{1}{2}\cdot 2\sqrt{2}\cdot(\sqrt{6}-\sqrt{2})\cdot\frac{1}{2}=\sqrt{3}-1$$

例 5.6.3 $\triangle ABC$中,证明:

$$c=a\cos B+b\cos A$$
$$a=b\cos C+c\cos B$$
$$a=b\cos A+a\cos C$$

证明 由余弦定理,$\cos B=\frac{c^2+a^2-b^2}{2ca}$,$\cos A=\frac{b^2+c^2-a^2}{2bc}$,

$$a\cos B+b\cos A=a\cdot\frac{c^2+a^2-b^2}{2ca}+b\cdot\frac{b^2+c^2-a^2}{2bc}$$

$$= \frac{c^2 + a^2 - b^2}{2c} + \frac{b^2 + c^2 - a^2}{2c}$$

$$= c$$

即 $c = a\cos B + b\cos A$.

同样可以证明其余两个公式,这三个式子叫做射影定理.

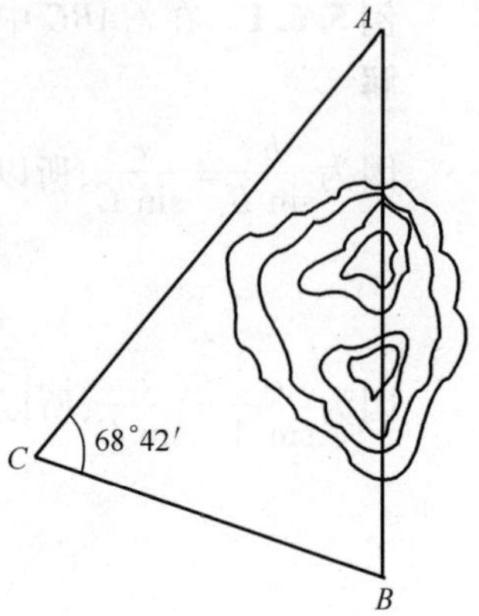

图　5.6.1

例 5.6.4　A、B 两点之间隔着一池塘,现选择另一点 C,测得 $CA = 462$ m,$CB = 322$ m,$\angle ACB = 68°42'$,如图 5.6.1 所示. 求 A 与 B 之间的距离.

解　$AB^2 = CA^2 + CB^2 - 2CA \cdot CB\cos 68°42'$

$= 426^2 + 322^2 - 2 \times 462 \times 322 \times 0.363\ 3$

$= 185\ 500$

所以　　$AB = \sqrt{185\ 500} = 431$

答:A 与 B 间的距离为 431m.

习题 5.6

1. $\triangle ABC$ 中,已知 $B = 30°$,$AB = 2\sqrt{3}$,$AC = 2$,求 $S_{\triangle ABC}$.
2. 已知 $\triangle ABC$ 中,$AB = 1$,$BC = 2$,求角 C 的取值范围.
3. 已知 $\triangle ABC$ 中,$BC = 8$,$AC = 5$,三角形面积为 12,求 $\cos 2C$ 的值.
4. 已知 $\triangle ABC$ 中三个内角成等差数列,且 $AB = 1$,$BC = 4$,求 BC 边上中线 AD 的长.
5. $\triangle ABC$ 中,已知 $a:b:c = 2:6:(\sqrt{3} + 1)$,求 A,B,C.
6. 一艘船以 25.6 nmile/h(海里/小时,1 nmile = 1.852 km)的速度向正北航行,在 A 处看灯塔在船的北偏东 30°,30 min 后航行到 B 处,在 B 处看灯塔在船的正北偏东 60°方向上,求 B 处和灯塔间的距离.
7. 两只船同时由同一海港出发,它们的速率为 20 km/h 和 15 km/h;如果两船的航线是相交成 30°的直线,4 h 后它们相距几公里?
8. 设灯塔 PQ,Q 为塔基,由地上一点 A 测得塔顶的仰角为 α,由 A 向 Q 前行距离 a 至 B,测得塔顶的仰角为 β,求证:塔高 $x = \dfrac{a\sin\alpha\sin\beta}{\sin(\beta - \alpha)}$.

第 6 章　数学归纳法和数列

数学归纳法是一种重要的证明方法，特别是证明关于自然数 n 的数学命题，应用非常广泛．就中学数学而言，代数、几何、三角等许多关于自然数 n 的命题都可用数学归纳法证明；在高等数学中也经常应用数学归纳法．

数列是函数概念的继续与延伸，是定义在自然数集或它的子集 $\{1,2,3,\cdots,n\}$ 上的函数 $f(n)$，等差数列可以看作自然数 n 的“一次函数”，前 n 项的和是自然数 n 的“二次函数”；等比数列可以看作自然数 n 的“指数函数”．因此，学习数列，不仅可以对函数概念加深理解，拓宽知识面，而且能够为学习高等数学中有关级数知识和解决现实生活中的一些实际问题打下基础．

6.1　数学归纳法

先从个别事例中摸索出规律来，再从理论上证明这一规律的一般性，这是人们认识客观规律的重要方法之一．例如，求几个连续奇数的和．

$$S_n = 1 + 3 + \cdots + (2n-1)$$

先从个别事例中摸索规律

$$S_1 = 1 = 1^2$$

$$S_2 = 1 + 3 = 4 = 2^2$$

$$S_3 = 1 + 3 + 5 = 9 = 3^2$$

$$S_4 = 1 + 3 + 5 + 7 = 16 = 4^2$$

……

于是猜想

$$S_n = 1 + 3 + 5 \cdots + (2n-1) = n^2 \qquad (1)$$

结论(1)对任何自然数 n 是不是都正确？断言其正确需要证明．因为根据个别事例归纳出来的结论，并非都正确．例如，在函数 $f(n) = (n^2 - 5n + 5)^2$ 中，$f(1) = 1$，$f(2) = 1$，$f(3) = 1$，$f(4) = 1$，若猜想：对一切自然数 n，都有 $f(n) = 1$．这个结论显然不正确，因为 $f(5) = 25 \neq 1$．

由于 n 的取值是无限的，无法逐一验证结论(1)．为此，我们只好采用递推的办法．即证明这样一个事实：如果对于某个自然数 k，命题正确，那么对于紧接这个数的自然数 $(k+1)$，命题也正确．这种证明方法称为**数学归纳法**．

数学归纳法的证明步骤如下：

(1)验证当 $n=1$(或 $n=2$，$n=3$ 等)时，命题是正确的．

(2)假设当 $n=k(k \in \mathbf{N})$ 时，命题正确，在此基础上证明当 $n=k+1$ 时，命题也正确．

根据(1)、(2)可知，对于一切自然数 n，命题正确．

数学归纳法的证明步骤中，(1)是检验性的，它只能说明命题有事实基础，称为**归纳基础**．步骤(2)是利用“假设当 $n=k$ 时命题成立”来推证“当 $n=k+1$ 时命题成立”，这是证明命题成立的延续性(称为**归纳的传递**),两步缺一不可.

例 6.1.1　用数学归纳法证明:

$$1+3+5+7+\cdots+(2n-1)=n^2 \quad (n\in\mathbf{N}) \tag{1}$$

证明　(1)当 $n=1$ 时,(1)式显然正确.

(2)假定 $n=k$ 时(1)式正确,即 $1+3+5+\cdots+(2k-1)=k^2$. 当 $n=k+1$ 时,$1+3+5+\cdots+(2k-1)+(2k+1)=k^2+(2k+1)=(k+1)^2$,即 $n=k+1$ 时(1)式也正确.

由(1)、(2)可知对于一切自然数 n,(1)式正确.

例 6.1.2　求证 $1^2+2^2+3^2+\cdots+n^2=\dfrac{n(n+1)(2n+1)}{6}$.　(2)

证明　(1)当 $n=1$ 时,左边 $=1^2=1$,右边 $=\dfrac{1\cdot 2\cdot 3}{6}=1$,所以式(2)成立.

(2)假设 $n=k$ 时,(2)式成立,即

$$1^2+2^2+3^2+\cdots+k^2=\frac{k(k+1)(2k+1)}{6}$$

当 $n=k+1$ 时

$$\begin{aligned}1^2+2^2+3^2+\cdots+k^2+(k+1)^2&=\frac{k(k+1)(2k+1)}{6}+(k+1)^2\\&=\frac{1}{6}(k+1)[k(2k+1)+6(k+1)]\\&=\frac{1}{6}(k+1)(k+2)(2k+3)\\&=\frac{(k+1)[(k+1)+1][2(k+1)+1]}{6}\end{aligned}$$

所以当 $n=k+1$ 时,式(2)成立.

由上述可知式(2)对一切自然数 n 成立.

例 6.1.3　求证 $\cos\dfrac{x}{2}\cos\dfrac{x}{2^2}\cos\dfrac{x}{2^3}\cdots\cos\dfrac{x}{2^n}=\dfrac{\sin x}{2^n\sin\dfrac{x}{2^n}}$.

证明　(1)当 $n=1$ 时,左边 $=\cos\dfrac{x}{2}$,右边 $=\dfrac{\sin x}{2\sin\dfrac{x}{2}}=\cos\dfrac{x}{2}$,命题成立.

(2)假设 $n=k$ 时命题成立,即

$$\cos\frac{x}{2}\cos\frac{x}{2^2}\cos\frac{x}{2^3}\cdots\cos\frac{x}{2^k}=\frac{\sin x}{2^k\sin\dfrac{x}{2^k}}$$

当 $n=k+1$ 时

$$\begin{aligned}\cos\frac{x}{2}\cos\frac{x}{2^2}\cos\frac{x}{2^3}\cdots\cos\frac{x}{2^k}\cos\frac{x}{2^{k+1}}&=\frac{\sin x}{2^k\sin\dfrac{x}{2^k}}\cos\frac{x}{2^{k+1}}\\&=\frac{\sin x}{2^k\cdot 2\sin\left(\dfrac{1}{2}\cdot\dfrac{x}{2^k}\right)\cos\left(\dfrac{1}{2}\cdot\dfrac{x}{2^k}\right)}\cdot\cos\left(\frac{1}{2}\cdot\frac{x}{2^k}\right)\end{aligned}$$

$$=\frac{\sin x}{2^{k+1}\sin\frac{x}{2^{k+1}}}$$

所以当 $n=k+1$ 时,命题也成立.

由(1)、(2)知,命题对一切自然数 n 都成立.

数学归纳法在运用中有许多变种,归纳基础不一定要从 $n=1$ 开始,可以从某个非 1 的自然数开始;归纳假设也不一定假定 $n=k$ 时命题成立,也可以假定 $n=k-1$ 时命题成立,证明 $n=k$时命题成立即可.

例 6.1.4　求证 $2^n>n^2$,其中 $n\geqslant5$.

证明　(1)当 $n=5$ 时,$2^5=32,5^2=25$,所以 $2^5>5^2$ 成立.

(2)假设 $n=k$ 时命题成立,即有 $2^k>k^2$.

当 $n=k+1$ 时
$$2^{k+1}=2\cdot2^k>2k^2$$

因为
$$2k^2-(k+1)^2=k^2-2k-1=(k-1)^2-2$$
$$=(k-1+\sqrt{2})(k-1-\sqrt{2})$$

当 $k\geqslant5$ 时
$$(k-1+\sqrt{2})(k-1-\sqrt{2})>0$$

所以
$$2k^2>(k+1)^2$$

所以
$$2^{k+1}>2k^2>(k+1)^2$$

由(1)、(2)知,对于 $n\geqslant5$ 的一切自然数,$2^n>n^2$ 都成立.

例 6.1.5　已知函数 $\varphi(x)=x^n$,n 为大于 1 的自然数,又 $x_1\geqslant0,x_2\geqslant0$,求证:$\varphi\left(\frac{x_1+x_2}{2}\right)\leqslant\frac{\varphi(x_1)+\varphi(x_2)}{2}$.

证明　(1)当 $n=2$ 时

$$\varphi\left(\frac{x_1+x_2}{2}\right)=\left(\frac{x_1+x_2}{2}\right)^2$$
$$=\frac{x_1^2+x_2^2+2x_1x_2}{4}\leqslant\frac{x_1^2+x_2^2+x_1^2+x_2^2}{4}=\frac{x_1^2+x_2^2}{2}=\frac{\varphi(x_1)+\varphi(x_2)}{2}$$

(2)假设 $n=k-1$ 时成立,即

$$\varphi\left(\frac{x_1+x_2}{2}\right)=\left(\frac{x_1+x_2}{2}\right)^{k-1}\leqslant\frac{\varphi(x_1)+\varphi(x_2)}{2}=\frac{x_1^{k-1}+x_2^{k-1}}{2}$$

当 $n=k$ 时
$$\left(\frac{x_1+x_2}{2}\right)^k=\frac{x_1+x_2}{2}\cdot\left(\frac{x_1+x_2}{2}\right)^{k-1}$$
$$\leqslant\frac{x_1+x_2}{2}\cdot\frac{x_1^{k-1}+x_2^{k-1}}{2}=\frac{x_1^k+x_2^k+x_1x_2^{k-1}+x_2x_1^{k-1}}{4}$$

又因为 x_1-x_2 与 $x_1^{k-1}-x_2^{k-1}$ 的符号相同,所以
$$(x_1-x_2)(x_1^{k-1}-x_2^{k-1})\geqslant0$$
$$x_1^k+x_2^k-x_1x_2^{k-1}-x_2x_1^{k-1}\geqslant0$$

即
$$x_1^k+x_2^k\geqslant x_1x_2^{k-1}+x_2x_1^{k-1}$$

所以
$$\left(\frac{x_1+x_2}{2}\right)^k\leqslant\frac{x_1^k+x_2^k+x_1^k+x_2^k}{4}=\frac{x_1^k+x_2^k}{2}$$

由(1)、(2)知，当$n\geqslant 2, n\in\mathbf{N}$，且$x_1\geqslant 0, x_2\geqslant 0$，有

$$\varphi\left(\frac{x_1+x_2}{2}\right)\leqslant\frac{\varphi(x_1)+\varphi(x_2)}{2}$$

习题 6.1

1. 应用数学归纳法，证明下列各题.

(1)$1+2+3+\cdots+n=\frac{n(n+1)}{2}$；

(2)$1+3+9+\cdots+3^{n-1}=\frac{3^n-1}{2}$；

(3)$1\cdot 2+2\cdot 3+3\cdot 4+\cdots+n(n+1)=\frac{1}{3}n(n+1)(n+2)$；

(4)$\frac{1}{1\cdot 3}+\frac{1}{3\cdot 5}+\cdots+\frac{1}{(2n-1)(2n+1)}=\frac{n}{2n+1}$；

(5)$1^3+2^3+3^3+\cdots+n^3=(1+2+3+\cdots+n)^2$；

(6)$|a_1+a_2+\cdots+a_n|\leqslant|a_1|+|a_2|+\cdots+|a_n|$；

(7)$1\cdot 1!+2\cdot 2!+3\cdot 3!+\cdots+n\cdot n!=(n+1)!-1$.

2. 设$f_1(x)=\frac{x}{\sqrt{1+x_2}}$，且记$f_2(x)=f_1(f_1(x))$，$f_3(x)=f_1(f_1(f_1(x_3)))$，…，先归纳出$f_n(x)$的函数表达式($n$为自然数)，并用数学归纳法证明.

3. 已知$x+\frac{1}{x}=2\cos\theta$，计算$x^2+\frac{1}{x^2}$，$x^3+\frac{1}{x^3}$的值，由此归纳出$x^n+\frac{1}{x^n}$($n\in\mathbf{Z}_+$)的结果，然后用数学归纳法证明.（提示：$x^n+\frac{1}{x^n}=2\cos n\theta$，假定$x^k+\frac{1}{x^k}=2\cos k\theta$成立，有$x^{k-1}+\frac{1}{x^{k-1}}=2\cos(k-1)\theta$成立，$k\geqslant 1$）

6.2 数 列

6.2.1 数列的概念

战国时代哲学家庄周所著《左子·天下篇》引用过一句话："一尺之棰，日取其半，万世不竭."就是说一根长为一尺的棒头，每天截去一半，这样的过程可以无限制地进行下去.

把每天截后所剩下部分的长度记录如下(单位为尺)

$$\frac{1}{2},\frac{1}{2^2},\frac{1}{2^3},\cdots,\frac{1}{2^n},\cdots \tag{1}$$

像这样，按一定的次序排列的一组数叫做**数列**. 一般地，数列表示为

$$a_1,a_2,a_3,\cdots,a_n,\cdots \quad 或 \quad \{a_n\} \tag{2}$$

例如，所有的奇数按大小次序排列一个数列：

$$1,3,5,7,\cdots,(2n-1),\cdots \tag{3}$$

所有自然数的倒数按大小顺序排列成一个数列

$$1,\frac{1}{2},\frac{1}{3},\cdots,\frac{1}{n},\cdots \tag{4}$$

数列中的每一个数叫做这个数的**项**，第一项 a_1 称为**首项**，第 n 项 a_n 称为**通项**．

如果数列 $\{a_n\}$ 的第 n 项 a_n 与 n 之间的函数关系可以用一个公式来表示，这个公式就称为**通项公式**．已知一个数列的通项公式，就可以很容易地写出这个数列．

例如，已知数列的通项公式为 $a_n=3+\frac{(-1)^n}{n}$，可以写出这个数为：$2,3+\frac{1}{2},3-\frac{1}{3},3+\frac{1}{4},3-\frac{1}{5},\cdots,3+\frac{(-1)^n}{n},\cdots$.

数列可以看作一个定义于自然数集 $\mathbf{N}$（或它的有限子集 $\{1,2,\cdots,n\}$）的函数当自变量从小到大依次取值时对应的一列函数值．$a_n=f(n)$ 是它的通项

已知数列 $\{a_n\}$：$a_1,a_2,a_3,\cdots,a_n,\cdots$，记 $S_n=a_1+a_2+a_3+\cdots+a_n$，称为数列 $\{a_n\}$ 的前 n 项的和．

显然，S_n 与 a_n 间的关系是

$$a_n=\begin{cases}S_1 & \text{当 } n=1\\ S_n-S_{n-1} & \text{当 } n\geqslant 2\end{cases}$$

例 6.2.1　写出下列数列的通项公式：

(1) $1,1,\frac{5}{7},\frac{7}{15},\frac{9}{31},\cdots$；

(2) $\frac{1}{2},-\frac{4}{9},\frac{3}{8},-\frac{8}{25},\frac{5}{18},\cdots$.

解　(1) 数列又可写为 $\frac{1}{1},\frac{3}{3},\frac{5}{7},\frac{7}{15},\frac{9}{31},\cdots$，可见分子为奇数数列，分母的变化规律为 $1,2^2-1,2^3-1,2^4-1,\cdots$.

所以通项公式 $a_n=\frac{2n-1}{2^n-1},n\in\mathbf{N}$.

(2) 各项的符号变化由 $(-1)^{n+1}$ 确定，观察到数列的偶数项的分子是项数的两倍，分母是项数加 1 的平方；奇数项的分子、分母同乘以 2，得 $\frac{2}{4},\frac{6}{16},\frac{10}{36},\cdots$. 奇数项的分子也是项数的两倍，分母是项数加 1 的平方．

所以，通项公式 $a_n=(-1)^{n+1}\frac{2n}{(n+1)^2}$.

例 6.2.2　已知数列 $\{a_n\}$ 中，$a_1=1,a_{2k}=a_{2k-1}+(-1)^k,a_{2k+1}=a_{2k}+3^k$，其中 $k=1,2,3,\cdots$. (1) 求 a_3,a_5；(2) 求 $a_{2k+1}-a_{2k-1}$.

解　(1) $a_2=a_1+(-1)^1=0,a_3=a_2+3=3,a_4=a_3+(-1)^2=4,a_5=a_4+3^2=13$.

所以 $a_3=3,a_5=13$.

(2) 因为 $a_{2k+1}=a_{2k}+3^k=a_{2k-1}+(-1)^k+3^k$，

所以 $a_{2k+1}-a_{2k-1}=3^k+(-1)^k$.

例 6.2.3　已知正项数列 $\{a_n\}$ 的前 n 项和 $S_n=\frac{1}{4}(a_n+1)^2$，求 $\{a_n\}$ 的通项公式．

解　当 $n=1$ 时，$S_1=a_1$，所以 $a_1=\frac{1}{4}(a_1+1)^2$，解得 $a_1=1$. 当 $n\geqslant 2$ 时，$a_n=S_n-S_{n-1}=\frac{1}{4}(a_n+1)^2-\frac{1}{4}(a_{n-1}+1)^2=\frac{1}{4}(a_n^2-a_{n-1}^2+2a_n-2a_{n-1})$

整理得

$$a_n^2-a_{n-1}^2-2a_n-2a_{n-1}=0$$

$$(a_n+a_{n-1})(a_n-a_{n-1}-2)=0$$

因为 $a_n+a_{n-1}>0$，所以 $a_n-a_{n-1}-2=0$，即 $a_n=a_{n-1}+2$.

所以 $\{a_n\}$ 是首项 $a_1=1$，公差 $d=2$ 的等差数列.

所以 $a_n=1+(n-1)\cdot 2=2n-1$.

例 6.2.4　已知数列满足 $a_1=1$，$a_n=a_1+2a_2+3a_3+\cdots+(n-1)a_{n-1}$，求数列 $\{a_n\}$ 的通项公式.

解　当 $n\geqslant 2$ 时，

$a_n=a_1+2a_2+3a_3+\cdots+(n-1)a_{n-1}$；

$a_{n+1}=a_1+2a_2+3a_3+\cdots+(n-1)a_{n-1}+na_n$；

$na_n+a_n=a_1+2a_2+3a_3+\cdots+(n-1)a_{n-1}+na_n=a_{n+1}$

所以 $\frac{a_{n+1}}{a_n}=n+1$.

由已知条件可知，$a_1=1$，$a_2=1$，$a_3=3$，$a_4=12$，…

所以 $a_1=1$，$\frac{a_2}{a_1}=1$，$\frac{a_3}{a_2}=3$，$\frac{a_4}{a_3}=4$，…，$\frac{a_n}{a_{n-1}}=n$.

以上各式累乘得 $a_n=1\cdot 3\cdot 4\cdot\cdots\cdot n$，所以 $a_n=\frac{n!}{2}$.

6.2.2　数列的分类

按数列的项数分为有穷数列(项数有限)和无穷数列(项数无限).

按数列相邻两项的大小关系分为递增数列(对于 $\forall n\in\mathbf{N}$，均有 $a_{n+1}>a_n$)、递减数列(对 $\forall n\in\mathbf{N}$，均有 $a_{n+1}<a_n$)、摆动数列(例如 $1,-1,1,-1,1,-1,\cdots$)和常数列(如 $2,2,2,\cdots$).

按项的取值范围分为有界数列(存在正数 M，对于 $\forall n\in\mathbf{N}$，都有 $|a_n|<M$)和无界数列(存在正数 M，对于 $\forall n\in\mathbf{N}$，都有 $|a_n|<M$).

如数列(1)是有界、递减的无穷数列；数列(3)是无界递增的无穷数列.

习题 6.2

1. 求下列数列的通项 a_n.

(1) $1,-1,1,-1,1,-1,\cdots$；

(2) $1\cdot\frac{1}{2},3\cdot\frac{1}{4},5\cdot\frac{1}{8},\cdots$；

(3) $\frac{1}{3},-\frac{4}{9},\frac{9}{19},-\frac{16}{33},\frac{25}{51},\cdots$；

(4) $\frac{1}{\sqrt{2}},\frac{1}{\sqrt{5}},\frac{1}{\sqrt{12}},\frac{1}{\sqrt{20}},\frac{1}{\sqrt{30}},\cdots$.

2. 已知数列的前 n 项的和，求通项 a_n.

(1) $S_n=n^2-2n+2$；

(2) $S_n=\frac{3}{4}(1-5^n)$.

3. 数列 $\{a_n\}$ 的前 n 项的和是 S_n，且 $S_n=2-2a_n$，求通项 a_n.

4. 数列 $\{a_n\}$ 的前 n 项的和是 S_n，满足：$S_1=1$，$\sqrt{n}S_n=1+\sqrt{n}\cdot S_{n-1}(n\geqslant 2,n\in\mathbf{N})$.（1）求通项 a_n；（2）证明 $S_n>\sqrt{n}(n\geqslant 2)$.

5.（1）设数列 $\{a_n\}$ 的前 n 项和为 S_n，$a_1=3$，是 $S_{n+1}+S_n=2a_{n+1}$，求此数列的 a_n 及 S_n.

（2）已知数列 $\{a_n\}$ 中，$a_1=1$，$a_{n+1}=pa_n+q$，且 $a_2=3$，$a_4=15$，求 p,q.

6.3 等差数列

6.3.1 等差数列的概念

如果一个数列从第 2 项起，每一项与它前一项的差等于同一个常数，那么称这个数列为**等差数列**，这个常数叫做等差数列的**公差**，通常用字母 d 表示.

设数列 $\{a_n\}$ 是公差为 d 的等差数列，则

$$a_2-a_1=d,\quad a_3-a_2=d,\quad a_4-a_3=d,\quad \cdots,\quad a_n-a_{n-1}=d$$

以上各式相加，得通项公式

$$a_n=a_1+(n-1)d$$

等差数列的通项公式除了 $a_n=a_1+(n-1)d$ 外，还有

$$a_n=a_m+(n-m)d$$

事实上，$a_m=a_1+(m-1)d$，即 $a_1=a_m-(m-1)d$，

则

$$a=a_1+(n-1)d=a_m-(m-1)d+(n-1)d=a_m+(n-m)d.$$

由此还可得到

$$d=\frac{a_n-a_m}{n-m}(n\neq m).$$

例 6.3.1 在等差数列 $\{a_n\}$ 中，

（1）已知 $a_5=10$，$a_{12}=31$，求 a_1,d,a_n；

（2）已知 $a_4=70$，$a_{21}=-100$，求 a_1,d,a_n.

解 （1）方法一：因为 $a_5=10$，$a_{12}=31$，则

$$\begin{cases}a_1+4d=10\\a_1+11d=31\end{cases}\Rightarrow\begin{cases}a_1=-2\\d=3\end{cases}$$

所以

$$a_n=a_1+(n-1)d=3n-5.$$

方法二：因为 $a_{12}=a_5+7d$，即 $31=10+7d$，所以 $d=3$.

$a_5=a_1+4d$，即 $10=a_1+12$，所以 $a_1=-2$.

$a_n=a_1+(n-1)d$，即 $a_n=-2+3(n-1)=3n-5$.

（2）由题意，得

$$\begin{cases}a_1+3d=70\\a_1+20d=-100\end{cases}\Rightarrow\begin{cases}a_1=100\\d=-10\end{cases}$$

所以

$$a_n=a_1+(n-1)d=100-10(n-1)=110-10n.$$

6.3.2 等差中项

如果 a,A,b 成等差数列，那么 A 叫做 a 与 b 的**等差中项**，且 $A=\dfrac{a+b}{2}$.

任意两个实数的等差中项存在且唯一.

在一个等差数列$\{a_n\}$中,从第2项起,每一项(有穷等差数列的末项除外)都是它的前一项和后一项的等差中项,从而有$2a_n = a_{n-1} + a_{n+1}$. 求两个数的等差中项,实质是求这两个数的算术平均值. 只有三项的等差数列,通常表示为$a-d, a, a+d$.

例 6.3.2　若$a, x, b, 4x$成等差数列,求$\frac{a}{b}$的值.

解　因为$2x = a + b$, $2b = 5x$,所以$\frac{4}{5}b = a + b$.

则
$$a = -\frac{1}{5}b, \text{故} \frac{a}{b} = -\frac{1}{5}.$$

例 6.3.3　已知$\frac{1}{a}, \frac{1}{b}, \frac{1}{c}$成等差数列,问$\frac{b+c}{a}, \frac{a+c}{b}, \frac{a+b}{c}$是否也成等差数列? 并说明理由.

解　方法一:因为$\frac{1}{a}, \frac{1}{b}, \frac{1}{c}$成等差数列,所以$\frac{2}{b} = \frac{1}{a} + \frac{1}{c}$,

即
$$2ac = b(a+c).$$

因为
$$\frac{b+c}{a} + \frac{a+b}{c} = \frac{c(b+c) + a(a+b)}{ac}$$
$$= \frac{a^2 + c^2 + b(a+c)}{ac} = \frac{a^2 + c^2 + 2ac}{\frac{b(a+c)}{2}} = \frac{2(a+c)^2}{b(a+c)}$$
$$= \frac{2(a+c)}{b},$$

所以$\frac{b+c}{a}, \frac{a+c}{b}, \frac{a+b}{c}$也成等差数列.

方法二:因为$\frac{1}{a}, \frac{1}{b}, \frac{1}{c}$成等差数列,

所以$\frac{a+b+c}{a}, \frac{a+b+c}{b}, \frac{a+b+c}{c}$也成等差数列,

即$\frac{b+c}{a} + 1, \frac{a+c}{b} + 1, \frac{a+b}{c} + 1$成等差数列,

故$\frac{b+c}{a}, \frac{a+c}{b}, \frac{a+b}{c}$也成等差数列,

6.3.3　等差数列前 n 项的和

设数列$\{a_n\}$是公差为d的等差数列,则

$$S_n = a_1 + a_2 + \cdots + a_n$$
$$= a_1 + (a_1 + d) + (a_1 + 2d) + \cdots + [a_1 + (n-1)d]$$
$$= na_1 + [1 + 2 + \cdots + (n-1)]d = na_1 + \frac{n(n-1)}{2}d$$
$$= \frac{na_1}{2} + \frac{n}{2}[a_1 + (n-1)d] = \frac{n(a_1 + a_n)}{2}$$

所以等差数列$\{a_n\}$的前n项和

$$S_n = na_1 + \frac{n(n-1)}{2}d = \frac{n(a_1+a_n)}{2} = \frac{d}{2}n^2 + \left(a_1 - \frac{d}{2}\right)n$$

例 6.3.4　等差数列$\frac{35}{7},\frac{30}{7},\frac{25}{7},\cdots$第 n 项到第 $n+6$ 项的和为 T,当$|T|$最小时,求 n 的值.

解　由已知,等差数列$\{a_n\}$以$\frac{35}{7}$为首项,以$-\frac{5}{7}$为公差,则

$$a_n = 5 + (n-1)\left(-\frac{5}{7}\right)$$

$$a_{n+6} = 5 + (n+5)\left(-\frac{5}{7}\right)$$

$$T = \frac{(a_n + a_{n+6})\cdot 7}{2} = 25 - 5n, |T| = |25-5n| \geqslant 0$$

当$|T|$最小时,显然有 $n=5$.

例 6.3.5　设$\{a_n\}$为等差数列,S_n 为它的前 n 项的和,已知 $S_7=7, S_{15}=75$, T_n 为数列$\left\{\frac{S_n}{n}\right\}$的前 n 项的和,求 T_n.

解　设等差数列$\{a_n\}$的公差为 d,则 $S_n = na_1 + \frac{n(n-1)}{2}d$,

因为 $S_7=7, S_{15}=75$,

所以$\begin{cases}7a_1+21d=7\\15a_1+105d=75\end{cases}$,即$\begin{cases}a_1+3d=1\\a_1+7d=5\end{cases}\Rightarrow a_1=-2, d=1$.

又因为$\frac{S_n}{n} = a_1 + \frac{1}{2}(n-1)d = -2 + \frac{1}{2}(n-1)$

$\frac{S_{n+1}}{n+1} = a_1 + \frac{1}{2}nd = -2 + \frac{1}{2}n$,

所以$\frac{S_{n+1}}{n+1} - \frac{S_n}{n} = \frac{1}{2}$,即$\left\{\frac{S_n}{n}\right\}$是等差数列,首项为$-2$,公差为$\frac{1}{2}$.

所以

$$T_n = \frac{d}{2}n^2 + \left(a_1 - \frac{d}{2}\right)n = \frac{1}{4}n^2 - \frac{9}{4}n.$$

习题 6.3

1. 已知等差数列$\{a_n\}$中,$a_6=17, a_{12}=35$,求 a_1, d, a_n, S_n.

2. (1)等差数列的公差是2,最后一项是1,各项的和是-8,求它的第一项和项数.

(2)已知等差数列$\{a_n\}$的前 n 项和是 n^2+3n,求 a_n.

(3)已知等差数列$\{a_n\}$中,$a_n=2n+1$,求 S_n.

3. 在等差数列$\{a_n\}$中,$3(a_3+a_5)+2(a_9+a_{10}+a_{13})=24$,求此数列的前13项之和.(提示:利用等差中项为 $a_3+a_5=2a_4$).

4. 设等差数列$\{a_n\}$的前 n 项和为 S_n, $a_5=2, a_{n-4}=30(n\geqslant 5), S_n=336$,求 n.

5. 设$\{a_n\}$为等差数列,已知 $S_{20}=170$,求 $a_6+a_9+a_{16}$的值.

6. 在等差数列$\{a_n\}$中,已知 $S_3=21, S_6=24$,求:(1)首项 a_1;(2)数列$\{|a_n|\}$的前9项和.

7. 设 S_n 是等差数列 $\{a_n\}$ 的前 n 项和，已知 $\frac{a_5}{a_3}=\frac{5}{9}$，求 $\frac{S_9}{S_5}$ 的值．

8. 解下列方程．

(1) $1+7+13+\cdots+x=280$；　　　(2) $(x+1)+(x+4)+(x+7)+\cdots+(x+28)=155$.

9. 已知数列 $\{a_n\}$ 中，$a_1=2p$，$a_n=2p-\frac{p^2}{a_{n-1}}$（$p$ 是不等于零的常数），在数列 $\{b_n\}$ 中，$b_n=\frac{1}{a_n-p}$. 证明 $\{b_n\}$ 是等差数列．（提示：由 $a_n-p=p\left(1-\frac{p}{a_{n-1}}\right)$ 求得 b_n）．

10. 若三角形三边成等差数列，且最大角与最小角相差 $90°$，求证：三边之比为 $(\sqrt{7}-1):\sqrt{7}:(\sqrt{7}+1)$．（提示：设三边分别为 $a-d,a,a+d$，所对的角分别为 $\alpha,90°-2\alpha,90°+\alpha$，利用正弦定理及比例性质）．

11. 已知等差数列前 3 项为 $a,4,3a$，前 n 项的和为 S_n，已知 $S_k=2\ 550$. (1) 求 a 和 k 的值；(2) 求 $T_n=\frac{1}{S_1}+\frac{1}{S_2}+\cdots+\frac{1}{S_n}$. $\left(\text{提示：计算}\frac{1}{S_n}=\frac{1}{n(n+1)}\right)$

6.4　等比数列

在数列 $\{a_n\}$ 中，如果从第 2 项起，每一项与它前一项的比等于同一个常数

$$\frac{a_2}{a_1}=\frac{a_3}{a_2}=\cdots=\frac{a_n}{a_{n-1}}=\cdots=q\quad(q\neq0)\tag{1}$$

则称这个数列为**等比数列**，q 叫做**公比**．当 $|q|<1$ 时，数列 $\{a_n\}$ 称为**无穷递缩等比数列**．

由(1)式立即可知，等比数列的通项公式

$$a_n=a_1q^{n-1}\tag{2}$$

等比数列前 n 项的和为

$$S_n=\begin{cases}na_1 & (q=1)\\ \dfrac{a_1(1-q^n)}{1-q}=\dfrac{a_1-a_nq}{1-q} & (q\neq1)\end{cases}\tag{3}$$

事实上

$$\begin{aligned}S_n&=a_1+a_2+\cdots+a_n\\&=a_1+a_1q+a_1q^2+a_1q^3+\cdots+a_1q^{n-1}\\qS_n&=a_1q+a_1q^2+a_1q^3+\cdots+a_1q^{n-1}+a_1q^n\end{aligned}$$

两式相减

$$(1-q)S_n=a_1-a_1q^n$$

所以

$$S_n=\frac{a_1(1-q^n)}{1-q}\quad(q\neq1)$$

当 $|q|<1$ 时，无穷递缩等比数列和 $S=\lim\limits_{n\to\infty}S_n=\frac{a_1}{1-q}$.

如果 a,G,b 成等比数列，那么 G 叫做 a 与 b 的**等比中项**，且 $G^2=ab$.

只有两个符号相同的数才有等比中项，且等比中项有两个．即 $G=\pm\sqrt{ab}$.

例 6.4.1　如果数列 $\{a_n\}$ 的前 n 项的和 $S_n=a^n-1$（a 为常数），试问 $\{a_n\}$ 是否为等比数列？

解　当 $n=1$ 时，$a_1=S_1=a-1$；

当 $n\geqslant 2$ 时，$a_n=S_n-S_{n-1}=(a^n-1)-(a^{n-1}-1)=(a-1)\cdot a^{n-1}$.

若 $a=0$，则 $a_n=\begin{cases}-1 & 当\ n=1\\ 0 & 当\ n\geqslant 2\end{cases}$，

显然，$\{a_n\}$ 不是等比数列.

若 $a=1$，则 $a_n=0$. $\{a_n\}$ 不是等比数列

若 $a\neq 0$ 且 $a_n\neq 1$，则 $a_n=(a-1)\cdot a^{n-1}$，

$\dfrac{a_{n+1}}{a_n}=\dfrac{(a-1)a^n}{(a-1)a^{n-1}}=a$，所以 $\{a_n\}$ 是等比数列.

例 6.4.2　在等比数列 $\{a_n\}$ 中，已知 $a_1+a_3=10$，$a_4+a_6=\dfrac{5}{4}$ 求 a_n，a_4 和 S_n.

解　设 $\{a_n\}$ 的公比为 q，则

$$\begin{cases}a_1+a_1q^2=10\\ a_1q^3+a_1q^5=\dfrac{5}{4}\end{cases}，即\begin{cases}a_1(1+q^2)=10\\ a_1q^3(1+q^2)=\dfrac{5}{4}\end{cases}$$

$\Rightarrow q^3=\dfrac{1}{8}$，所以 $q=\dfrac{1}{2}$，$a_1=8$.

所以 $a_n=a_1q^{n-1}=8\cdot\left(\dfrac{1}{2}\right)^{n-1}=2^3\cdot 2^{1-n}=2^{4-n}$.

$a_4=1$.

$$S_n=\frac{8\left[1-\left(\frac{1}{2}\right)^n\right]}{1-\frac{1}{2}}=16-2^4\cdot 2^{-n}=16-2^{4-n}.$$

例 6.4.3　设 $\{a_n\}$ 是由正数组成的等比数列，S_n 是前 n 项的和，求证：$\dfrac{\lg S_n+\lg S_{n+2}}{2}<\lg S_{n+1}$.

证明　设 $\{a_n\}$ 的公比为 r，由题意知 $a_1>0$，$r>0$.

(1) 当 $r=1$ 时，$S_n=na_1$，

$$S_n\cdot S_{n+2}-S_{n+1}^2=na_1\cdot(n+2)a_1-(n+1)^2a_1^2=-a_1^2<0$$

(2) 当 $r\neq 1$ 时，$S_n=\dfrac{a_1(1-r^n)}{1-r}$，

所以
$$S_n\cdot S_{n+2}-S_{n+1}^2=\frac{a_1^2(1-r^n)(1-r^{n+2})}{(1-r)^2}-\frac{a_1^2(1-r^{n+1})^2}{(1-r)^2}$$
$$=\frac{a_1^2}{(1-r)^2}[-r^n(1-r)^2]=-a_1^2r^n<0.$$

由(1)、(2)得　$S_n\cdot S_{n+2}<S_{n+1}^2$.

根据对数的单调性，有 $\lg(S_n\cdot S_{n+2})<\lg S_{n+1}^2$，即

$$\frac{\lg S_n+\lg S_{n+2}}{2}<\lg S_{n+1}$$

例 6.4.4 数列$\{a_n\}$的前 n 项的和记为 S_n，已知 $a_1=1, a_{n+1}=\frac{n+2}{n}S_n(n=1,2,3,\cdots)$. 证明：(1)数列$\left\{\frac{S_n}{n}\right\}$是等比数列；(2)$S_{n+1}=4a_n$.

证明 (1)因为 $a_{n+1}=S_{n+1}-S_n$，又已知 $a_{n+1}=\frac{n+2}{n}S_n$，

所以$(n+2)S_n=n(S_{n+1}-S_n)$，即 $nS_{n+1}=2(n+1)S_n$，

所以 $\frac{S_{n+1}}{n+1}=2\cdot\frac{S_n}{n}$，故$\left\{\frac{S_n}{n}\right\}$是以公比为 2 的等比数列.

(2)由已知条件 $a_{n+1}=\frac{n+2}{n}S_n$，得 $a_n=\frac{n+1}{n-1}S_{n-1}(n\geqslant2)$，

又$\frac{S_{n+1}}{n+1}=2\cdot\frac{S_n}{n}=4\cdot\frac{S_{n-1}}{n-1}$，故 $S_{n+1}=4a_n(n\geqslant2)$.

例 6.4.5 已知数列$\{a_n\}$中，$a_1=\frac{5}{6}$，且对任意自然数 n 都有 $a_{n+1}=\frac{1}{3}a_n+\left(\frac{1}{2}\right)^{n+1}$，数列$\{b_n\}$对任意自然数 n 都有 $b_n=a_{n+1}-\frac{1}{2}a_n$. (1)求证：$\{b_n\}$是等比数列；(2)求数列$\{a_n\}$的通项公式；(3)设数列$\{a_n\}$的前 n 项和为 S_n，求$\lim\limits_{n\to\infty}S_n$ 的值.

解 (1)$b_n=a_{n+1}-\frac{1}{2}a_n=\frac{1}{3}a_n+\left(\frac{1}{2}\right)^{n+1}-\frac{1}{2}a_n=\left(\frac{1}{2}\right)^{n+1}-\frac{1}{6}a_n$，

$$\begin{aligned}b_{n+1}&=\left(\frac{1}{2}\right)^{n+2}-\frac{1}{6}a_{n+1}=\left(\frac{1}{2}\right)^{n+2}-\frac{1}{6}\left[\frac{1}{3}a_n+\left(\frac{1}{2}\right)^{n+1}\right]\\&=\frac{1}{2}\left(\frac{1}{2}\right)^{n+1}-\frac{1}{18}a_n-\frac{1}{6}\left(\frac{1}{2}\right)^{n+1}=\frac{1}{3}\left(\frac{1}{2}\right)^{n+1}-\frac{1}{18}a_n\\&=\frac{1}{3}\left[\left(\frac{1}{2}\right)^{n+1}-\frac{1}{6}a_n\right]=\frac{1}{3}b_n\end{aligned}$$

$\frac{b_{n+1}}{b_n}=\frac{1}{3}(n=1,2,3\cdots)$，所以$\{b_n\}$是公比为$\frac{1}{3}$的等比数列.

(2)$b_1=\left(\frac{1}{2}\right)^2-\frac{1}{6}a_1=\frac{1}{4}-\frac{1}{6}\cdot\frac{5}{6}=\frac{1}{9}$，

所以
$$b_n=\frac{1}{9}\cdot\left(\frac{1}{3}\right)^{n-1}=\left(\frac{1}{3}\right)^{n+1}.$$

又由 $b_n=\left(\frac{1}{2}\right)^{n+1}-\frac{1}{6}a_n$，得$\left(\frac{1}{3}\right)^{n+1}=\left(\frac{1}{2}\right)^{n+1}-\frac{1}{6}a_n$，

所以
$$a_n=6\left[\left(\frac{1}{2}\right)^{n+1}-\left(\frac{1}{3}\right)^{n+1}\right].$$

(3)$a_n=6\left[\frac{1}{4}\cdot\left(\frac{1}{2}\right)^{n-1}-\frac{1}{9}\left(\frac{1}{3}\right)^{n-1}\right]$，

所以
$$S_n=6\left\{\frac{\frac{1}{4}\left[1-\left(\frac{1}{2}\right)^n\right]}{1-\frac{1}{2}}-\frac{\frac{1}{9}\left[1-\left(\frac{1}{3}\right)^n\right]}{1-\frac{1}{3}}\right\},$$

故
$$\lim_{n\to\infty}S_n=6\left[\frac{\frac{1}{4}}{1-\frac{1}{2}}-\frac{\frac{1}{9}}{1-\frac{1}{3}}\right]=2.$$

习题 6.4

1. (1) 等比数列前 5 项的和是 242，公比是 3，求这个数列的前 5 项．

(2) 成等比数列的三个数，它们的积是 216，如果第二个数加 4，三个数就成等差数列，求这三个数．

(3) 公差不为 0 的等差数列 $\{a_n\}$ 中，a_2,a_3,a_6 成等比数列，求公比 q.

(4) 三个正数 a,b,c 成等比数列，且 $a+b+c=62$，$\lg a+\lg b+\lg c=3$，求这三个数．

2. 在各项都为正数的等比数列 $\{a_n\}$ 中，$a_1=3$，前 3 项的和 $S_3=21$，求 $a_3+a_4+a_5$ 的值．

3. 在 $\frac{8}{3}$ 和 $\frac{27}{2}$ 之间插入三个数，使这五个数成等比数列，求插入的三个数的乘积．(提示：设插入的三个数为 $\frac{a}{q},a,aq$)

4. 设等比数列 $\{a_n\}$ 的公比为 q，前 n 项的和为 S_n. 已知 S_{n+1},S_n,S_{n+2} 成等差数列，求 q 的值．

5. 等比数列 $\{a_n\}$ 中，$a_2=9$，$a_5=243$，求 $S_4=a_1+a_2+a_3+a_4$ 的值．

6. 已知等比数列 $\{a_n\}$ 中，公比 $q>1$，且 $a_7\cdot a_{11}=6$，$a_4+a_{14}=5$，求 $\frac{a_{14}}{a_4}$ 的值．(提示：$a_7a_{11}=a_1q^6\cdot a_1q^{10}=a_1q^3\cdot a_1q^{13}$)

7. 设数列 $\{a_n\}$ 的前 n 项的和为 $S_n=2n^2$，数列 $\{b_n\}$ 为等比数列，且 $a_1=6$，$b_2(a_2-a_1)=b_1$. (1) 求通项公式 a_n 和 b_n；(2) 设 $c_n=\frac{a_n}{b_n}$，求数列 $\{c_n\}$ 的前 n 项的和 T_n.

8. 已知数列 $\{a_n\}$ 是各项为正数的等比数列，且公比 $q\neq1$. 求证：$a_3^2+a_7^2>a_4^2+a_6^2$. (提示：用比较法分 $q>1$ 和 $q<1$ 讨论)

9. 设数列 $\{a_n\}$ 前 n 项和为 S_n，满足 $a_n+S_n=n(n\geqslant1)$，求数列的通项公式 a_n. (提示：由 $a_n=S_n-S_{n-1}$ 得 $a_n=\frac{1}{2}(a_{n-1}+1)$)

10. 数列 $\{a_n\}$ 前 n 项和为 S_n，已知 $a_n=5S_n-3(n\geqslant1)$，求 $T_n=a_1+a_3+a_5+\cdots+a_{2n-1}$. (提示：由 $a_n=S_n-S_{n-1}$ 证 $\{a_n\}$ 为等比数列)

11. 假设某市 2011 年新建住房 400 万平方米，其中 250 万平方米为保障房，预计今后若干年内，该市每年新建住房面积平均比上一年增长 8%，每年新建住房中，保障房面积均比上一年增加 40 万平方米．那么，到哪一年底，(1) 该市新建保障房的累计面积(2011 年为累计的第一年)将首次不少于 4 750 万平方米？(2) 该市建造保障房面积占该年建造住房面积的比例首次大于 85%？

6.5　数列求和

在中学，数列求和一般是指求有限数的和，它是进一步学习高等数学中数列的极限和无穷级数的重要基础．数列求和的主要方法有直接求和法、裂项求和法、错位相减法、倒序求和法等．

6.5.1　直接求和法

利用等差数列、等比数列前 n 项和的公式求和，或利用下列几个常用数列求和公式求和．

$$\sum_{k=1}^{n} k = 1+2+3+\cdots+n = \frac{n(n+1)}{2};$$

$$\sum_{k=1}^{n} (2k-1) = 1+3+5+\cdots+(2n-1) = n^2;$$

$$\sum_{k=1}^{n} k^2 = 1^2+2^2+3^2+\cdots+n^2 = \frac{n(n+1)(2n+1)}{6};$$

$$\sum_{k=1}^{n} k^3 = 1^3+2^3+\cdots+n^3 = \left[\frac{n(n+1)}{2}\right]^2 = (1+2+\cdots+n)^2.$$

例 6.5.1　(1)求 $S_n = 2+2\frac{1}{2}+3\frac{1}{4}+\cdots+\left(n+\frac{1}{2^{n-1}}\right)$.

(2)求数列 $1\cdot 2, 2\cdot 3, 3\cdot 4, \cdots$ 前 n 项的和．

(3)求数列 $1, (1+2), \cdots, (1+2+2^2+\cdots+2^{n-1}), \cdots$ 前 n 项的和．

解　(1)$S_n = (1+2+3+\cdots+n)+\left(1+\frac{1}{2}+\frac{1}{4}+\cdots+\frac{1}{2^{n-1}}\right)$

$$=\frac{1}{2}n(n+1)+\frac{1-\left(\frac{1}{2}\right)^n}{1-\frac{1}{2}}=\frac{1}{2}n(n+1)+2-\frac{1}{2^{n-1}}.$$

(2)因为 $n(n+1)=n^2+n$，

所以 $S_n = (1^2+1)+(2^2+2)+(3^2+3)+\cdots+(n^2+n)$

$$=(1+2+3\cdots+n)+(1^2+2^2+3^2+\cdots+n^2)$$

$$=\frac{n(n+1)}{2}+\frac{n(n+1)(2n+1)}{6}=\frac{1}{3}n(n+1)(n+2).$$

(3)因为 $a_n = 2^n-1$，所以 $S_n = \frac{2(1-2^n)}{1-2}-n = 2^{n+1}-n-2$.

例 6.5.2　数列 $\{a_n\}$ 的前 n 项和为 S_n，且满足：$a_n = 5S_n - 3\ (n\in \mathbf{N})$，求和 $a_1+a_3+\cdots+a_{2n-1}$.

解　由 $a_n = 5S_n-3$，得 $a_{n+1}=5S_{n+1}-3$，两式相减得 $4a_{n+1}=-a_n$，所以$\frac{a_{n+1}}{a_n}=-\frac{1}{4}$，所以 $\{a_n\}$ 是公比为 $-\frac{1}{4}$ 的等比数列，由 $a_1=5S_1-3=5a_1-3$，得 $a_1=\frac{3}{4}$.

所以数列 $\{a_{2n-1}\}$ 是首项 $a_1=\frac{3}{4}$，公比为 $\left(-\frac{1}{4}\right)^2=\frac{1}{16}$ 的等比数列．

所以

$$a_1+a_3+\cdots+a_{2n-1}=\frac{\frac{3}{4}\left[1-\left(\frac{1}{16}\right)^n\right]}{1-\frac{1}{16}}=\frac{4}{5}\left[1-\left(\frac{1}{4}\right)^{2n}\right].$$

6.5.2 裂项求和法

将数列各项分裂成两项或多项,然后求和.

例 6.5.3　已知数列$\{a_n\}$的通项公式为$a_n=2n-1$,求数列$\left\{\frac{1}{a_na_{n+1}}\right\}$前$n$项的和$S_n$.

解　因为$a_n=2n-1$,所以$\frac{1}{a_na_{n+1}}=\frac{1}{(2n-1)(2n+1)}=\frac{1}{2}\left(\frac{1}{2n-1}-\frac{1}{2n+1}\right)$.

由$\frac{1}{a_1a_2}=\frac{1}{2}\left(1-\frac{1}{3}\right)$,$\frac{1}{a_2a_3}=\frac{1}{2}\left(\frac{1}{3}-\frac{1}{5}\right)$,$\cdots$,$\frac{1}{a_na_{n+1}}=\frac{1}{2}\left(\frac{1}{2n-1}-\frac{1}{2n+1}\right)$,

$$S_n=\frac{1}{a_1a_2}+\frac{1}{a_2a_3}+\cdots+\frac{1}{a_na_{n+1}}=\frac{1}{2}\left(1-\frac{1}{2n+1}\right)=\frac{n}{2n+1}.$$

例 6.5.4　已知数列$\{a_n\}$的通项公式$a_n=\frac{1}{\sqrt{n+1}+\sqrt{n}}$,前$m$项的和$S_m=9$,求$m$的值.

解　$a_n=\frac{1}{\sqrt{n+1}+\sqrt{n}}=\sqrt{n+1}-\sqrt{n}$.

所以$S_m=a_1+a_2+\cdots+a_m=(\sqrt{2}-1)+(\sqrt{3}-\sqrt{2})+\cdots+(\sqrt{m+1}-\sqrt{m})=\sqrt{m+1}-1=9$

则$\sqrt{m+1}=10$,所以$m=99$.

6.5.3 错位相减法

若$\{a_n\}$为等差数列,$\{b_n\}$为等比数列,公比为q,则求数列$\{a_n\cdot b_n\}$的前n项和S_n可由S_n-qS_n错位相减求得. 如果$\{a_n\}$不是等差数列,$\{b_n\}$是等比数列,已知数列$\{a_nb_n\}$前n项的和S_n,由S_n-S_{n-1}错位相减可求得$\{a_n\}$的通项公式.

例 6.5.5　求数列$1\cdot x,3\cdot x^2,5\cdot x^3,\cdots,(2n-1)x^n,\cdots$前$n$项和$S_n$.

解　$S_n=1\cdot x+3\cdot x^2+5\cdot x^3+\cdots+(2n-1)x^n$,

$xS_n=1\cdot x^2+3\cdot x^3+5\cdot x^4+\cdots+(2n-3)x^n+(2n-1)x^{n+1}$,

两式相减　$(1-x)S_n=x+2(x^2+x^3+\cdots+x^n)-(2n-1)x^{n+1}$.

当$x=1$时,$S_n=1+3+5+\cdots+(2n-1)=n^2$.

当$x\neq1$时,

$$(1-x)S_n=x+2\cdot\frac{x^2(1-x^{n-1})}{1-x}-(2n-1)x^{n+1}$$

$$=\frac{x+x^2-(2n+1)x^{n+1}+(2n-1)x^{n+2}}{1-x}$$

所以　$$S_n=\frac{x+x^2-(2n+1)x^{n+1}+(2n-1)x^{n+2}}{(1-x)^2}\quad(x\neq1)$$

例 6.5.6　数列$\{a_n\}(n\in\mathbf{N})$满足$a_1+2a_2+2^2a_3+\cdots+2^{n-1}a_n=9-6n$.

(1)求$\{a_n\}$的通项公式a_n;　(2)若$b_n=a_n\left|\sin\frac{n\pi}{2}\right|$,求证$b_1+b_2+\cdots+b_{2n-1}>1$.

解　(1)由已知$a_1+2a_2+2^2a_3+\cdots+2^{n-1}a_n=9-6n$,得

$$a_1+2a_2+2^2a_3+\cdots+2^{n-2}a_{n-1}=9-6(n-1)$$

二式相减得 $2^{n-1}a_n=-6(n\geqslant 2)$，所以 $a_n=-\dfrac{6}{2^{n-1}}(n\geqslant 2)$.

当 $n=1$ 时，$a_1=3$，所以 $a_n=\begin{cases}3 & \text{当 } n=1\\ -\dfrac{6}{2^{n-1}} & \text{当 } n\geqslant 2\end{cases}$.

(2) 因为 $b_n=a_n\left|\sin\dfrac{nx}{2}\right|$，

所以 $b_1=3,b_2=0,b_3=-\dfrac{6}{4},b_4=0,b_5=-\dfrac{6}{16},b_6=0,\cdots$

所以 $b_1+b_2+\cdots+b_n=3-\dfrac{6}{2^2}\left(1+\dfrac{1}{4}+\dfrac{1}{16}+\cdots+\dfrac{1}{4^{n-1}}\right)$

$$=3-\frac{3}{2}\cdot\frac{1-\left(\frac{1}{4}\right)^{n-1}}{1-\frac{1}{4}}>3-\frac{3}{2}\cdot\frac{4}{3}=1.$$

6.5.4 倒序求和法

将数列的各项的顺序倒写，然后再求和的方法.

例 6.5.7 求和：$C_n^0+3C_n^1+5C_n^2+\cdots+(2n+1)C_n^n$.

解 令 $S_n=C_n^0+3C_n^1+5C_n^2+\cdots+(2n+1)C_n^n$，

则
$$S_n=(2n+1)C_n^n+(2n-1)C_n^{n-1}+(2n-3)C_n^{n-2}+\cdots+C_n^0$$
两式相加，由组合数公式 $C_n^m=C_n^{n-m}$，得
$$\begin{aligned}2S_n&=(2n+2)C_n^0+(2n+2)C_n^1+\cdots+(2n+2)C_n^n\\&=(2n+2)(C_n^0+C_n^1+\cdots+C_n^n)=(2n+2)\cdot 2^n\end{aligned}$$
所以
$$S_n=(n+1)2^n.$$

习题 6.5

1. (1) 计算 $S_n=\dfrac{1}{2}+\dfrac{3}{2^2}+\dfrac{5}{2^3}+\cdots+\dfrac{2n-1}{2^n}$.

(2) 设 $\{a_n\}$ 为等差数列，求 $S_n=\dfrac{1}{a_1a_2}+\dfrac{1}{a_2a_3}+\cdots+\dfrac{1}{a_{n-1}a_n}$.

(3) 设 $f(n)=2+2^4+2^7+2^{10}+\cdots+2^{3n+1}(n\in\mathbf{N})$，求 $f(n)$.

2. 数列 $\{a_n\}$ 中，$a_1=1$，且 $a_na_{n+1}=4^n$，求 S_n.

3. 数列 $\{a_n\}$ 中，$a_1=8,a_4=2$，且满足 $a_{n+2}-a_{n+1}-a_n=0(n\in\mathbf{N})$.

(1) 求数列 $\{a_n\}$ 的通项公式 a_n； (2) 设 $b_n=\dfrac{1}{n(12-a_n)}$，求 $T_n=b_1+b_2+\cdots+b_n$.

4. 证明 $\sqrt{2}\cdot\sqrt[4]{4}\cdot\sqrt[8]{8}\cdot\cdots\cdot\sqrt[2n]{2n}<4$.（提示：应用分数指数幂的乘积）

5. 已知数列 $\{a_n\}$ 中通项公式为 $a_n=(-1)^{n+1}\cdot n^2$，求 S_n.

6. 在数列 $\{a_n\}$ 中，$a_1=1,a_2=2$，且 $a_{n+1}-a_n=1+(-1)^n(n\in\mathbf{N})$，求 S_{100}.（提示：$a_3-a_1=0,a_4-a_2=2,\cdots$）

7. 求数列 $1,\frac{1}{1+2},\frac{1}{1+2+3},\cdots,\frac{1}{1+2+3+\cdots+n}$ 的前 n 项的和 S_n. $\left(提示:a_n=\frac{2}{n(n+1)}\right)$

8. 设平面内有 n 条直线($n\geqslant 3$),其中仅有两条直线互相平行,任意三条直线不过同一点. 若用 $f(n)$ 表示这几条直线交点的个数. (1) 求 $f(4)$;(2) 当 $n>4$ 时,求 $f(n)$.

9. 已知数列 $\{a_n\}$ 中,$a_1=1$,且点 $P(a_n,a_{n+1})(n\in\mathbf{N})$ 在直线 $x-y+1=0$ 上. 若 $f(n)=\frac{1}{n+a_1}+\frac{1}{n+a_2}+\cdots+\frac{1}{n+a_n}(n\geqslant 2)$,求证:$f(n)\geqslant\frac{7}{12}$. $\left(提示:由 a_1=1,a_{n+1}-a_n=1 求 a_n 的表达式,再证明数列\{f(n)\}单调递增,f(2)=\frac{7}{12}\right)$

第7章　排列、组合与二项式定理

排列、组合是研究从 n 个不同元素中任意取出 $m(m\leqslant n,m,n\in\mathbf{N})$ 个元素有顺序和无顺序摆放的各种可能性，因而排列、组合在生产与生活实际问题中有着广泛的应用，同时也是学习概率论与数理统计等数学知识的基础. 本章对排列、组合进行复习总结.

7.1　排　　列

7.1.1　两个基本原理

在推导排列数、组合数的计算公式的过程中，或者在分析排列、组合的应用问题时，都要用到加法原理和乘法原理.

1. 加法原理(分类计数原理)

如果做一件事情，可以有 n 类办法完成. 在第一类办法中有 m_1 种不同的方法，在第二类办法中有 m_2 种不同的方法，……，在第 n 类办法中有 m_n 种不同的方法，那么完成这件事情(以后称为事件)共有 $m_1+m_2+\cdots+m_n$ 种不同的方法.

例 7.1.1　椭圆 $\dfrac{x^2}{m}+\dfrac{y^2}{n}=1$ 的焦点在 y 轴，且 $m\in\{1,2,3,4,5\}$，$n\in\{1,2,3,4,5,6,7\}$，则这样的椭圆有多少个？

解　因为焦点在 y 轴上，故有条件限制 $0<m<n$. 依次考虑 m 取 1,2,3,4,5 时，相应符合条件的 n 值“分别”有 6,5,4,3,2 种，由分类相加原理知，这样的椭圆有 $6+5+4+3+2=20$(个).

若焦点在 x 轴上，其他条件不变，这样的椭圆又有多少个呢？

2. 乘法原理(分步计数原理)

如果做一件事情需要分成 n 个步骤才能完成；第一步有 m_1 种不同的方法，第二步有 m_2 种不同的方法，……，第 n 步有 m_n 种不同的方法，完成这 n 个步骤才能完成这件事情，那么完成这件事共有 $m_1\cdot m_2\cdot\cdots\cdot m_n$ 种不同的方法.

加法原理和乘法原理的联系与区别：它们回答的都是“做一件事情的不同的方法种数的问题”；加法原理针对的是“分类”的问题，其中各种方法相互独立，用其中任意一种方法都可以完成这件事；乘法原理针对要考查的事件(或过程)划分为若干个依次衔接的步骤，是“分步”的问题，各个步骤中的方法互相依存，只有各个步骤都完成了才算做完这件事. 加法原理和乘法原理的区别可以与电学中的并联和串联作类比，适用于加法原理的是“串联”事件，适用于乘法原理的是“并联”事件.

例 7.1.2　设某人一个袋子里有 10 张不同的中国移动手机卡，另一个袋子里有 12 张不同的中国联通手机卡.

(1)某人要从两个袋子里“任取”一张自己使用的手机卡,共有多少种不同的取法?

(2)某人想得到一张中国移动手机卡和一张中国联通手机卡,供自己今后选择使用,问从两个袋子里“各取”一张手机卡,一共有多少种不同的取法?

解　关键是确定完成这件事到底是“分类”还是“分步”.

(1)“任取”一张手机卡,可从 10 张不同的中国移动手机卡中任取一张,或从 12 张不同的中国联通手机卡中任取一张,每一类办法都能完成这件事,故应用分类相加,有 $10+12=22$(种).

(2)从中国移动手机卡、中国联通手机卡中“各取”一张,则要分两步完成:设从中国移动手机卡任取一张算完成第一步,再从中国联通手机卡中任取一张是第二步,故应用分步相乘有 $10\cdot 12=120$(种)方法.

分类相加与分步相乘分别是加法原理和乘法原理的特征.

例 7.1.3　有 5 封信投入 3 个不同的信筒,不同的投法有多少种?

解　第 1 封信,可以投入第一个信筒里,也可以投入第二个信筒里,更可以投入第三个信筒里,共有 3 种投法;同理,后面的 4 封信也都各有 3 种投法;故 5 封信投入 3 个不同的信筒,不同的投法有 3^5 种.

请问(　　)封信投入(　　)个不同的信筒,不同的投法有 5^3 种方法呢?

例 7.1.4　从 $-1,0,1,2$ 这 4 个数中“各选”三个不同的数作为函数 $f(x)=ax^2+bx+c$,$(a\neq 0)$的系数,可组成不同的二次函数共有多少个? 其中不同的偶函数共有多少个?

解　一个二次函数对应着 a、b、$c(a\neq 0)$的一组取值,a 的取法有 3 种,b 的取法有 3 种,c 的取法有 2 种,由分步相乘原理有 $3\cdot 3\cdot 2=18$ 种,其中不同的偶函数共有 6 个,原因是 $b=0$ 只有一种取法.

7.1.2　排列的概念与相异元素无重复排列

定义　从 n 个不同元素中,不重复地任取 $m(m\leqslant n,m,n\in \mathbf{N})$个元素按照一定的顺序排成一列,叫做从 n 个不同元素中任取 m 个元素的**排列**. 当 $m=n$ 时,叫作**全排列**.

从 n 个不同元素中,不重复地任取 m 个元素的所有排列的个数,称为从 n 个不同元素中任取 m 个元素的**排列数**,记为 A_m^n. 当 $m=n$ 时,**全排列数**记为 A_n^n,简记为 A_n.

排列数的计算公式:

$$\mathrm{A}_n^m=n(n-1)(n-2)\cdots(n-m+1)=\frac{n!}{(n-m)!} \tag{1}$$

$$\mathrm{A}_n=n! \quad (n!=n(n-1)(n-2)\cdots 3\cdot 2\cdot 1) \tag{2}$$

规定 $0!=1$.

对公式(1)的推导与理解:

假定有 m 个空位(见图 7.1.1),从元素 $a_1,a_2,\cdots,a_n$ 中任取 m 个去填空,一个空位填一个元素,每种填法就得到一个排列;反之,由每一个排列,就可以得到一个填法,因此,所有的不同填法的种数,就是排列数 A_m^n.

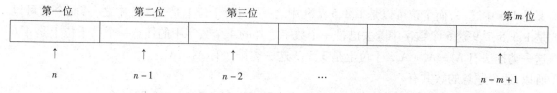

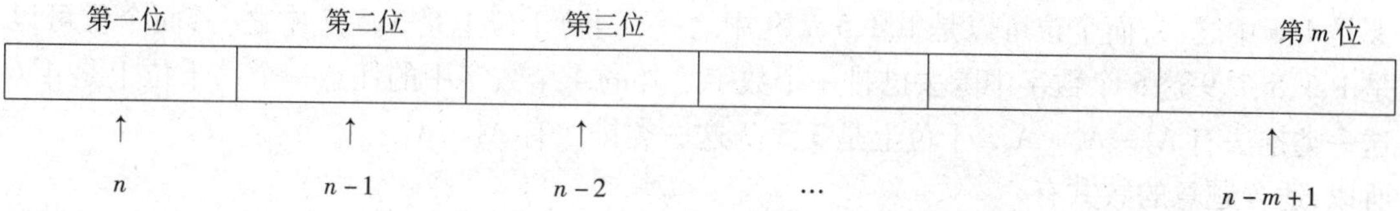

图 7.1.1

计算不同填法的种数：第一位可以从 n 个元素中任取一个填上，共 n 种填法；第二位只能从余下的 $n-1$ 个元素中任取一个填上，共 $n-1$ 种填法；第三位只能从余下的 $n-2$ 个元素中任取一个填上，共 $n-2$ 种填法；依此类推；第 m 位只能从余下的 $n-(m-1)$ 个元素中任取一个填上，共 $n-m+1$ 种不同的填法．按乘法原理，全部填满空位共有 $n(n-1)(n-2)\cdots(n-m+1)$ 种填法．所以排列数计算公式为

$$A_n^m=n(n-1)(n-2)\cdots(n-m+1)=\frac{n!}{(n-m)!}$$

$$0!=1$$

全排列公式为

$$A_n=n!$$

例 7.1.5　用 0 到 9 这 10 个数字可以组成多少个没有重复数字的三位数？

解 1　个位、十位、百位的三位数，因为百位不能排 0，共有 9 种排法，再考虑十位与个位的排列方法有 A_9^2，再用乘法原理有 $9A_9^2$ 个三位数．

解 2　用对立事件有 $A_{10}^3-A_9^2=10\cdot9\cdot8-9\cdot8=9\cdot8\cdot(10-1)=9A_9^2$ 个三位数．

解 3　先考虑不含 0 的三位数有 A_9^3，再考虑不含 0 的二位数有 A_9^2，再在这样的二位数的中间与末尾添 0，就构成两个三位数，最后用加法原理有 $2A_9^2+A_9^3=9A_9^2$.

容易证明 $A_{10}^3-A_9^2=9A_9^2=2A_9^2+A_9^3=9A_9^2$.

例 7.1.6　证明下列各式．

(1) $A_n^m+mA_n^{m-1}=A_{n+1}^m$　　　(2) $A_{n+1}-A_n=nA_n$

证明　(1) $A_n^m+mA_n^{m-1}=\dfrac{n!}{(n-m)!}+m\dfrac{n!}{[n-(m-1)]!}$

$$=\frac{n!\,(n-m+1)}{(n-m+1)!}+\frac{m\cdot n!}{(n-m+1)!}=\frac{(n+1)!}{[(n+1)-m]!}=A_{n+1}^m.$$

(2) $A_{n+1}-A_n=(n+1)!\ -n!\ =n!\ (n+1-1)=n\cdot n!\ =nA_n$.

例 7.1.7　在 3 000 与 8 000 之间，(1) 有多少个没有重复数字，且能被 5 整除的奇数？(2) 有多少个没有重复数字的奇数？

解　(1) 适合题意的数，要具有以下条件：

① 个位上必须是 5，只有 1 种排列方法；

② 千位上必须是 3、4、6、7 中之一（5 已用过，不能再用），共有 A_4^1 种排法；

③ 百位和十位上，可以是除去已经排掉的 2 个数字以外的 8 个数字中的任何 2 个，共有 A_8^2 种排法．

所以，适合题意的数只有 $A_4^1\cdot A_8^2=4\times8\times7=224$（个）．

(2) 适合题意的数，要具有以下条件：

① 千位必须是 3、4、5、6、7 中之一；

② 个位必须是 1、3、5、7、9 中之一，这里 3、5、7 重复，因此把千位又分成两类：(ⅰ) 千位上是 4、6 中之一，而个位可以是 1、3、5、7、9 中之一；(ⅱ) 千位上是 3、5、7 中之一，而个位可以是 1、3、5、7、9 这 5 个数字中除去已排一个数字之外的 4 个数字中的任意一个．千位上是 4、6 这一类排法有 $A_2^1\cdot A_5^1\cdot A_8^2$. 千位上是 3、5、7 这一类排法有 $A_3^1\cdot A_4^1\cdot A_8^2$.

所以，适合题意的数共有

$$A_2^1\cdot A_5^1\cdot A_8^2+A_3^1\cdot A_4^1\cdot A_8^2=(2\times5+3\times4)\times7\times8=12\ 321(\text{个}).$$

例 7.1.8　用1、2、3、4四个数字可以组成多少个没有重复数字的四位数.

解　显然,所求的四位数的个数等于4个元素的全排列的种数

$$A_4^4 = 4 \times 3 \times 2 \times 1 = 24$$

7.1.3　相异元素的重复排列

用1、2、3三个数字可以组成多少个两位数?这里每一个数字都可以重复出现组成的两位数的排列可以分两步完成:

(1)十位上的数字可以从1、2、3三个数字中任取一个,有3种排法.

(2)个位上的数字仍可以从1、2、3三个数字中任取一个,也有3种排法.

按分步计数原理,符合题意的两位数是 $3 \times 3 = 3^2 = 9$(个).

一般地,从 n 个不同的元素里,允许重复地每次取出 m 个元素,按一定的顺序摆成一排,叫做从 n 个元素里每次取出 m 个元素的**重复排列**(简称**重复排列**).用符号表示为

$$R_n^m = n^m \tag{3}$$

其中,n 表示不同元素的个数,m 表示元素最多可重复的次数.

例 7.1.9　以285为首的7位数电话号码,最多有多少个?

解　符合题意的电话号码的形式为285××××,它们后面的四位数字由0、1、2、3、4、5、6、7、8、9十个数字组成,所以电话号码个数是 $N = 10^4 = 10\ 000$(个).

在解相异元素重复排列问题时,在公式(3)中,判断哪一个作为底数 n,哪一个作为指数 m,是解题的关键.

例 7.1.10　某市的电话号码从原来的6位升至7位,这样升位后可增加多少部电话?

这就是相异元素的重复排列:

$$10^7 - 10^6 = 10^6(10-1) = 9 \times 10^6 = 9\ 000\ 000(\text{部})$$

相异元素无重复排列与相异元素的重复排列是有区别的.

例 7.1.11　设7个运动员争取参加3项比赛,且每种比赛只派1个运动员参加.

(1)如果每人只能参加1个项目比赛,有几种分配方法?

(2)如果每人参加项目不限,也可以不参加,有几种分配方法?

解　(1)因为每人只能参加1个项目,所以参加第1项目比赛有7种方法,参加第2项目比赛有6种方法,参加第3项目比赛有5种方法,这是7个元素取3个元素的不许重复排列,有 $A_7^3 = 7 \times 6 \times 5 = 210$(种).

(2)因为每人参加项目不限,每个比赛项目都可以让这7个人中的任一人参加,都有7种方法,这是7个元素中取3个的允许重复的排列问题,其分配方法有 $7^3 = 343$(种).

例 7.1.12　5个学生排队照相,其中两位同学甲,乙必须排在一块照,有多少种照相方法?

解　把甲,乙捆绑在一块视为一个元素,有 A_4^4 种排列照相方法,而后考虑甲,乙可交换位置有 A_2^2 种方法,共有两个环节,故有 $A_4^4 A_2^2 = 24$ 种方法.

解排列应用题注意两个策略,即"相邻问题的捆绑处理策略",某两个元素(或多个元素)要求相邻排列的问题,可将这些相邻元素捆绑视为一个元素再与其他元素进行排列,再对相邻元素进一步自排的方法.

"不相邻问题的插空处理策略"就是先安排好无限制条件的元素，而后在排好元素的空位和两端插入不能相邻元素的方法.

例 7.1.13　有 5 个歌舞节目与 3 个相声节目，要安排一个演出节目单，要求相声节目不能相邻且不可排两头，共有多少种排法？

解　不限制位置的排法，5 个歌舞节目有 A_5^5 种，由于相声节目不相邻且不可排两头，故 3 个相声节目只能分别插在 5 个歌舞节目的 4 个间隙中，有 A_4^3 种排法，由乘法原理有 $A_4^3A_5^5=2\,880$(种).

例 7.1.14　有 6 个人排队照相，其中甲、乙、丙 3 人不能站在一起的排队照相方法有多少种？

解法 1　（用间接相邻的捆绑处理的策略）甲、乙、丙 3 人站在一起的照相方法有 $A_4^4A_3^3$ 种，再用 6 个人的全排列来减有 $A_6^6-A_4^4A_3^3=720-24\times6=576$(种).

解法 2　（不相邻问题的插空处理策略）除甲、乙、丙 3 人之外的 3 个人有 4 个空，用甲、乙、丙 3 人去插空有 A_4^3 种方法；复而将甲、乙、丙 3 人又有 4 个空，用余下的 3 人去插空又有 A_4^3 种方法照相，共有两个步骤，故用乘法原理共有 $A_4^3\cdot A_4^3=24\times24=576$(种).

例 7.1.15　班委 6 人，分工担任班长、副班长、学习委员、劳动委员、文娱委员、体育委员 6 种职务，其中甲不担任班长，乙不担任体育委员，一共有多少种不同的分工方法.

分析 1　（直接求）(1) 由于甲、乙不担任班长与体育委员，可由其他 4 人担任，有 A_4^2 种方法，对于其中任一种选法，再分配其他工作有 A_4^4 种方法，故一共有 $A_4^2A_4^4$ 种方法.

(2) 甲担任体育委员，乙不担任班长有 $4A_4^4$ 种分工方法.

(3) 乙担任班长，甲不担任体育委员又 $4A_4^4$ 种分工方法.

(4) 甲担任体育委员，乙担任班长就有 A_4^4 种分工方法.

因此，一共有 $A_4^2A_4^4+4A_4^4+4A_4^4+A_4^4=21A_4^4$ 种分工方法.

分析 2　（间接求）若没有限制条件有 A_6^6 种分工方法，其中不符合条件的有：

(1) 甲担任班长的有 A_5^5 种分工方法.

(2) 乙担任体育委员的也有 A_5^5 种分工方法.

但是，这两类分工方法都包含有甲担任班长，乙担任体育委员的分工方法，所以不符合条件分工方法有 $2A_5^5-A_4^4$，所以甲不担任班长，乙不担任体育委员，一共有 $A_6^6-(2A_5^5-A_4^4)=A_6^6-2A_5^5+A_4^4=21A_4^4$ 种不同的分工方法.

分析 3　因为班长与体育委员人选有限制条件，先考虑担任班长与体育委员的分工方法有：

(1) 甲、乙都不担任班长与体育委员的分工方法有 A_4^2 种.

(2) 甲担任体育委员，乙不担班长分工方法有 A_4^1 种.

(3) 甲不担任体育委员，乙担任班长分工方法有 A_4^1 种.

(4) 甲担任体育委员，乙担任班长分工方法只有 1 种.

所以，有 $A_4^2+A_4^1+A_4^1+1=21$ 种方法，班长和体育委员人选确定之后，再分配其他工作的有 A_4^4 种方法，故共有 $21A_4^4$ 种分工方法.

例 7.1.16　用 0,1,2,3,4,5,6 组成一个"个位数字大于十位数字"的无重复数字的四位数有多少个.

分析 1　此问题要用到数学的加法原理、乘法原理、分类讨论、四位数、无重复数字的四位数等知识与概念.

"个位数字大于十位数字"的条件,从感性到理性的升华包括:①个位是零不满足条件;②个位是1,十位是0,则百位、千位从其他2,3,4,5,6这5个中任选两个的排列是 A_5^2 种方法;③个位是2,十位是0,1的又分成两种:个位是2,十位是0,则百位、千位从其他1,3,4,5,6这5个中任选两个的排列是 A_5^2 种方法,再加上个位是2,十位是1,则百位可从3,4,5,6这4个中任选1个的排列是 A_4^1 种方法,千位从其他3,4,5,6这4个中任选两个的排列是 A_4^1 种方法,又由于百位,千位的选取数只是完成四位数的两个环节,故用乘法原理得 $A_4^1A_4^1$,共有 $A_5^2+A_4^1A_4^1$ 种方法,读者思考,这里既有加法又有乘法是为什么?④3在个位的有 $A_5^2+A_2^1A_4^1A_4^1$ 种;④4在个位的有 $A_5^2+A_3^1A_4^1A_4^1$ 种;⑤5在个位的有 $A_5^2+A_4^1A_4^1A_4^1$ 种;⑥ 6在个位的有 $A_5^2A_5^1$ 种;⑦故满足条件的四位数的个数有

$$5A_5^2+A_4^1A_4^1+A_2^1A_4^1A_4^1+A_3^1A_4^1A_4^1+A_4^1A_4^1A_4^1+A_5^1A_5^2=360$$

分析 2　首位不能为0,有 A_6^1 种选法,末两位从余下的6个数字选择,对于任意选出的2个数,个位数字大于和小于十位数字的概率相等,所以末位数字的选取方法有 $\frac{A_6^2}{2}$ 种.百位的挑选由余下的4个数字选一个的排列.共有三个环节,故满足条件的四位数个数有 $A_6^1\frac{A_6^2}{2}A_4^1=360$.

习题 7.1

1. 已知 $a\in\{1,2,3\}$,$b\in\{3,4,5,6,7,8\}$,$r\in\{1,2,3\}$,则方程 $(x-a)^2+(y-b)^2=r^2$ 表示的圆有(　　)个.

2. 3封信投入4个信筒中,有(　　)种投法.

3. 5位老师与5位学生站成一排:

(1)5位学生必须排在一起共有多少种排法?

(2)5位学生不能相邻共有多少种排法?

(3)老师与学生相间隔共有多少种排法?

4. (1)设直线的方程是 $Ax+By=0$,从1,2,3,4,5这5个数中每次取两个不同的数作为 A,B 的值,则得出不同直线的条数是(　　).

A. 20　　B. 19　　C. 18　　D. 16

(2)某班新年联欢会原定的5个节目已排成节目单,开演前又增加了两个新节目,如果将这两个新节目插入原节目单中,那么不同插法的总数为(　　).

A. 42　　B. 30　　C. 20　　D. 12

(3)用1,2,3,4,5排成没有重复数字的五位数,要求首位与末位必须是偶数的排法有(　　)种.

A. A_5^5　　B. $\frac{A_5^5}{A_2^2}$　　C. $A_5^5-A_2^2$　　D. $A_3^3\cdot A_2^2$

(4)一条铁路原有 m 个车站,为了适应客运的需要新增加了 n 个($n>1$)车站,则客运车票增加了58种,那么原有车站(　　)个.

A. 12　　　　B. 13　　　　C. 14　　　　D. 15

5. 有 7 名师生站成一排拍照留念，其中老师 1 人，男生 4 人，女生 2 人，在下列情况下，各有不同站法多少种？

(1) 两名女生必须相邻而站；

(2) 4 名男生互不相邻；

(3) 设 4 名男生身高都不等，按由高到低的顺序站；

(4) 老师不站中间，女生不站两端．

6. 设集合 $M=\{-3,-2,-1,0,1,2\}$，$P(a,b)$ 是坐标平面上的点，$a,b\in M$.

(1) P 可以表示多少个平面上的不同点？

(2) P 可以表示多少个第二象限内的点？

(3) P 可以表示多少个不在直线 $y=x$ 上的点？

7. 某天某班的课程表要排语文、数学、外语、物理、化学、体育 6 节课程，如果第一节不排体育，最后一节不排数学，一共有多少种不同的排法？

7.2 组　合

从 n 个不同元素中，不重复地任取 $m(m\leqslant n,m,n\in\mathbf{N})$ 个元素（取出的元素各不相同）并成一组，叫做从 n 个不同元素中任取 m 个元素的一个**组合**．从 n 个不同元素中，取 $m(m\leqslant n,m,n\in\mathbf{N})$ 个元素的所有组合个数，叫做从 n 个不同元素中任取 m 个元素的**组合数**，记为 C_n^m.

组合数公式为

$$\mathrm{C}_n^m=\frac{n(n-1)(n-2)\cdots(n-m+1)}{m!}=\frac{n!}{m!\ (n-m)!}\quad\text{（后者多用于化简）}$$

组合数的两个性质：

(1) $\mathrm{C}_n^m=\mathrm{C}_n^{m-r}$；

(2) $\mathrm{C}_n^{m-1}+\mathrm{C}_n^m=\mathrm{C}_{n+1}^m$.

证明

(1)
$$\mathrm{C}_n^m=\frac{n(n-1)\cdots(n-m+1)}{1\cdot2\cdot3\cdot\cdots\cdot m}=\frac{n(n-1)\cdots\cdot(n-m+1)(n-m)\cdots\cdot3\cdot2\cdot1}{1\cdot2\cdot3\cdot\cdots\cdot m\cdot(n-m)\cdots\cdot3\cdot2\cdot1}$$
$$=\frac{n!}{m!\ (n-m)!}=\frac{n!}{(n-m)!\ m!}=\mathrm{C}_n^{n-m}.$$

(2)
$$\mathrm{C}_n^{m-1}+\mathrm{C}_n^m=\frac{n(n-1)(n-2)\cdots\cdot(n-m)}{1\cdot2\cdot3\cdot\cdots\cdot(m-1)}+\frac{n(n-1)(n-2)\cdots\cdot(n-m+1)}{1\cdot2\cdot3\cdot\cdots\cdot m}$$
$$=\frac{n(n-1)\cdots(n-m+2)}{1\cdot2\cdot3\cdot\cdots\cdot(m-1)}\cdot\left(\frac{n-m+1}{m}+1\right)$$
$$=\frac{(n+1)n(n-1)\cdots\cdot(n-m+2)}{1\cdot2\cdot3\cdot\cdots\cdot(m-1)m}=\mathrm{C}_{n+1}^m.$$

例 7.2.1　计算 (1) C_{100}^{98}；　(2) $\mathrm{C}_6^3+\mathrm{C}_6^4+\mathrm{C}_4^4+\mathrm{C}_4^0$；　(3) $\dfrac{\mathrm{A}_5^4\mathrm{C}_5^3\mathrm{C}_4^2}{10\mathrm{A}_5^5}$.

解 (1) $C_{100}^{98}=C_{100}^{2}=\frac{100\times 98}{2}=4\ 900$;

(2) $C_6^3+C_6^4+C_4^4+C_4^0=C_7^4+C_4^4+C_4^0=C_7^3+2=\frac{7\times 6\times 5}{1\times 2\times 3}+2=37$;

(3) $\frac{A_5^4C_5^3C_4^2}{10A_5^5}=5\times 4\times 3\times 2\times\frac{5\cdot 4\cdot 3}{3!}\times\frac{4\cdot 3}{2!}\times\frac{1}{10\cdot 5!}=6.$

例 7.2.2 已知$\frac{1}{C_5^m}-\frac{1}{C_6^m}=\frac{7}{10C_7^m}$,求 C_8^m.

解 m 的取值范围是$\{m|0\leqslant m\leqslant 5,m\in\mathbf{Z}\}$,由已知$\frac{1}{C_5^m}-\frac{1}{C_6^m}=\frac{7}{10C_7^m}$,即

$$\frac{m!\ (5-m)!}{5!}-\frac{m!\ (6-m)!}{6!}=\frac{7\times(7-m)!\ m!}{10\times 7!}$$

$$60-10(6-m)=(7-m)(6-m)\Rightarrow m^2-23m+42=0$$

解得 $m=21$ 或 $m=2$,但 $m\in[0,5]$,所以 $m=21$ 舍去,

所以 $C_8^m=C_8^2=28$.

例 7.2.3 在产品检验时,经常从产品中抽出一部分进行检查. 现在从 50 件产品中任意抽出 3 件,求:

(1)一共有多少种抽法?

(2)如果 50 件产品中有 2 件次品,抽出的 3 件产品恰有 1 件次品的抽法有多少种?

(3)如果 50 件产品中有 2 件次品,抽出的 3 件产品至少有 1 件次品的抽法有多少种?

解 (1)所有的不同抽法的种数就是从 50 件产品中取出 3 件的组合数

$$C_{50}^3=\frac{50\times 49\times 48}{3\times 2}=19\ 600(种)$$

(2)恰有 1 件次品的抽法可以从 2 件次品中取 1 件,从 48 件合格品中取 2 件的抽法有

$$C_2^1C_{48}^2=2\times 1\ 128=2\ 256(种)$$

(3)至少 1 件次品的抽法包含两种情况:1 件次品和 2 件次品

$$C_2^1C_{48}^2+C_2^2C_{48}^1=2\ 256+48=2\ 304(种)$$

此问还有另外一种解法:从 50 件产品中任意抽出 3 件产品有 C_{50}^3 种取法,除去抽出的 3 件产品都是合格品的抽法 C_{48}^3 种,就是至少 1 件次品抽法种数,即

$$C_{50}^3-C_{48}^3=2\ 304(种)$$

习题 7.2

1. 选择题.

(1)从 6 位男教师和 4 位女教师中选出 3 位教师,派到 3 个班去担任班主任(每班 1 位班主任),要求这 3 位班主任男、女教师都必须有,则不同的选派方案共有( ).

A. 210 种　　B. 420 种　　C. 630 种　　D. 840 种

(2)从 4 名男生和 3 名女生中选出 4 人参加某个座谈会,若这 4 人中必须既有男生又有女生,则不同的选法共有( ).

A. 14 种　　B. 12 种　　C. 35 种　　D. 34 种

(3)从正方体的 6 个面中选取 3 个面,其中有 2 个面不相邻的选法共有(　　).

A,8 种　　B. 12 种　　C. 16 种　　D. 20 种

(4)以一个 5 棱柱的顶点为顶点的四面体的个数共有(　　).

A. 195　　B. 190　　C. 185　　D. 180

2. 解方程.

(1)$C_{n+3}^{n+1}=C_{n+1}^{n-1}+C_{n+1}^{n}+C_{n}^{n-1}$;　　(2)$C_{19}^{k}=C_{19}^{k-11}$

3. 某运输公司有 7 个车队,每个车队的车都多于 4 辆且型号相同,要从这 7 个车中抽出 10 辆车组成一个运输车队,每个车队至少抽一辆车,则不同的抽法有多少种?

4. 有 3 名飞行员与 6 名空中小姐分别上 3 架不同型号直升飞机,每机 1 名飞行员与两名空中小姐,那么一共有多少种分配方法?

5. 从正方体的 8 个顶点中任取 3 点作三角形,其中直角三角形的个数为多少?

6. 有 x 名棋手参加单循环制象棋比赛,其中有 2 名选手各比赛了 3 场就退出了比赛,这样的比赛全部结束时共赛了 84 场,问原来有多少人参加这项比赛?

7. 某医院有内科医生 12 名,外科医生 8 名,现在选派 5 名医生参加赈灾医疗队,

(1)某内科医生必须参加,某外科医生不能参加,有几种选法?

(2)至少有一名内科医生和一名外科医生当选,有几种选法?

7.3　排列、组合综合应用举例

在解题过程中要注意的是:排列、组合混合应用问题,首先是区分好分类相加与分步相乘;其二是区别是排列还是组合,从题目要求得出一个选择结果,然后交换此选择结果的位置,若交换使选择结果发生了变化,则是排列问题;否则是组合问题. 如 35 个学生的一个班,毕业返校聚会,每两个人握一次手,一共要握多少次手? 是 C_{35}^{2} 还是 A_{35}^{2} 呢? 交换选择方式,甲与乙握手;乙与甲握手是同一回事,与选择结果无关,是个组合问题,而非排列问题. 如果是 35 人每 2 人之间写一封信,一共写多少封信呢? 是 C_{35}^{2} 还是 A_{35}^{2} 呢? 甲给乙写信与乙给甲写信是不同的两封信,则是 A_{35}^{2} 的排列问题,而非组合问题.

例 7.3.1　在 $\angle BAC$ 的一边 AB 上有 5 个点,AC 上有 4 个点,包括 A 点共 10 个点,可以构成多少个不同的三角形?

解法 1　将 10 个点分成三类:一类是 AC 边上的不包括 A 的 4 个点;二类是 AB 边上的不包括 A 的 5 个点;三类是 A 点.

(1)一类上取两个点,二类中取一个点,构成的三角形共有 $C_4^2C_5^1=30$(个).

(2)一类上取 1 个点,二类中取两个点,构成的三角形共有 $C_4^1\cdot C_5^2=40$(个).

(3)从一类、二类各取一个点,连同 A 点构成的三角形共有 $C_4^1\cdot C_5^1=20$(个).

由加法原理所得三角形共有 $30+40+20=90$(个).

解法 2　把 A 点看成 AB 上的点,AB 上的有 6 个点,

(1)先从 AB 上取两个点,再从 AC 上取一个点,所构成三角形的取法有 $C_6^2\cdot C_4^1=60$(个).

(2)先从 AB 上取 1 个点,再从 AC 上取两个点,所构成三角形的取法有 $C_6^1\cdot C_4^2=36$(个).

(3)由于在 AB 上取一个点时有取 A 点的情形,此时与 AC 边上取的任何两点均不能构成三角形,必须减去 $C_4^2=6$(个),所以总共的取法有 $C_6^2\cdot C_4^1+C_6^1\cdot C_4^2-C_4^2=60+36-6=90$(个).

解法3 点总共有 $5+4+1=10$(个),任取3点共有取法为 C_{10}^3. 由于 AB 上有6个点任取3点不能构成三角形,AC 上有5个点任取3点也不能构成三角形,必须减去,所以构成的三角形数为 $C_{10}^3-C_6^3-C_5^3=90$(个).

例7.3.2 用数字0、1、2、3、4、5组成没有重复数字的四位数.

(1)可组成多少个不同的四位数?

(2)可组成多少个不同的四位偶数?

(3)可组成多少个能被3整除的四位数?

(4)将(1)中的四位数按从小到大的顺序排成一数列,问第85个数是什么?

解 (1)直接法:$A_5^1\cdot A_5^3=5\times5\times4\times3=300$.

间接法:$A_6^4-A_5^3=5\cdot4\cdot3(6-1)=300$.

(2)由题意知四位数的个位数字必须是偶数,同时暗含了首位不能是0,因此该四位数的个位与首位是“特殊位置”,应优先处理;另一方面,0既是偶数,又不能排在首位,属于“特殊元素”,应重点对待.

解法1 (直接法)0在个位的四位数有 A_5^3 个,0不在个位时,先在2,4中选一个放在个位,再从余下的四个数(不包括0)中选一个放在首位,应有 $A_4^2\cdot A_4^1\cdot A_2^1$,依加法有 $A_5^3+A_4^2\cdot A_4^1\cdot A_2^1=156$(个).

解法2 (间接法)从这6个数字中任取4个数字组成最后一位是偶数的排法,有 $A_3^1\cdot A_5^3$,其中第一位是0的有 $A_2^1\cdot A_4^2$,故适合题意的数有 $A_3^1\cdot A_5^3-A_2^1\cdot A_4^2=156$(个).

(3)各位数字之和是3的倍数的数能被3整除,符合题意的有:

① 含0,3则需1,4和2,5各取一个可组成 $C_2^1\cdot C_2^1\cdot C_3^1\cdot A_3^3$(个);

② 含0或3中一个,均不符合题意;

③ 不含0,3由1,2,4,5可组成 A_4^4 个,所以共有 $C_2^1\times C_2^1\times C_3^1\times A_3^3+A_4^4=96$(个).

(4)在首位的数有 $A_5^3=60$ 个;2在首位0在第二位的数有 $A_4^2=12$(个);2在首位1在第二位的数有 $A_4^2=12$(个);以上四位数共有84(个),故第85个四位数是2 301.

例7.3.3 用数字0、1、2、3、4、5组成没有重复数字的数:能够组成多少个比240 135大的数?

解 十万位取1,2,有 A_2^1 种,其他5个数位有 A_5^5 种取法,所以小于201 345的数有 $A_2^1A_5^5$ 种取法,而等于201 345的数只有1个,故 $A_6^6-A_2^1A_5^5-1=479$(个).

例7.3.4 在有8男5女的13人中,选3人准备作报告,选出的3人中至少有1名女生的选法有多少种?

解法1 至少有1名女生包括1女2男、2女1男、3女三种情况,其选法有 $C_5^1C_8^2+C_5^2C_8^1+C_5^3=230$ 种.

解法2 把满足要求的、不满足要求的、都找出来,再减去不符合要求的8男中挑出3人的种数:$C_{10}^3-C_8^3=230$.

例7.3.5 有不同的中文书9本,又有不同的英文书7本,不同的日文书5本,从中任取两本不同的,共有多少种选法?

解 1(以中文书为主元)含中文书有 $A_9^1A_{12}^1=108$,不含中文书有 $A_7^1A_5^1=35$,由分类原理推出 $A_9^1A_{12}^1+A_7^1A_5^1=108+35=143$.

解 2 含英文书有 $A_7^1A_{14}^1=98$,

不含英文书有 $A_9^1A_5^1=45\Rightarrow A_7^1A_{14}^1+A_9^1A_5^1=98+45=143$.

读者若以日文书为主元,可得第三种解法.

习题 7.3

1. 选择题.

(1)以一个正三棱柱的顶点为顶点的四面体共有(　　).

A. 6 个　　B. 12 个　　C. 18 个　　D. 30 个

(2)从 4 台甲型与 5 台乙型电视机中任意取 3 台,其中至少要有甲型和乙型电视机各一台,则不同的取法共有(　　)种.

A. 140　　B. 84　　C. 70　　D. 35

(3)用 1,2,3,4,5 这 5 个数字,组成没有重复数字的三位数,其中偶数共有(　　).

A. 24 个　　B. 30 个　　C. 40 个　　D. 60 个

(4)3 名医生和 6 名护士被分配到 3 所学校为学生体检,每校分配 1 名医生与 2 名护士,不同的分配方法共有(　　).

A. 90 种　　B. 180 种　　C. 270 种　　D. 540 种

2. 已知 a,b 两条直线平行,直线 a 上有 3 个点,直线 b 上有两个点,求:

(1)一共可以组成多少个不同的三角形?

(2)一共可以组成多少个不同的四边形?

3. 有 5 男 3 女,从中选出 5 人担任 5 门不同课程的课代表,符合下列条件的选法分别有多少种?

(1)有女生,但女生人数必须少于男生;

(2)某女生一定要担任语文课代表;

(3)某男生一定要包括在内,但不担任数学课代表;

(4)某女生一定要担任语文课代表,某男生必须担任课代表,但不担任数学课代表.

4. 3男 2 女,从中选 3 人当董事长、总经理与秘书 3 个职务.

(1)有女性,但人数必须少于男性;

(2)某女性一定要当董事长;

(3)某男性必须包括在内,但不担任总经理;

(4)某女性一定要当董事长,某男性必须包括在内,但不担任总经理.

5. 从 6 名短跑运动员中选 4 人参加 4×100 m 接力,如果其中甲不能跑第一棒,乙不能跑第四棒,问有多少种参赛方法?

6. 在一张节目表上原有 6 个节目,如果保持这些节目的相对顺序不变,再添加进去 3 个节目,问有多少种安排方法?

7.4 二项式定理

7.4.1 杨辉三角形

$(a+b)^n, n=1,2,3,4,\cdots$的展开式中各项的系数排成下表：

$$
\begin{array}{ll}
(a+b)^1=a+b & \quad\quad\quad\quad\quad 1 \quad\quad 1 \\
(a+b)^2=a^2+2ab+b^2 & \quad\quad\quad 1 \quad\quad 2 \quad\quad 1 \\
(a+b)^3=a^3+3a^2b+3ab^2+b^3 & \quad 1 \quad\quad 3 \quad\quad 3 \quad\quad 1 \\
(a+b)^4=a^4+4a^3b+6a^2b^2+4ab^3+b^4 & 1 \quad\quad 4 \quad\quad 6 \quad\quad 4 \quad\quad 1 \\
\cdots\cdots &
\end{array}
$$

$$(a+b)^n=C_n^0a^n+C_n^1a^{n-1}b+\cdots+C_n^ra^{n-r}b^r+\cdots+C_n^nb^n$$

可以看出，二项式 $a+b$ 的各次幂的首末两项系数都是1，而中间各项系数恰好等于它的"肩上"两个数的和.

早在1261年，在我国宋朝数学家杨辉所著《详解九章算术》一书里，就已经出现了上述形式的表，这个表的外形很像一个三角形，所以把它称为**杨辉三角形**.

7.4.2 二项式定理

杨辉三角形中每行的数对应于某个二项展开式的系数，如第4行是$(a+b)^4$的系数1、4、6、4、1，用组合符号可改写成 $C_4^0, C_4^1, C_4^2, C_4^3, C_4^4$. 于是$(a+b)^4=C_4^0a^4+C_4^1a^3b+C_4^2a^2b^2+C_4^3ab^3+C_4^4b^4$.

把右边的式子用$\sum$表示求和，一般地有

$$(a+b)^n=\sum_{i=0}^{n}C_n^ia^{n-i}b^i$$

此公式叫**二项式定理**(也叫**牛顿二项式定理**)，其中公式中的 $C_n^0, C_n^1, C_n^2, \cdots, C_n^k, \cdots, C_n^n$ 称为二项式展开的**系数**，右边的多项式叫做$(a+b)^n$的**二项展开式**.

例7.4.1 写出$\left(1+\dfrac{1}{x}\right)^4$的所有各项.

解 $\left(1+\dfrac{1}{x}\right)^4=1+C_4^1\left(\dfrac{1}{x}\right)+C_4^2\left(\dfrac{1}{x}\right)^2+C_4^3\left(\dfrac{1}{x}\right)^3+C_4^4\left(\dfrac{1}{x}\right)^4=1+\dfrac{4}{x}+\dfrac{6}{x^2}+\dfrac{4}{x^3}+\dfrac{1}{x^4}$.

例7.4.2 写出$\left(2\sqrt{x}-\dfrac{1}{\sqrt{x}}\right)^6$的展开式.

解

$$\left(2\sqrt{x}-\frac{1}{\sqrt{x}}\right)^6=\left(\frac{2x-1}{\sqrt{x}}\right)^6$$

$$=\frac{1}{x^3}[(2x)^6-C_6^1(2x)^5+C_6^2(2x)^4-C_6^3(2x)^3+C_6^4(2x)^2-C_6^5(2x)+C_6^6]$$

$$=64x^3-192x^2+240x-160+\frac{60}{x}-\frac{12}{x^2}+\frac{1}{x^3}.$$

7.4.3　二项展开式的通项公式

二项式定理中的二项展开式是按字母 a 的降幂排列的，是关于 a、b 的 n 次齐次式，共有 $n+1$ 项．二项展开式的第 $r+1$ 项为

$$T_{r+1}=C_n^r a^{n-r}b^r \quad (r=0,1,2,\cdots,n)$$

称为二项展开的**通项公式**．显然，$(a-b)^n$ 展开式的第 $r+1$ 项为 $T_{r+1}=C_n^r a^{n-r}(-1)^r b^r$

例 7.4.3　求 $(x+1)^{12}$ 展开式的第 4 项与倒数第 4 项．

解　$T_{3+1}=C_{12}^3x^3$；$T_{9+1}=C_{12}^9x^9$.

例 7.4.4　求 $\left(\dfrac{x^2}{3}+\dfrac{3}{x}\right)^8$ 的展开式的中间一项的系数．

解　$T_{4+1}=C_8^4\left(\dfrac{x^2}{3}\right)^{8-4}\left(\dfrac{2}{x}\right)^4=C_8^4\left(\dfrac{2}{3}\right)^4$.

例 7.4.5　设 $(x+1)^4(2x-1)^8=a_0+a_1x+a_2x^2+\cdots+a_{12}x^{12}$，求 $a_1+a_2+\cdots+a_{12}$.

解　在 $(x+1)^4(2x-1)^8=a_0+a_1x+a_2x^2+\cdots+a_{12}x^{12}$ 中，令 $x=1$，得 $a_0+a_1+a_2+\cdots+a_{12}=16$，令 $x=0$，得 $a_0=1$，所以 $a_1+a_2+\cdots+a_{12}=15$.

例 7.4.6　求 $(x+2)^{10}(x^2-1)$ 的展开式中 x^{10} 的系数．

解　$(x+2)^{10}(x^2-1)=x^2(x+2)^{10}-(x+2)^{10}$，$T_{r+1}=C_n^ra^{n-r}b^r$，

所以 $C_{10}^2\times2^2-C_{10}^{10}=179$

例 7.4.7　求 $\left(2+x^2+\dfrac{1}{x^2}\right)^6$ 的展开式中的常数项．

解　原式 $=\left(2+x^2+\dfrac{1}{x^2}\right)^6=\left[\left(x+\dfrac{1}{x}\right)^2\right]^6=\left(x+\dfrac{1}{x}\right)^{12}$，

$$T_{r+1}=C_{12}^r x^{12-r}\left(\frac{1}{x}\right)^r=C_{12}^r x^{12-2r},$$

令 $12-2r=0$，得出 $r=6$，所以 $T_7=C_{12}^6=924$.

例 7.4.8　将 $\left(|x|+\dfrac{1}{|x|}-2\right)^3$ 展开，其中的值为常数的各项之和等于多少？

解法 1　$\left(|x|+\dfrac{1}{|x|}-2\right)^3=\left(|x|+\dfrac{1}{|x|}-2\right)\left(|x|+\dfrac{1}{|x|}-2\right)\left(|x|+\dfrac{1}{|x|}-2\right)$，得到常数项的情况有

① 三个相同括号全取 -2 相乘，得 -8.

② 一个括号取 $|x|$，一个括号取 $\dfrac{1}{|x|}$，一个括号取 -2 相乘，得 $C_3^1C_2^1(-2)=-12$.

所以常数项之和为 $(-2)^3+(-12)=-20$.

解法 2　$\left(|x|+\dfrac{1}{|x|}-2\right)^3=\left[\left(\sqrt{|x|}-\dfrac{1}{\sqrt{|x|}}\right)^2\right]^3=\left(\sqrt{|x|}-\dfrac{1}{\sqrt{|x|}}\right)^6$.

设第 $r+1$ 项为常数项，则有

$T_{r+1}=C_6^r(-1)^r\left(\dfrac{1}{\sqrt{|x|}}\right)^r(\sqrt{|x|})^{6-r}=(-1)^rC_6^r(\sqrt{|x|})^{\frac{6-2r}{2}}$，$6-2r=0\to r=3$，

$T_{r+1}=(-1)^3C_6^3=-20$.

7.4.4　二项展开式中的系数间的关系

由二项式定理可知，不论 n 为何自然数，$(a+b)^n$ 的二项式展开式的系数间都有下列关系：

(1)在二项式展开式里，和两端等距离的两项的系数相等．

(2)当 n 为偶数时，二项式展开式中，第 $\frac{n}{2}+1$ 的项的系数有最大值；当 n 为奇数时，第 $\frac{n+1}{2}$ 项的系数和第 $\frac{n+1}{2}+1$ 的项的系数有相同的最大值．

证明　(1)在二项展开式系数顺序依次是 $C_n^0, C_n^1, C_n^2, \cdots C_n^r, \cdots, C_n^n$. 由组合的第一个性质，$C_n^1 = C_n^{n-1}, C_n^2 = C_n^{n-2} (k=0,1,2,\cdots,n)$，故和两端等距离的两项的系数相等．

(2)二项展开的顺序系数是 $C_n^0 = 1, C_n^1 = n, C_n^2 = \frac{n(n-1)}{2!}, C_n^3 = \frac{n(n-1)(n-2)}{3!}, \cdots\cdots$，因为和两端等距离的两项的系数相等，所以系数的最大值的必然在中间，当 n 为偶数时，展开式只有 $n+1$ 项，则第 $\frac{n}{2}+1$ 项具有最大系数．当 n 为奇数时，则中间项两项：第 $\frac{n+1}{2}$ 项和第 $\frac{n+1}{2}+1$ 项的系数有相同的最大值．

7.4.5　二项展开式的系数之和

在 $(a+b)^n$ 的二项展开式中，令 $a=b=1$，即可得二项展开式系数的各系数之和为

$$C_n^0 + C_n^1 + \cdots + C_n^r + \cdots + C_n^n = 2^n$$

即得组合总数的公式

$$C_n^1 + \cdots + C_n^r + \cdots + C_n^n = 2^n - 1 \tag{1}$$

在 $(a-b)^n$ 的二项展开式中，令 $a=b=1$，则可得：

奇次项的二项式系数的和等于偶次项的二项式系数的和

$$C_n^0 - C_n^1 + \cdots + (-1)^n C_n^n = 0$$

所以

$$C_n^0 + C_n^2 + \cdots = C_n^1 + C_n^3 + \cdots \tag{2}$$

等式(1)与式(2)称为组合数的**恒等式**．

例 7.4.9　求证：$(C_n^0)^2 + (C_n^2)^2 + \cdots + (C_n^n)^2 = \frac{(2n)!}{n!\ n!}$.

分析　利用构造法证明组合数的恒等式．

(1)构造两种组合数的算法，将 $\frac{(2n)!}{n!\ n!}$ 变为 C_{2n}^n，使问题变为两边都是组合数的等式；

(2)构造函数 $(1+x)^n \cdot (1+x)^n = (1+x)^{2n}$，比较两边展开式的系数．

证明 1　构造两种等价算法．

一个口袋里有 n 个不同的白球和 n 个不同的红球，从这 $2n$ 个不同的球中任取 n 个球的取法总数为数 C_{2n}^n，另一方面可以把取 n 个球的方法分为 $n+1$ 类，从 n 个白球中取 $n-r$ 个 $(r=0,1,2,\cdots n)$，再从 n 个红球中取 r 个，这种取法的种数为 $C_n^n C_n^0 + C_n^1 C_n^{n-1} + \cdots + C_n^0 C_n^n = (C_n^0)^2 + (C_n^2)^2 + \cdots + (C_n^n)^2$. 从而等式获证．

证明 2　构造函数 $f(x) = (1+x)^n$，因为 $(1+x)^n \cdot (1+x)^n = (1+x)^{2n}$，将两边展开，同上

比较两边的 x^n 的系数，左边第一个因式 $(1+x)^n$ 展开式中 x^r 的系数为 $C_n^r(r=0,1,2,\cdots,n)$，第二个因式 $(1+x)^n$ 展开式中 x^{n-r} 的系数为 C_n^{n-r}，两者相乘为 x^n 的系数：$C_n^rC_n^{n-r}=(C_n^r)^2(r=0,1,2,\cdots n)$，所以左边 x^n 的系数为 $(C_n^0)^2+(C_n^2)^2+\cdots+(C_n^n)^2$，而 $(1+x)^{2n}$ 展开式中 x^n 的系数为 C_{2n}^n，从而等式获证．

例 7.4.10　证明 $6^{2n-1}+1(n\in\mathbf{N})$ 能被 7 整除．

证明　$6^{2n-1}+1=(7-1)^{2n-1}+1=7k+(-1)^{2n-1}+1=7k$，其中 $k=7^{2n-2}-C_{2n-1}^1 7^{2n-3}+\cdots+C_{2n-1}^{2n-1-(2n-2)}$ 是不为零的整数，所以 $6^{2n-1}+1(n\in\mathbf{N})$ 能被 7 整除．

例 7.4.11　$\left(x^2+\dfrac{1}{x}\right)^m$ 展开式里第 4 项与第 13 项的系数相等，求展开式不含 x 的项的系数．

解　由 $C_m^3=C_m^{12}$．知 $m=15$，设不含 x 的项为 T_{k+1}．

$T_{k+1}=C_m^k(x^2)^{15-k}\dfrac{1}{x^k}=C_m^kx^{30-3k}$．

有 $10-3k=0$，所以 $k=10$．

展开式不含 x 的项的系数为 $C_{15}^{10}=C_{15}^5=\dfrac{15!}{5!\ (10-5)!}=\dfrac{15!}{5!\ \cdot 5!}=3\ 003$.

例 7.4.12　求下列各式的和．

(1) $1-C_n^1+4C_n^2+\cdots+(-1)^{n-1}2^{n-1}C_n^{n-1}+(-1)^n2^nC_n^n$；

(2) $C_n^1+2C_n^2+\cdots+nC_n^n$；

(3) $C_n^1+3C_n^2+5C_n^3+(2n-1)C_n^n$；

(4) $C_6^2+9C_6^3+9^2C_6^4+9^3C_6^5+9^4C_6^6$.

解　(1)用赋值法．在 $(a+b)^n$ 的展开式中，令 $a=1,b=-2$，可以推出

$$1-C_n^1+4C_n^2+\cdots+(-1)^{n-1}2^{n-1}C_n^{n-1}+(-1)^n2^nC_n^n$$
$$=(1-2)^n=(-1)^n=\begin{cases}1 & 当\ n=2k\\ -1 & 当\ n=2k-1\end{cases}$$

(2)**解法 1**　先用组合的定义证 $rC_n^r=nC_{n-1}^{r-1}$，事实上，

$$rC_n^r=r\frac{n(n-1)\cdots(n-r+1)}{r!}=r\frac{n}{r}\times\frac{(n-1)(n-2)\cdots(n-r+1)}{(n-1)!}=nC_{n-1}^{r-1}$$

利用公式 $rC_n^r=nC_{n-1}^{r-1}$，

原式 $=C_n^1+2C_n^2+\cdots+nC_n^n=n(C_{n-1}^0+C_{n-1}^1+\cdots+C_{n-1}^{n-1})=n2^{n-1}$．

解法 2　令 $S=C_n^1+2C_n^2+\cdots+nC_n^n$，用倒序错位相加的方法，并用 $C_n^m=C_n^{n-m}$，

$S=nC_n^n+\cdots+2C_n^2+C_n^1\Rightarrow S=n(C_{n-1}^1+\cdots+C_{n-1}^{n-1})=n\cdot 2^{n-1}$

解法 3　（导数法）构造函数 $f(x)=(1+x)^n=C_n^0+C_n^1x+C_n^2x^2+\cdots+C_n^nx^n$.

联想到求导公式 $(x^n)'=nx^{n-1}$，推出

$$f'(x)=n(1+x)^{n-1}=C_n^1+2C_n^2x+3C_n^3x^2+\cdots+nC_n^nx^{n-1}.$$

令 $x=1$，得出

$$C_n^1+2C_n^2+3C_n^3+\cdots+nC_n^n=n\cdot 2^{n-1}$$

(3)原式 $=2(C_n^1+2C_n^2+\cdots+nC_n^n)-(C_n^1+C_n^2+\cdots+C_n^n)=2\cdot n\cdot 2^{n-1}-(2^n-1)$
$=(n-1)\cdot 2^n+1$.

这是一种拆项技巧,并利用了(2)的结果.

(4)原式 $=\frac{1}{81}(9^2\cdot C_6^2+9^3C_6^3+9^4C_6^4+9^5C_6^5+9^6C_6^6)=\frac{1}{81}[(9+1)^6-9\times C_6^1-C_6^0]$

$=\frac{1}{81}[10^6-55]$.

7.5　朱世杰恒等式及其应用

将杨辉三角形改写成组合数的形式

$$
\begin{array}{ccccccc}
 & & & 1 \quad C_1^1 & & & \\
 & & 1 & C_2^1 & C_2^2 & & \\
 & & 1 \quad C_3^1 & C_3^2 & C_3^3 & & \\
 & 1 & C_4^1 & C_4^2 & C_4^3 & C_4^4 & \\
 & & \cdots\cdots & \cdots\cdots & \cdots\cdots & & \\
1 & C_n^1 & C_n^2 & \cdots\cdots & C_n^{n-1} & C_n^n & \\
1 & C_{n+1}^1 & C_{n+1}^2 & \cdots\cdots & C_{n+1}^n & C_{n+1}^{n+1} &
\end{array}
$$

在 $(a+b)^n$ 展开式系数组成的杨辉三角形中,考虑与三角形左边平行的线上各数之和:当 n 取到3时,

$$C_1^1+C_2^1+C_3^1=6=C_4^2$$
$$C_2^2+C_3^2=4=C_4^3$$

当 n 取到4时

$$C_1^1+C_2^1+C_3^1+C_4^1=10=C_5^2$$
$$C_2^2+C_3^2+C_4^2=10=C_5^3$$
$$C_3^3+C_4^3=5=C_5^4$$

我们用归纳法猜想:对于任意自然数 n

$$C_1^1+C_2^1+\cdots+C_n^1=\frac{(n+1)n}{2}=C_{n+1}^2$$
$$C_2^2+C_3^2+\cdots+C_n^2=C_n^3$$
$$\cdots\cdots\cdots\cdots$$
$$C_{n-1}^{n-1}+C_n^{n-1}=C_{n+1}^n$$

上述 $n-1$ 个等式可以写成

$$\sum_{i=0}^{n-k}C_{k+i}^k=C_{k+i+1}^{k+1},\quad k=1,2,\cdots,n-1 \tag{1}$$

下面证明(1)式恒成立.

证明　由组合的第二个性质 $C_{k+i+1}^{k+1}=C_{k+i}^k+C_{k+i}^{k+1}\Rightarrow C_{k+i}^k=C_{k+i+1}^{k+1}-C_{k+i}^{k+1}$.

分别令 $i=1,2,\cdots\cdots,n-k$,则有

$$C_{k+1}^k=C_{k+2}^{k+1}-C_{k+1}^{k+1}$$
$$C_{k+2}^k=C_{k+3}^{k+1}-C_{k+2}^{k+1}$$
$$\cdots\cdots\cdots\cdots$$

$$C_n^k = C_{n+1}^{k+1} - C_{n+1}^{k}$$

以上 $n-1$ 个等式两边分别相加得

$$C_{k+1}^k + C_{k+2}^k + C_{k+3}^k + \cdots + C_n^k = C_{n+1}^{k+1} - C_{k+1}^{k+1}$$

移项并且代换 $C_{k+1}^{k+1} = C_k^k$，则得(1)．证毕．

恒等式(1)称为**朱世杰恒等式**．

朱世杰恒等式表明：与杨辉三角形左边平行的直线上的各个数之和等于三角形下底边上平行线右边的数．朱世杰恒等式在有限数列求和中有着重要的应用．

例 7.5.1　用朱世杰恒等式求下列各式的和．

(1)$1+3+5+\cdots+(2n-1)$；　(2)$1^2+2^2+\cdots+n^2$.

解　(1)原式 $= \sum_{i=1}^{n}(2i-1) = 2\left(C_1^1 + C_2^1 + \cdots + C_n^1\right) - n$

$= 2C_{n+1}^2 - n = n^2$.

(2)$a_n = n^2 = n(n+1) - n = 2C_{n+1}^2 - C_n^1$,

原式 $= \sum_{i=1}^{n} i^2 = \sum_{i=1}^{n}\left(2C_{i+1}^2 - C_i^1\right) = 2C_{n+2}^3 - C_{n+1}^2$

$= 2\times\dfrac{(n+2)(n+1)n}{3\times2} - \dfrac{n(n+1)}{2} = \dfrac{n(n+1)(2n+1)}{6}$.

例 7.5.2　证明：$\sum_{i=1}^{n} i^3 = \left[\dfrac{n(n+1)}{2}\right]^2$.

证明　$a_n = n^3 = n(n+1)(n+2) - 2n(n+1) - n^2$

$$\sum_{i=1}^{n} i^3 = 6(C_3^3 + C_4^3 + C_5^3 + \cdots + C_{n+2}^3) - 4(C_2^2 + C_3^2 + \cdots + C_{n+1}^2) - \frac{n(n+1)(2n+1)}{6}$$

$$= 6C_{n+3}^4 - 4C_{n+2}^3 - \frac{n(n+1)(2n+1)}{6}$$

$$= \frac{(n+3)(n+2)(n+1)n}{4} - \frac{2(n+2)(n+1)n}{3} - \frac{n(n+1)(2n+1)}{6}$$

$$= \frac{n(n+1)(n+2)(3n+1)}{12} - \frac{n(n+1)(2n+1)}{6}$$

$$= \left[\frac{n(n+1)}{2}\right]^2.$$

例 7.5.3　是否存在常数 a,b,c 使得等式 $1\times2+2\times3+3\times4+\cdots+n(n+1) = \dfrac{1}{3}(an^2+bn+c)$ 对一切自然数 n 都成立？

解　$S_n = 1\times2+2\times3+\cdots+n(n+1) = 2(C_2^2 + C_3^2 + \cdots + C_{n+1}^n)$

$= 2C_{n+2}^3 = \dfrac{n(n+1)(n+2)}{3} = \dfrac{n}{3}(n^2+3n+2)$.

可见 $a=1, b=3, c=2$ 使得一切自然数 n 都成立．

用朱世杰恒等式求连续数列之和的关键是将通项用组合数表示．

例 7.5.4　是否存在常数 a,b,c 使得等式

$$1\times2^3+2\times3^3+\cdots+n(n+1)^3=\frac{n(n+1)(n+2)}{60}(an^2+bn+c)$$

对一切自然数 n 都成立．

解　对通项构造等式

$$\begin{aligned}a_k&=k(k+1)^3=k(k+1)(k+2)(k+3)-3k(k+1)(k+2)+k(k+1)\\&=4!\ C_{k+3}^4-3\times3!\ C_{k+2}^3+2C_{k+1}^2\end{aligned}$$

$$\begin{aligned}左边&=\sum_{k=1}^{n}\left(24C_{k+3}^4-18C_{k+2}^3+2C_{k+1}^2\right)=24C_{n+4}^5-18C_{n+3}^4+2C_{n+2}^3\\&=\frac{1}{60}n(n+1)(n+2)(12n^2+39n+29).\end{aligned}$$

故存在常数 $a=12,b=39,c=29$ 使得等式对一切自然数 n 都成立．

习题 7.4

1. 求 $(\sqrt{x}+1)^4(x-1)^5$ 的展开式中 x^4 的系数．

2. 在 $(x^2+3x+2)^5$ 的展开式中 x 的系数为(　　)．

A. 160　　B. 240　　C. 360　　D. 800

3. 求 $(x-\sqrt{2}y)^{10}$ 的展开式中 x^6y^4 的系数．

4. 已知 $(x\cos\theta+1)^5$ 的展开式中 x^2 的系数与 $\left(x^2+\frac{5}{4}\right)^4$ 展开式中 x^3 的系数相等，求 $\cos\theta$ 的值．

5. 若 $(1-2^x)^9$ 展开式的第 3 项为 288，则当 $n\to\infty$ 时 $\frac{1}{x}+\frac{1}{x^2}+\cdots+\frac{1}{x^n}$ 的极限是多少？

6. 已知 $(a^2+1)^n$ 展开式的各项系数之和等于 $\left(\frac{16}{5}x^2+\frac{1}{\sqrt{x}}\right)^5$ 的展开式的常数项，而 $(a^2+1)^n$ 的展开式的系数最大的项等于 54，求 a 的值．

7. 求下列各式的和．

(1) $1-C_n^1+4C_n^2+\cdots+(-1)^{n-1}2^{n-1}C_n^{n-1}+(-1)^n2^nC_n^n$；

(2) $C_n^1+2C_n^2+\cdots+nC_n^n$；

(3) $C_n^1+3C_n^2+5C_n^3+(2n-1)C_n^n$；

(4) $C_6^2+9C_6^3+9^2C_6^4+9^3C_6^5+9^4C_6^6$；

8. 求证 $C_n^1+C_n^2+\cdots+C_n^n>n\cdot2^{\frac{n-1}{2}}$．

9. 证明下列各式．

(1) $1\times2+2\times3+\cdots+n(n+1)=\frac{n(n+1)(n+2)}{3}$；

(2) $1\times2\times3+2\times3\times4+\cdots+n(n+1)(n+2)=\frac{n(n+1)(n+2)(n+3)}{4}$；

(3) $\sum_{i=1}^{n}i(i+1)(i+2)(i+3)=\frac{n(n+1)(n+2)(n+3)(n+4)}{5}$．

第8章　平面向量

平面向量在数学、力学、物理学等学科中是重要的工具,而且在许多工程领域有广泛应用.本章将系统地讨论平面向量及向量代数的有关知识.

8.1　向量的概念

在现实世界中,量有两类:一类是只有数量大小的量,称为**标量**.如时间、距离、面积、体积等量.另一类是既有大小又有方向的量,称为**向量**(或**矢量**).例如力、位移、加速度等.

有些向量有大小、方向、作用点(起点),比如力;有些向量只有大小、方向,比如位移、速度.我们讨论的向量一般指后者.

从起点 A 到终点 B 的线段称为**有向线段**,记作$\overrightarrow{AB}$.向量可以用有向线段$\overrightarrow{AB}$表示,其中 A 叫做起点,B 叫做终点.在不记起点和终点的情况下,向量可用 $\boldsymbol{a},\boldsymbol{b},\boldsymbol{c}$ 表示.

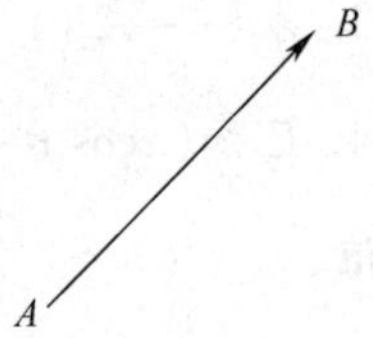

图　8.1.1

向量$\overrightarrow{AB}$或 $\boldsymbol{a}$ 的大小称为向量的**模**,它等于线段 AB 的长度,记作$|\overrightarrow{AB}|$或$|\boldsymbol{a}|$.模为 1 的向量称为**单位向量**.单位向量一般记为 $\boldsymbol{e}$,$|\boldsymbol{e}|=1$.向量 $\boldsymbol{a}$ 的单位向量记为$\boldsymbol{a}^0=\dfrac{\boldsymbol{a}}{|\boldsymbol{a}|}$.模为 0 的向量称为**零向量**,记作 $\boldsymbol{0}$,零向量的方向是不确定的.

两个向量之间只有相等关系,没有大小之分,因此向量不能比较大小,实数与向量也不能相加减.

长度相等且方向相同的向量叫做**相等向量**;两个大小相等,方向相反的向量叫做**互反向量**.

(1)两个向量 $\boldsymbol{a}=\boldsymbol{b}\Leftrightarrow|\boldsymbol{a}|=|\boldsymbol{b}|$,且 $\boldsymbol{a},\boldsymbol{b}$ 方向相同.相等的非零向量可用同一条有向线段表示.

(2)向量 $\boldsymbol{a},\boldsymbol{b}$ 是互反向量$\Leftrightarrow|\boldsymbol{a}|=|\boldsymbol{b}|$,$\boldsymbol{a},\boldsymbol{b}$ 方向相反,记 $\boldsymbol{a}=-\boldsymbol{b}$,或 $\boldsymbol{b}=-\boldsymbol{a}$.

方向相同或方向相反的非零向量叫做**平行向量**(也叫**共线向量**),记作 $\boldsymbol{a}//\boldsymbol{b}$.规定:零向量与任意向量平行.

特别注意:两个向量平行与两个平行向量的含义并不相同.若 $\boldsymbol{a}//\boldsymbol{b}$,则 $\boldsymbol{a}$ 或 $\boldsymbol{b}$ 可以是零向量,若 $\boldsymbol{a}$ 和 $\boldsymbol{b}$ 是两个平行向量,则 $\boldsymbol{a}$ 和 $\boldsymbol{b}$ 都不能是零向量.

例 8.1.1　判断下列命题是否正确.

(1)$\overrightarrow{AB}=\overrightarrow{DC}$,则 $ABCD$ 是平行四边形.

(2)共线向量一定方向相同.

(3)若 $a//b$,$b//c$,则 $a//c$.

(4)四边形 $ABCD$ 为平行四边形的充要条件是$\overrightarrow{AB}=\overrightarrow{DC}$.

(5)向量$\overrightarrow{AB}$与$\overrightarrow{CD}$共线,则 A,B,C,D 必在同一直线上.

解　(1)当$\overrightarrow{AB}=\overrightarrow{DC}$时,也可能有 A,B,C,D 共线,根本不构成四边形,所以命题错误.

(2)共线向量也可以方向相反,所以命题错误.

(3)考虑特殊的零向量,若 $b=0$,则不一定有 $a//c$,故命题错误.

(4)命题正确.因为四边形 $ABCD$ 为平行四边形的充要条件是一组对边平行且相等.

(5)因为向量$\overrightarrow{AB}$与$\overrightarrow{CD}$共线,可以有 $AB//CD$,所以命题错误.

例 8.1.2　如图 8.1.2 所示,设 O 是正六边形 $ABCDEF$ 的中心,分别写出图中与向量$\overrightarrow{OA}$,$\overrightarrow{OB}$,$\overrightarrow{OC}$相等的向量.

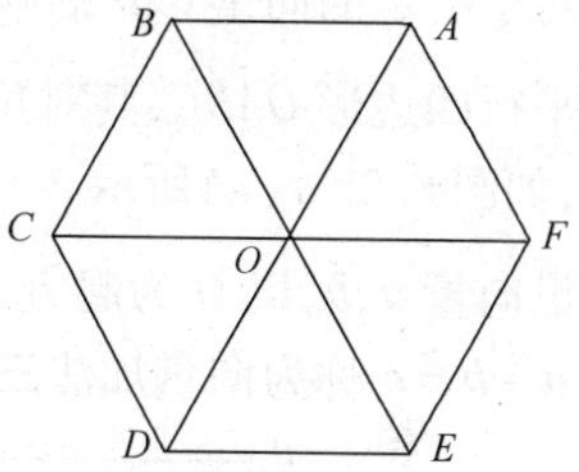

图　8.1.2

解　$\overrightarrow{OA}=\overrightarrow{CB}=\overrightarrow{DO}=\overrightarrow{EF}$;

$\overrightarrow{OB}=\overrightarrow{DC}=\overrightarrow{EO}=\overrightarrow{FA}$;

$\overrightarrow{OC}=\overrightarrow{AB}=\overrightarrow{ED}=\overrightarrow{FO}$.

想一想:向量$\overrightarrow{OA}$与$\overrightarrow{FE}$相等吗?向量$\overrightarrow{OB}$与$\overrightarrow{AF}$相等吗?

习题 8.1

1. 下列各量中不是向量的是(　　).

A. 力　　B. 速度　　C. 位移　　D. 密度

2. 下列说法错误的是(　　).

A. 零向量是没有方向的　　B. 零向量的长度为0

C. 零向量与任一向量平行　　D. 零向量的方向是任意的

3. 把平面上所有模长为 2 的向量的始点放在同一点,那么这些向量的终点所构成的图形是(　　).

A. 一条线段　　B. 一段圆弧　　C. 圆上一群孤立点　　D. 一个圆

4. "两向量共线" 是"这两个向量方向相反"的________条件.

5. "两向量相等" 是"这两个向量共线"的________ 条件.

6. 若 $ABCD$ 是一个平行四边形,O 是对角线的交点,判别下列向量组中哪些是相等向量,哪些是相反向量.

(1)$\overrightarrow{OA}$,$\overrightarrow{OB}$,$\overrightarrow{OC}$,$\overrightarrow{OD}$;

(2) $\overrightarrow{AB}$,$\overrightarrow{BC}$,$\overrightarrow{CD}$,$\overrightarrow{DA}$.

7. 是否存在零向量?若存在,它的含义是什么?

8. 决定向量的两个条件是什么?试举出两个向量的实例.

9. 怎样判定两个向量是相等的?怎样判定两个向量的大小?

8.2　向量的加法和减法

8.2.1　向量的加法

已知向量 $\boldsymbol{a}$,$\boldsymbol{b}$,若在平面内任取一点 A,作$\overrightarrow{AB}=\boldsymbol{a}$,$\overrightarrow{BC}=\boldsymbol{b}$,则向量$\overrightarrow{AC}$叫做 $\boldsymbol{a}$ 与 $\boldsymbol{b}$ 的**和**,记作 $\boldsymbol{a}+\boldsymbol{b}$,即 $\boldsymbol{a}+\boldsymbol{b}=\overrightarrow{AB}+\overrightarrow{BC}=\overrightarrow{AC}$. 求两个向量和的运算叫做**向量的加法**. 向量加法法则有平行四边形法则和三角形法则.

对于给定的向量 $\boldsymbol{a}$,$\boldsymbol{b}$ 的和向量,是以任意点 O 为起点,作$\overrightarrow{OA}=\boldsymbol{a}$,$\overrightarrow{OB}=\boldsymbol{b}$,再以 OA,OB 为边作平行四边形 $OABC$,其对角线$\overrightarrow{OC}$就是和向量 $\boldsymbol{c}$,记作 $\boldsymbol{a}+\boldsymbol{b}=\boldsymbol{c}$. 称为向量加法**平行四边形法则**,如图 8.2.1(a)所示.

设向量 $\boldsymbol{a}$,$\boldsymbol{b}$,以 O 为起点,作$\overrightarrow{OA}=\boldsymbol{a}$,再以 A 为起点,作$\overrightarrow{AB}=\boldsymbol{b}$,然后连接 O,B,记向量$\overrightarrow{OB}=\boldsymbol{c}$,则 $\boldsymbol{a}+\boldsymbol{b}=\boldsymbol{c}$ 称为向量加法**三角形法则**,如图 8.2.1(b)所示.

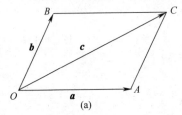

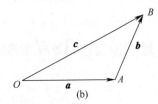

图　8.2.1

向量的加法有以下的运算规律:

(1)交换律　　$\boldsymbol{a}+\boldsymbol{b}=\boldsymbol{b}+\boldsymbol{a}$

(2)结合律　　$(\boldsymbol{a}+\boldsymbol{b})+\boldsymbol{c}=\boldsymbol{a}+(\boldsymbol{b}+\boldsymbol{c})$

由向量的加法的三角形法则及加法顺序,可以得到多个向量加法的多边形法则(见图 8.2.2):

$$\boldsymbol{a}_1+\boldsymbol{a}_2+\boldsymbol{a}_3=(\boldsymbol{a}_1+\boldsymbol{a}_2)+\boldsymbol{a}_3$$

$$\boldsymbol{a}_1+\boldsymbol{a}_2+\boldsymbol{a}_3+\boldsymbol{a}_4=[(\boldsymbol{a}_1+\boldsymbol{a}_2)+\boldsymbol{a}_3]+\boldsymbol{a}_4$$

$$\boldsymbol{a}_1+\boldsymbol{a}_2+\boldsymbol{a}_3+\boldsymbol{a}_4+\boldsymbol{a}_5=\{[(\boldsymbol{a}_1+\boldsymbol{a}_2)+\boldsymbol{a}_3]+\boldsymbol{a}_4\}+\boldsymbol{a}_5$$

由向量加法的平行四边形法则可知,$\boldsymbol{a}+\boldsymbol{b}$ 的模 $|\boldsymbol{a}+\boldsymbol{b}|$满足三角不等式:

$$||\boldsymbol{a}|-|\boldsymbol{b}||\leqslant|\boldsymbol{a}+\boldsymbol{b}|\leqslant|\boldsymbol{a}|+|\boldsymbol{b}|.$$

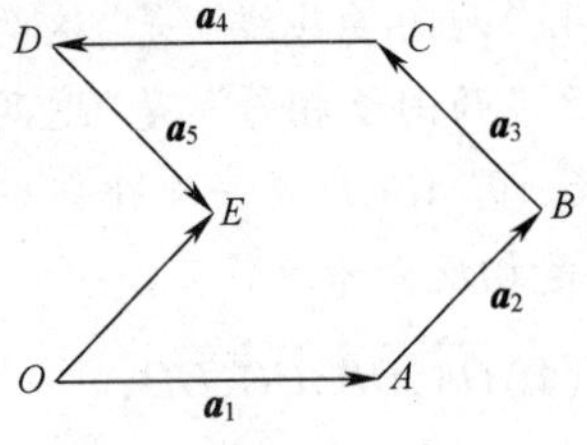

图　8.2.2

(1)当 $\boldsymbol{a}$ 与 $\boldsymbol{b}$ 不共线时,$|\boldsymbol{a}+\boldsymbol{b}|<|\boldsymbol{a}|+|\boldsymbol{b}|$,且 $\boldsymbol{a}+\boldsymbol{b}$ 与 $\boldsymbol{a}$,$\boldsymbol{b}$ 均不同向;

(2)当 $\boldsymbol{a}$ 与 $\boldsymbol{b}$ 共线且同向时,$|\boldsymbol{a}+\boldsymbol{b}|=|\boldsymbol{a}|+|\boldsymbol{b}|$,且 $\boldsymbol{a}+\boldsymbol{b}$ 与 $\boldsymbol{a}$,$\boldsymbol{b}$ 均同向;

(3)当 $\boldsymbol{a}$ 与 $\boldsymbol{b}$ 共线且反向时,若 $|\boldsymbol{a}|>|\boldsymbol{b}|$,则 $|\boldsymbol{a}+\boldsymbol{b}|=|\boldsymbol{a}|-|\boldsymbol{b}|$,且 $\boldsymbol{a}+\boldsymbol{b}$ 与 $\boldsymbol{a}$ 同向;若 $|\boldsymbol{a}|<|\boldsymbol{b}|$,则 $|\boldsymbol{a}+\boldsymbol{b}|=|\boldsymbol{b}|-|\boldsymbol{a}|$,且 $\boldsymbol{a}+\boldsymbol{b}$ 与 $\boldsymbol{b}$ 同向.

例 8.2.1　如图 8.2.3 所示,一艘船从 O 点出发以$\sqrt{6}$ km/h 的速度向垂直于对岸的方向行驶,同时河水的流速为$\sqrt{2}$ km/h. 求船实际航行速度的大小与方向.

解　如图 8.2.3 所示，设$\overrightarrow{OA}$表示船向垂直于对岸行驶的速度，$\overrightarrow{OB}$表示河水流速．以 OA，OB 为邻边作▱$OACB$，则$\overrightarrow{OC}$就是船实际航行的速度．在 Rt△OCB 中

$$\angle B=90°,\quad |\overrightarrow{BC}|=|\overrightarrow{OA}|=\sqrt{6},\quad |\overrightarrow{OB}|=\sqrt{2}$$

因为

$$|\overrightarrow{OC}|=\sqrt{|\overrightarrow{OB}|^2+|\overrightarrow{BC}|^2}=\sqrt{2+6}=2\sqrt{2}$$

所以　$\angle BOC=\arccos\dfrac{\overrightarrow{OB}}{\overrightarrow{OC}}=60°$

答：船实际航行速度的大小为 $2\sqrt{2}$ km/h，方向与流速间的夹角为60°.

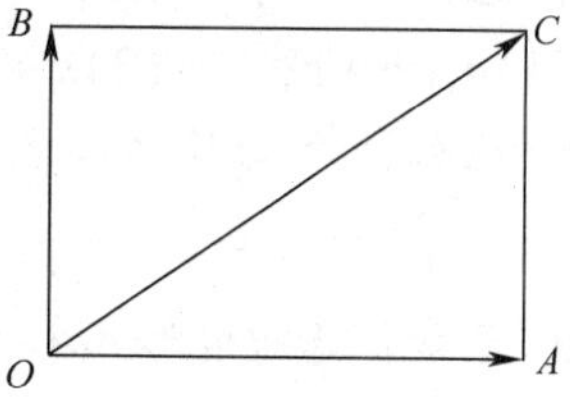

图　8.2.3

8.2.2　向量的减法

与向量 $\boldsymbol{a}$ 长度相等、方向相反的向量，叫做 $\boldsymbol{a}$ 的**相反向量**，记为 $-\boldsymbol{a}$. $\boldsymbol{a}$ 与 $-\boldsymbol{a}$ 为互反向量，于是 $-(-\boldsymbol{a})=\boldsymbol{a}$.

规定：零向量的相反向量仍是零向量．

任一向量与它的相反向量的和是零向量，即

$$\boldsymbol{a}+(-\boldsymbol{a})=(-\boldsymbol{a})+\boldsymbol{a}=\boldsymbol{0}$$

所以，如果 $\boldsymbol{a},\boldsymbol{b}$ 互为相反向量，那么

$$\boldsymbol{a}=-\boldsymbol{b},\quad \boldsymbol{b}=-\boldsymbol{a},\quad \boldsymbol{a}+\boldsymbol{b}=\boldsymbol{0}$$

向量减法规定为加法的逆运算．即若 $\boldsymbol{c}+\boldsymbol{b}=\boldsymbol{a}$，则向量 $\boldsymbol{c}$ 为 $\boldsymbol{a}$ 与 $\boldsymbol{b}$ 的差，记作 $\boldsymbol{c}=\boldsymbol{a}-\boldsymbol{b}$.

因为，

$$(\boldsymbol{a}-\boldsymbol{b})+\boldsymbol{b}=\boldsymbol{a}+(-\boldsymbol{b})+\boldsymbol{b}=\boldsymbol{a}$$

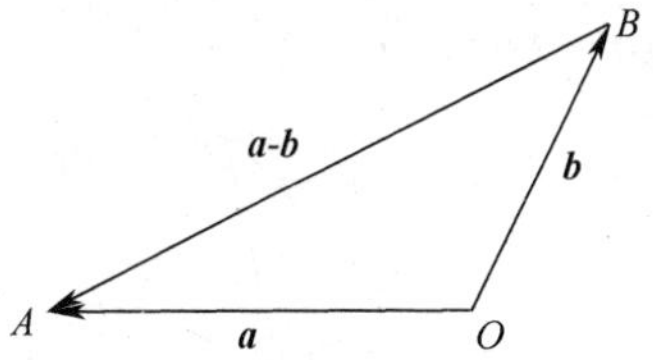

图　8.2.4

所以求两个向量的差 $\boldsymbol{a}-\boldsymbol{b}$ 可以表示为从向量 $\boldsymbol{b}$ 的终点指向向量 $\boldsymbol{a}$ 终点的向量，如图 8.2.4 所示．

例 8.2.2　已知 $ABCD$ 是平行四边形，O 为平面上任一点，设$\overrightarrow{OA}=\boldsymbol{a}$，$\overrightarrow{OB}=\boldsymbol{b}$，$\overrightarrow{OC}=\boldsymbol{c}$，$\overrightarrow{OD}=\boldsymbol{d}$，求证：$\boldsymbol{a}-\boldsymbol{b}+\boldsymbol{c}-\boldsymbol{d}=\boldsymbol{0}$.

证明　因为 $ABCD$ 是平行四边形，所以$\overrightarrow{AB}=\overrightarrow{DC}$，而$\overrightarrow{AB}=\overrightarrow{OB}-\overrightarrow{OA}=\boldsymbol{b}-\boldsymbol{a}$，$\overrightarrow{DC}=\overrightarrow{OC}-\overrightarrow{OD}=\boldsymbol{c}-\boldsymbol{d}$.

所以 $\boldsymbol{b}-\boldsymbol{a}=\boldsymbol{c}-\boldsymbol{d}$，故 $\boldsymbol{a}-\boldsymbol{b}+\boldsymbol{c}-\boldsymbol{d}=\boldsymbol{0}$.

例 8.2.3　已知向量 $\boldsymbol{a},\boldsymbol{b}$，且$\overrightarrow{AB}=\boldsymbol{a}+2\boldsymbol{b}$，$\overrightarrow{BC}=-5\boldsymbol{a}+6\boldsymbol{b}$，$\overrightarrow{CD}=7\boldsymbol{a}-2\boldsymbol{b}$，求证：$A,B,D$ 三点共线．

证明　$\overrightarrow{BD}=\overrightarrow{BC}+\overrightarrow{CD}=(-5\boldsymbol{a}+6\boldsymbol{b})+(7\boldsymbol{a}-2\boldsymbol{b})$

$$=2\boldsymbol{a}+4\boldsymbol{b}=2(\boldsymbol{a}+2\boldsymbol{b})=2\overrightarrow{AB}.$$

所以 A,B,D 三点共线．

习题 8.2

1. 向量 $\boldsymbol{a},\boldsymbol{b}$ 必须满足哪些几何性质，下列各式才成立？

(1) $|a+b|=|a-b|$;　　(2) $|a+b|=|a|+|b|$;　　(3) $|a+b|<|a-b|$;

(4) $|a+b|>|a-b|$;　　(5) $|a+b|=|a|-|b|$;　　(6) $|a-b|=|a|+|b|$.

2. 在▱ABCD 中,设$\overrightarrow{AB}=\boldsymbol{a}$,$\overrightarrow{AD}=\boldsymbol{b}$,$\overrightarrow{AC}=\boldsymbol{c}$,$\overrightarrow{BD}=\boldsymbol{d}$,则下列等式中不正确的是(　　).

A. $\boldsymbol{a}+\boldsymbol{b}=\boldsymbol{c}$　　B. $\boldsymbol{a}-\boldsymbol{b}=\boldsymbol{d}$　　C. $\boldsymbol{b}-\boldsymbol{a}=\boldsymbol{d}$　　D. $\boldsymbol{c}-\boldsymbol{a}=\boldsymbol{b}$

3. 在▱ABCD 中,计算$\overrightarrow{AB}+\overrightarrow{BC}+\overrightarrow{BD}$.

4. 已知三个向量$\boldsymbol{a}$,$\boldsymbol{b}$,$\boldsymbol{c}$. 作出下列和向量的图形,并说明和向量间的关系.

(1)$\boldsymbol{a}+\boldsymbol{b}+\boldsymbol{c}$;　　(2)$\boldsymbol{a}+\boldsymbol{c}+\boldsymbol{b}$;　　(3)$\boldsymbol{b}+\boldsymbol{a}+\boldsymbol{c}$.

5. 已知两个向量共起点,它们的夹角是60°,且其模均为1,求它们的和与差向量的模.

6. 已知任意四边形 ABCD,E 为 AD 的中点,F 为 BC 的中点,求证:$2\overrightarrow{EF}=\overrightarrow{AB}+\overrightarrow{DC}$.

8.3 实数与向量的乘积

实数 λ 与已知向量 $\boldsymbol{a}$ 的乘积是一个向量,记作 $\lambda\boldsymbol{a}$,并且满足 $|\lambda\boldsymbol{a}|=|\lambda||\boldsymbol{a}|$,其方向为:当 $\lambda>0$ 时,$\lambda\boldsymbol{a}$ 与 $\boldsymbol{a}$ 同方向;当 $\lambda<0$ 时,$\lambda\boldsymbol{a}$ 与 $\boldsymbol{a}$ 方向相反;当 $\lambda=0$ 时,$\lambda\boldsymbol{a}=\boldsymbol{0}$.

实数与向量的乘积满足以下运算规律($\lambda,\mu\in\mathbf{R}$):

(1)结合律　　$\lambda(\mu\boldsymbol{a})=(\lambda\mu)\boldsymbol{a}$

(2)分配律　　$(\lambda+\mu)\boldsymbol{a}=\lambda\boldsymbol{a}+\mu\boldsymbol{a}$,　$\lambda(\boldsymbol{a}+\boldsymbol{b})=\lambda\boldsymbol{a}+\lambda\boldsymbol{b}$

例 8.3.1　已知三角形 ABC 的三边,若用向量表示$\overrightarrow{BC}=\boldsymbol{a}$,$\overrightarrow{CA}=\boldsymbol{b}$,$\overrightarrow{AB}=\boldsymbol{c}$,如图 8.3.1 所示,三角形三边中点分别为 D,E,F,求证:$\overrightarrow{AD}+\overrightarrow{BE}+\overrightarrow{CF}=\boldsymbol{0}$.

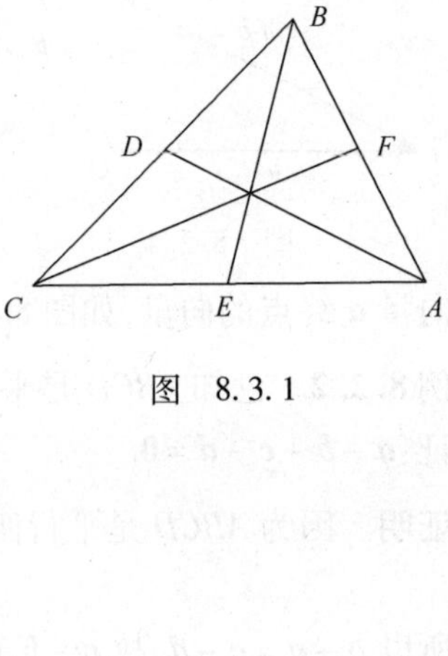

图　8.3.1

证明:由题意有

$$\overrightarrow{DA}=\frac{1}{2}\boldsymbol{a}+\boldsymbol{b},\quad \overrightarrow{EB}=\frac{1}{2}\boldsymbol{b}+\boldsymbol{c},\quad \overrightarrow{FC}=\frac{1}{2}\boldsymbol{c}+\boldsymbol{a}$$

$$\overrightarrow{AD}+\overrightarrow{BE}+\overrightarrow{CF}=-\frac{3}{2}(\boldsymbol{a}+\boldsymbol{b}+\boldsymbol{c})$$

又由　$$\boldsymbol{a}+\boldsymbol{b}+\boldsymbol{c}=\overrightarrow{BC}+\overrightarrow{CA}+\overrightarrow{AB}=\boldsymbol{0}$$

故有　$$\overrightarrow{AD}+\overrightarrow{BE}+\overrightarrow{CF}=\boldsymbol{0}$$

下面研究向量共线的充要条件.

对于向量 $\boldsymbol{a}(\boldsymbol{a}\neq\boldsymbol{0})$,$\boldsymbol{b}$,如果有一个实数 λ,使得 $\boldsymbol{b}=\lambda\boldsymbol{a}$,那么由实数与向量的积的定义知,$\boldsymbol{a}$ 与 $\boldsymbol{b}$ 共线.

反过来,已知向量 $\boldsymbol{a}$ 与 $\boldsymbol{b}$ 共线,$\boldsymbol{a}\neq\boldsymbol{0}$,且向量 $\boldsymbol{b}$ 的模是向量 $\boldsymbol{a}$ 的模的 λ 倍,即 $|\boldsymbol{b}|=|\lambda||\boldsymbol{a}|$,那么当 $\boldsymbol{a}$ 与 $\boldsymbol{b}$ 同方向时,有 $\boldsymbol{b}=\lambda\boldsymbol{a}$;当 $\boldsymbol{a}$ 与 $\boldsymbol{b}$ 反方向时,有 $\boldsymbol{b}=-\lambda\boldsymbol{a}$.

因此,我们得到如下定理.

定理　向量 $\boldsymbol{b}$ 与非零向量 $\boldsymbol{a}$ 共线的充要条件是有且只有一个实数 λ,使得 $\boldsymbol{b}=\lambda\boldsymbol{a}$.

推论 1　非零向量 $\boldsymbol{a}$,$\boldsymbol{b}$ 共线的充要条件是存在非零常数 k_1,k_2,使得

$$k_1\boldsymbol{a}+k_2\boldsymbol{b}=\boldsymbol{0}$$

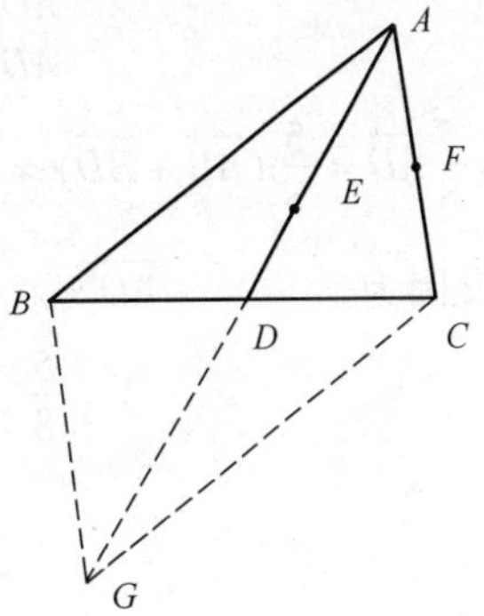

图　8.3.2

推论 2　非零向量 $\boldsymbol{a},\boldsymbol{b}$ 不共线的充要条件是当且仅当 $k_1=k_2=0$ 时，有

$$k_1\boldsymbol{a}+k_2\boldsymbol{b}=\boldsymbol{0}$$

例 8.3.2　如图 8.3.2 所示，在 $\triangle ABC$ 中，D,F 分别是 BC,AC 的中点，且 $AE=\frac{2}{3}AD$，$\overrightarrow{AB}=\boldsymbol{a}$，$\overrightarrow{AC}=\boldsymbol{b}$.

(1)用 $\boldsymbol{a},\boldsymbol{b}$ 表示向量 $\overrightarrow{AD},\overrightarrow{AE},\overrightarrow{AF},\overrightarrow{BE},\overrightarrow{BF}$；

(2) 求证：B,E,F 三点共线.

解　(1)延长 AD 至 G，使 $\overrightarrow{AD}=\frac{1}{2}\overrightarrow{AG}$，连 BG,CG 得平行四边形 $ABGC$，所以

$$\overrightarrow{AG}=\boldsymbol{a}+\boldsymbol{b},\quad \overrightarrow{AD}=\frac{1}{2}\overrightarrow{AG}=\frac{1}{2}(\boldsymbol{a}+\boldsymbol{b}),$$

$$\overrightarrow{AE}=\frac{2}{3}\overrightarrow{AD}=\frac{1}{3}(\boldsymbol{a}+\boldsymbol{b})$$

$$\overrightarrow{AF}=\frac{1}{2}\overrightarrow{AC}=\frac{1}{2}\boldsymbol{b}$$

$$\overrightarrow{BE}=\overrightarrow{AE}-\overrightarrow{AB}=\frac{1}{3}(\boldsymbol{a}+\boldsymbol{b})-\boldsymbol{a}=\frac{1}{3}(\boldsymbol{b}-2\boldsymbol{a})$$

$$\overrightarrow{BF}=\overrightarrow{AF}-\overrightarrow{AB}=\frac{1}{2}\boldsymbol{b}-\boldsymbol{a}=\frac{1}{2}(\boldsymbol{b}-2\boldsymbol{a})$$

(2)由(1)可知 $\overrightarrow{BE}=\frac{2}{3}\overrightarrow{BF}$，所以 B,E,F 三点共线.

例 8.3.3　三个不重合的点 A,B,C 共线的充要条件是存在不全为 0 的三个数 k_1,k_2,k_3，使得对于任一点 O 构成的向量 $\overrightarrow{OA},\overrightarrow{OB},\overrightarrow{OC}$ 满足

$$k_1\overrightarrow{OA}+k_2\overrightarrow{OB}+k_3\overrightarrow{OC}=\boldsymbol{0},\quad k_1+k_2+k_3=0$$

证明　由推论 2，若 A,B,C 共线，则有 $m\neq 0,n\neq 0$，使得 $m\overrightarrow{AB}+n\overrightarrow{BC}=\boldsymbol{0}$

又因
$$\overrightarrow{AB}=\overrightarrow{OB}-\overrightarrow{OA},\quad \overrightarrow{BC}=\overrightarrow{OC}-\overrightarrow{OB}$$
即
$$m(\overrightarrow{OB}-\overrightarrow{OA})+n(\overrightarrow{OC}-\overrightarrow{OB})=\boldsymbol{0}$$
化简得
$$m\overrightarrow{OA}+(n-m)\overrightarrow{OB}-n\overrightarrow{OC}=\boldsymbol{0}$$
令
$$k_1=m,\quad k_2=n-m,\quad k_3=-n$$
得到
$$k_1\overrightarrow{OA}+k_2\overrightarrow{OB}+k_3\overrightarrow{OC}=\boldsymbol{0}$$
且
$$k_1+k_2+k_3=0$$

例 8.3.4　$\triangle ABC$ 中 $AB=5,AC=5,BC=6$，内角平分线交点为 O，若 $\overrightarrow{AO}=\lambda\overrightarrow{AB}+\mu\overrightarrow{BC}$，求实数 λ 与 μ 的值.

解　如图 8.3.3 所示，$AB=AC=5$，由已知 D 为 BC 的中点，由角平分线定理知

$$\frac{AB}{BD}=\frac{AO}{OD}=\frac{5}{3}$$

所以 $$\frac{AO}{AD}=\frac{5}{8}$$

$$\overrightarrow{AO}=\frac{5}{8}\overrightarrow{AD}=\frac{5}{8}(\overrightarrow{AB}+\overrightarrow{BD})=\frac{5}{8}\left(\overrightarrow{AB}+\frac{1}{2}\overrightarrow{BC}\right)=\frac{5}{8}\overrightarrow{AB}+\frac{5}{16}\overrightarrow{BC}$$

又因为 $$\overrightarrow{AO}=\lambda\overrightarrow{AB}+\mu\overrightarrow{BC}$$

所以 $$\lambda=\frac{5}{8},\quad \mu=\frac{5}{16}$$

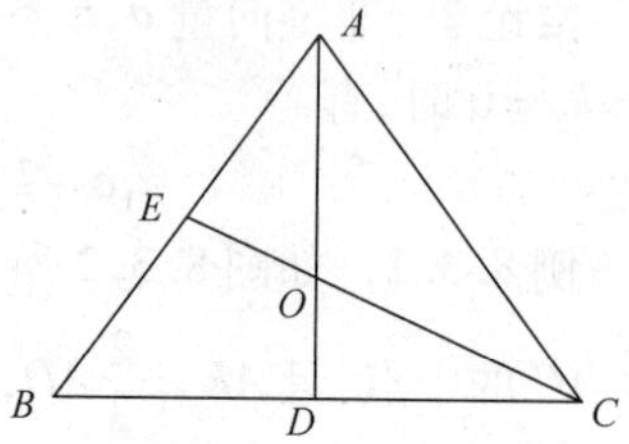

图　8.3.3

习题 8.3

1. 在△ABC 中，D,E,F 分别是 BC,CA,AB 的中点，点 M 是△ABC 的重心，则$\overrightarrow{MA}+\overrightarrow{MB}-\overrightarrow{MC}$等于（　　）.

A. 0　　B. $4\overrightarrow{MD}$　　C. $4\overrightarrow{MF}$　　D. $4\overrightarrow{ME}$

2. 已知▱$ABCD$ 的对角线 AC 和 BD 相交于 O，且$\overrightarrow{OA}=\boldsymbol{a}$，$\overrightarrow{OB}=\boldsymbol{b}$，用向量 $\boldsymbol{a},\boldsymbol{b}$ 分别表示向量$\overrightarrow{OC},\overrightarrow{OD},\overrightarrow{DC},\overrightarrow{BC}$.

3. △ABC 中，$\overrightarrow{AD}=\frac{1}{4}\overrightarrow{AB}$，$DE/\!/BC$，且与边 AC 相交于点 E，△ABC 的中线 AM 与 DE 相交于 N. 设$\overrightarrow{AB}=\boldsymbol{a}$，$\overrightarrow{AC}=\boldsymbol{b}$ 用 $\boldsymbol{a},\boldsymbol{b}$ 分别表示向量$\overrightarrow{AE},\overrightarrow{BC},\overrightarrow{DE},\overrightarrow{DB},\overrightarrow{EC},\overrightarrow{DN},\overrightarrow{AN}$.

4. 已知△ABC 中，点 D 在 BC 边上，且$\overrightarrow{CD}=2\overrightarrow{DB}$，若$\overrightarrow{CD}=r\overrightarrow{AB}+s\overrightarrow{AC}$，求 $r+s$ 的值.

5. 在四边形 $ABCD$ 中，若$\overrightarrow{AB}=\boldsymbol{a}+2\boldsymbol{b}$，$\overrightarrow{BC}=-4\boldsymbol{a}-\boldsymbol{b}$，$\overrightarrow{CD}=-5\boldsymbol{a}-3\boldsymbol{b}$ 其中 $\boldsymbol{a},\boldsymbol{b}$ 不共线，求证：四边形 $ABCD$ 为梯形.

6. 设 $\boldsymbol{a},\boldsymbol{b}$ 是不共线的非零向量，若向量$\overrightarrow{AB}=3\boldsymbol{a}-2\boldsymbol{b}$，$\overrightarrow{BC}=-2\boldsymbol{a}+4\boldsymbol{b}$，$\overrightarrow{CD}=-2\boldsymbol{a}-4\boldsymbol{b}$，求证：$A,C,D$ 三点共线.

7. 设 $\boldsymbol{a},\boldsymbol{b}$ 是不共线的向量，$\overrightarrow{AB}=\boldsymbol{a}+k\boldsymbol{b}$，$\overrightarrow{AC}=m\boldsymbol{a}+\boldsymbol{b}\ (k,m\in\mathbf{R})$，求 A,B,C 三点共线的充要条件.

8.4　平面向量的坐标运算

8.4.1　平面向量的坐标表示

在平面直角坐标系内，分别取与 x 轴、y 轴方向相同的两个单位向量 $\boldsymbol{i},\boldsymbol{j}$ 作为基. 则对于任一向量 $\boldsymbol{a}$，有且只有一对实数 x,y，使得

$$\boldsymbol{a}=x\boldsymbol{i}+y\boldsymbol{j}$$

把(x,y)叫做向量 $\boldsymbol{a}$ 的**坐标**，记作 $\boldsymbol{a}=(x,y)$. 其中 x 叫做向量 $\boldsymbol{a}$ 的**横坐标**，y 叫做向量 $\boldsymbol{a}$ 的**纵坐标**.

若 $A(x_1,y_1)$，$B(x_2,y_2)$，则两点 A,B 对应的向量为$\overrightarrow{AB}=(x_2-x_1,y_2-y_1)$，$|\overrightarrow{AB}|=\sqrt{(x_2-x_1)^2+(y_2-y_1)^2}$即两点间的距离公式.

8.4.2　平面向量的坐标运算

已知$\boldsymbol{a}=(x_1,y_1)$，$\boldsymbol{b}=(x_2,y_2)$，则

$$\boldsymbol{a}\pm\boldsymbol{b}=(x_1\pm x_2,y_1\pm y_2)$$

即：两个向量和与差的坐标分别等于这两个向量相应坐标的和与差.

已知$\boldsymbol{a}=(x,y)$和实数λ，则

$$\lambda\boldsymbol{a}=(\lambda x,\lambda y)$$

例 8.4.1　已知▱$ABCD$的三个顶点A,B,C的坐标分别为$(-2,1)$，$(-1,3)$，$(3,4)$，求顶点D的坐标.

解　设顶点D的坐标为(x,y).

因为
$$\overrightarrow{AB}=(-1-(-2),3-1)=(1,2)$$
$$\overrightarrow{DC}=(3-x,4-y)$$

由$\overrightarrow{AB}=\overrightarrow{DC}$，得$\begin{cases}1=3-x\\2=4-y\end{cases}$，所以$\begin{cases}x=2\\y=2\end{cases}$.

所以顶点D的坐标为$(2,2)$.

例 8.4.2　已知向量$\boldsymbol{a}=(-2,2)$，$\boldsymbol{b}=(5,k)$，若$|\boldsymbol{a}+\boldsymbol{b}|\leqslant5$，求$k$的取值范围.

解　因为$\boldsymbol{a}=(-2,2)$，$\boldsymbol{b}=(5,k)$，所以$\boldsymbol{a}+\boldsymbol{b}=(3,2+k)$.

又因为$|\boldsymbol{a}+\boldsymbol{b}|\leqslant5$，所以$|\boldsymbol{a}+\boldsymbol{b}|^2\leqslant25$.

所以$3^2+(2+k)^2\leqslant25$，即$k^2+4k-12\leqslant0$，所以$-6\leqslant k\leqslant2$.

例 8.4.3　已知向量$u=(x,y)$，$\boldsymbol{v}=(y,2y-x)$的对应关系用$\boldsymbol{v}=f(\boldsymbol{u})$表示.

(1)证明：对于任意向量$\boldsymbol{a}$，$\boldsymbol{b}$及常数m,n恒有$f(m\boldsymbol{a}+n\boldsymbol{b})=mf(\boldsymbol{a})+nf(\boldsymbol{b})$成立；

(2)设$\boldsymbol{a}=(1,1)$，$\boldsymbol{b}=(1,0)$，求向量$f(\boldsymbol{a})$及$f(\boldsymbol{b})$的坐标；

(3)求使$f(\boldsymbol{c})=(p,q)$(p,q为常数)的向量$\boldsymbol{c}$的坐标.

解　(1)设$\boldsymbol{a}=(\boldsymbol{a}_1,\boldsymbol{a}_2)$，$\boldsymbol{b}=(\boldsymbol{b}_1,\boldsymbol{b}_2)$则，$m\boldsymbol{a}+n\boldsymbol{b}=(m\boldsymbol{a}_1+n\boldsymbol{b}_1,m\boldsymbol{a}_2+n\boldsymbol{b}_2)$.

所以
$$f(m\boldsymbol{a}+n\boldsymbol{b})=(m\boldsymbol{a}_2+n\boldsymbol{b}_2,2m\boldsymbol{a}_2+2n\boldsymbol{b}_2-m\boldsymbol{a}_1-n\boldsymbol{b}_1)$$
$$=m(\boldsymbol{a}_2,2\boldsymbol{a}_2-\boldsymbol{a}_1)+n(\boldsymbol{b}_2,2\boldsymbol{b}_2-\boldsymbol{b}_1).$$

所以$f(m\boldsymbol{a}+n\boldsymbol{b})=mf(\boldsymbol{a})+nf(\boldsymbol{b})$.

(2)由已知得$f(\boldsymbol{a})=(1,1)$，$f(\boldsymbol{b})=(0,-1)$.

(3)设$\boldsymbol{c}=(x,y)$，则$f(\boldsymbol{c})=(y,2y-x)=(p,q)$，

所以$y=p$，$x=2p-q$，即$\boldsymbol{c}=(2p-q,p)$.

8.4.3　向量平行的坐标表示

设$\boldsymbol{a}=(x_1,y_1)$，$\boldsymbol{b}=(x_2,y_2)$，其中$\boldsymbol{b}\neq0$，我们知道$\boldsymbol{a}/\!/\boldsymbol{b}$的充要条件是存在一个实数$\lambda$，使$\boldsymbol{b}=\lambda\boldsymbol{a}$用坐标表示，可写为

$$(x_2,y_2)=\lambda(x_1,y_1)$$

即
$$\begin{cases}x_2=\lambda x_1\\y_2=\lambda y_1\end{cases}$$

消去λ后得
$$x_1y_2-x_2y_1=0$$

这就是说，$\boldsymbol{a}/\!/\boldsymbol{b}(\boldsymbol{b}\neq\boldsymbol{0})$的充要条件是 $x_1y_2-x_2y_1=0$.

例 8.4.4 已知 $\boldsymbol{a}=(2,7)$，$\boldsymbol{b}=(4,y)$，且 $\boldsymbol{a}/\!/\boldsymbol{b}$，求 y.

解 因为 $\boldsymbol{a}/\!/\boldsymbol{b}$，所以 $2y-4\times7=0$，故 $y=14$.

例 8.4.5 已知 $A(-1,-1)$，$B(1,3)$，$C(2,5)$，求证：A,B,C 三点共线.

证明 因为$\overrightarrow{AB}=(1-(-1),3-(-1))=(2,4)$，

$$\overrightarrow{AC}=(2-(-1),5-(-1))=(3,6),$$

又 $2\times6-3\times4=0$，所以$\overrightarrow{AB}/\!/\overrightarrow{AC}$.

因为直线 AB、直线 AC 有公共点 A，所以 A,B,C 三点共线.

例 8.4.6 已知向量 $\boldsymbol{a}=(\cos\theta,\sin\theta)$，$\boldsymbol{b}=(\sqrt{3},-1)$，求 $|2\boldsymbol{a}-\boldsymbol{b}|$的最大值和最小值.

解 因为 $2\boldsymbol{a}-\boldsymbol{b}=2(\cos\theta,\sin\theta)-(\sqrt{3},-1)=(2\cos\theta-\sqrt{3},2\sin\theta+1)$，

所以
$$|2\boldsymbol{a}-\boldsymbol{b}|^2=(2\cos\theta-\sqrt{3})^2+(2\sin\theta+1)^2=8-4\sqrt{3}\cos\theta+4\sin\theta$$
$$=8+8\left(\frac{1}{2}\sin\theta-\frac{\sqrt{3}}{2}\cos\theta\right)=8+8\sin\left(\theta-\frac{\pi}{3}\right).$$

所以，当 $\sin\left(\theta-\frac{\pi}{3}\right)=1$ 时，$|2\boldsymbol{a}-\boldsymbol{b}|^2$ 有最大值 16，则 $|2\boldsymbol{a}-\boldsymbol{b}|$ 有最大值 4；

当 $\sin\left(\theta-\frac{\pi}{3}\right)=-1$ 时，$|2\boldsymbol{a}-\boldsymbol{b}|^2$ 有最小值 0，则 $|2\boldsymbol{a}-\boldsymbol{b}|^2$ 有最小值 0.

习题 8.4

1. 根据要求求出下列点的坐标.

(1) 已知三个力$\boldsymbol{f}_1(3,4)$，$\boldsymbol{f}_2(2,-5)$，$\boldsymbol{f}_3(\boldsymbol{x},\boldsymbol{y})$的合力$\boldsymbol{f}_1+\boldsymbol{f}_2+\boldsymbol{f}_3=\boldsymbol{0}$，求$\boldsymbol{f}_3$的坐标.

(2) 若 $M(3,-2)$，$N(-5,-1)$，且$\overrightarrow{MP}=\frac{1}{2}\overrightarrow{MN}$，求点 P 的坐标.

(3) 已知平面上三个点的坐标分别为 $A(-2,1)$，$B(-1,3)$，$C(3,4)$，求点 D 的坐标使得这四个点构成平行四边形四个顶点.

2. 已知 $O(0,0)$，$A(1,2)$，$B(4,5)$ 及$\overrightarrow{OP}=\overrightarrow{OA}+t\overrightarrow{AB}$，求当 $t=1,\frac{1}{2},-2,2$ 时其对应点 P 的坐标，并在坐标平面内画出这些点.

3. x 为何值时，$\boldsymbol{\alpha}=(2,3)$与$\boldsymbol{\beta}=(x,-6)$共线？

4. 已知 $A(-2,-3)$，$B(2,1)$，$C(1,4)$，$D(-7,-4)$，$\overrightarrow{AB}$与$\overrightarrow{CD}$是否共线？

5. 已知向量 $\boldsymbol{a}=(1,2)$，$\boldsymbol{b}=(x,1)$，$\boldsymbol{u}=\boldsymbol{a}+2\boldsymbol{b}$，$\boldsymbol{v}=2\boldsymbol{a}-\boldsymbol{b}$，且 $\boldsymbol{u}/\!/\boldsymbol{v}$，求实数 x 的值.

6. 若向量 $\boldsymbol{a}=(2x-1,x^2+3x+3)$与向量$\overrightarrow{AB}$相等，其中 $A(1,3)$，$B(2,4)$，求 x 的值.

7. 已知点 $A(-1,0)$，$B(1,4)$，$\boldsymbol{a}=(2k+3,2)$，若 $\boldsymbol{a}/\!/\overrightarrow{AB}$，求 k 的值.

8. 已知 $A(-1,-5)$，向量 $\boldsymbol{a}=(2,3)$，若$\overrightarrow{AB}=3\boldsymbol{a}$，求 B 点的坐标.

8.5　向量的数量积

8.5.1　向量数量积的概念

设 $\boldsymbol{a},\boldsymbol{b}$ 是任意两个非零向量，它们之间的正方向的夹角为 θ，$0\leqslant\theta\leqslant\pi$，那么数量 $|\boldsymbol{a}||\boldsymbol{b}|\cos\theta$ 叫做 $\boldsymbol{a}\cdot\boldsymbol{b}$ 的**数量积**（又叫**点积**），记作 $\boldsymbol{a}\cdot\boldsymbol{b}$，即 $\boldsymbol{a}.\boldsymbol{b}=|\boldsymbol{a}||\boldsymbol{b}|\cos\theta$. 有时 θ 记作 $(\boldsymbol{a}\hat{,}\boldsymbol{b})$，即 $\boldsymbol{a}\cdot\boldsymbol{b}=|\boldsymbol{a}||\boldsymbol{b}|\cos(\boldsymbol{a}\hat{,}\boldsymbol{b})$.

我们把 $|\boldsymbol{b}|\cos(\boldsymbol{a}\hat{,}\boldsymbol{b})$ 叫做向量 $\boldsymbol{b}$ 在 $\boldsymbol{a}$ 方向上的**投影**.

数量积 $\boldsymbol{a}\cdot\boldsymbol{b}$ 的几何意义为：数量积 $\boldsymbol{a}\cdot\boldsymbol{b}$ 等于 $\boldsymbol{a}$ 的长度 $|\boldsymbol{a}|$ 与 $\boldsymbol{b}$ 在 $\boldsymbol{a}$ 方向上的投影 $|\boldsymbol{b}|\cos(\boldsymbol{a}\hat{,}\boldsymbol{b})$ 的乘积.

8.5.2　数量积的运算律

根据向量数量积的定义，容易得到数量积的性质：

设 $\boldsymbol{a},\boldsymbol{b}$ 都是非零向量，$\boldsymbol{e}$ 是与 $\boldsymbol{b}$ 方向相同的单位向量，θ 是 $\boldsymbol{a}$ 与 $\boldsymbol{e}$ 的夹角，则

(1) $\boldsymbol{e}\cdot\boldsymbol{a}=\boldsymbol{a}\cdot\boldsymbol{e}=|\boldsymbol{a}|\cos\theta$；

(2) $\boldsymbol{a}\perp\boldsymbol{b}\Leftrightarrow\boldsymbol{a}\cdot\boldsymbol{b}=0$；

(3) 当 $\boldsymbol{a}$ 与 $\boldsymbol{b}$ 同向时，$\boldsymbol{a}\cdot\boldsymbol{b}=|\boldsymbol{a}||\boldsymbol{b}|$；当 $\boldsymbol{a}$ 与 $\boldsymbol{b}$ 反向时，$\boldsymbol{a}\cdot\boldsymbol{b}=-|\boldsymbol{a}||\boldsymbol{b}|$；特别地，$\boldsymbol{a}\cdot\boldsymbol{a}=|\boldsymbol{a}|^2$ 或 $|\boldsymbol{a}|=\sqrt{\boldsymbol{a}\cdot\boldsymbol{a}}$；

(4) $\cos\theta=\dfrac{\boldsymbol{a}.\boldsymbol{b}}{|\boldsymbol{a}||\boldsymbol{b}|}$；

(5) $|\boldsymbol{a}\cdot\boldsymbol{b}|\leqslant|\boldsymbol{a}||\boldsymbol{b}|$.

数量积的运算律：

(1) $\boldsymbol{a}\cdot\boldsymbol{b}=\boldsymbol{b}\cdot\boldsymbol{a}$（交换律）；

(2) $(\lambda\boldsymbol{a})\cdot\boldsymbol{b}=\boldsymbol{\lambda}(\boldsymbol{a}\cdot\boldsymbol{b})=\boldsymbol{a}\cdot(\boldsymbol{\lambda b})$（关于数乘的结合律）；

(3) $(\boldsymbol{a}+\boldsymbol{b})\cdot\boldsymbol{c}=\boldsymbol{a}\cdot\boldsymbol{c}+\boldsymbol{b}\cdot\boldsymbol{c}$（分配律）.

例 8.5.1　若 $|\boldsymbol{a}|=1$，$|\boldsymbol{b}|=2$，$\boldsymbol{c}=\boldsymbol{a}+\boldsymbol{b}$，且 $\boldsymbol{c}\perp\boldsymbol{a}$，求向量 $\boldsymbol{a}$ 与 $\boldsymbol{b}$ 的夹角.

解　设向量 $\boldsymbol{a}$ 与 $\boldsymbol{b}$ 的夹角为 θ.

因为 $\boldsymbol{c}\perp\boldsymbol{a}$，所以 $\boldsymbol{c}\cdot\boldsymbol{a}=0$，

又因为 $\boldsymbol{c}=\boldsymbol{a}+\boldsymbol{b}$，

所以 $(\boldsymbol{a}+\boldsymbol{b})\cdot\boldsymbol{a}=\boldsymbol{a}^2+\boldsymbol{a}\cdot\boldsymbol{b}=0\Leftrightarrow|\boldsymbol{a}|^2+|\boldsymbol{a}||\boldsymbol{b}|\cos\theta=0$，

又因为 $|\boldsymbol{a}|=1$，$|\boldsymbol{b}|=2$，所以 $\cos\theta=-\dfrac{1}{2}$，

故 $\theta=120°$.

例 8.5.2　已知平面上三点 A,B,C，满足 $|\overrightarrow{AB}|=3$，$|\overrightarrow{BC}|=4$，$|\overrightarrow{CA}|=5$，求 $\overrightarrow{AB}\cdot\overrightarrow{BC}+\overrightarrow{BC}\cdot\overrightarrow{CA}+\overrightarrow{CA}\cdot\overrightarrow{AB}$ 的值.

解　因为 $|\overrightarrow{AB}|^2+|\overrightarrow{BC}|^2=|\overrightarrow{CA}|^2$，所以 $\triangle ABC$ 为直角三角形，其中 $\angle B=90°$.

所以$\overrightarrow{AB}\cdot\overrightarrow{BC}+\overrightarrow{BC}\cdot\overrightarrow{CA}+\overrightarrow{CA}\cdot\overrightarrow{AB}=0+|\overrightarrow{BC}||\overrightarrow{CA}|\cos(\pi-C)+|\overrightarrow{CA}||\overrightarrow{AB}|\cos(\pi-A)$,

$=-20\cos C+-15\cos A=-25.$

$\left(\text{因为}\cos C=\dfrac{4}{5},\cos A=\dfrac{3}{5}\right)$.

例 8.5.3　等边三角形 ABC 中,P 在线段 AB 上,且$\overrightarrow{AP}=\lambda\overrightarrow{AB}$,若$\overrightarrow{CP}\cdot\overrightarrow{AB}=\overrightarrow{PA}\cdot\overrightarrow{PB}$,求实数 λ 的值.

解　如图 8.5.1 所示,因为$\overrightarrow{CP}=\overrightarrow{CA}+\overrightarrow{AP}=\overrightarrow{CA}+\lambda\overrightarrow{AB}$,

$\overrightarrow{PB}=\overrightarrow{AB}-\overrightarrow{AP}=(1-\lambda)\overrightarrow{AB}$.

又$\overrightarrow{CP}\cdot\overrightarrow{AB}=\overrightarrow{PA}\cdot\overrightarrow{PB}$,

所以

$$(\overrightarrow{CA}+\lambda\overrightarrow{AB})\cdot\overrightarrow{AB}=-\lambda\overrightarrow{AB}\cdot(1-\lambda)\overrightarrow{AB},$$

$$-\overrightarrow{AB}\cdot\overrightarrow{AC}+\lambda\overrightarrow{AB}^2=-(\lambda^2-\lambda)\overrightarrow{AB}^2$$

$$-\frac{1}{2}+\lambda=\lambda^2-\lambda$$

$$\lambda^2-2\lambda+\frac{1}{2}=0$$

设等边三角形 ABC 的边长为 1,则

所以$\lambda=\dfrac{2\pm\sqrt{2}}{2}$,

因为$\lambda<1$,所以$\lambda=\dfrac{2-\sqrt{2}}{2}$.

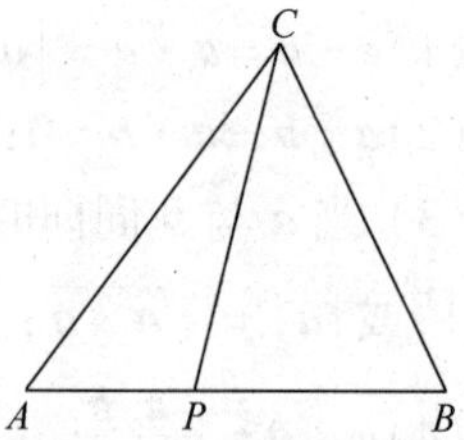

图　8.5.1

例 8.5.4　已知$|\boldsymbol{a}|=3,|\boldsymbol{b}|=4$,且 $\boldsymbol{a}$ 与 $\boldsymbol{b}$ 不共线,当且仅当 k 为何值时,向量 $\boldsymbol{a}+k\boldsymbol{b}$ 与 $\boldsymbol{a}-k\boldsymbol{b}$ 互相垂直?

解　$\boldsymbol{a}+k\boldsymbol{b}$ 与 $\boldsymbol{a}-k\boldsymbol{b}$ 互相垂直的充要条件是$(\boldsymbol{a}+k\boldsymbol{b})\cdot(\boldsymbol{a}-k\boldsymbol{b})=0$,

即$\boldsymbol{a}^2-k^2\boldsymbol{b}^2=0$.

因为$\boldsymbol{a}^2=9,\boldsymbol{b}^2=16$,

所以$9-16k^2=0$.

所以$k=\pm\dfrac{3}{4}$.

即当且仅当$k=\pm\dfrac{3}{4}$时,$\boldsymbol{a}+k\boldsymbol{b}$ 与 $\boldsymbol{a}-k\boldsymbol{b}$ 互相垂直.

8.5.3　向量数量积的坐标表示

设$\boldsymbol{a}=(x_1,y_1)=x_1\boldsymbol{i}+y_1\boldsymbol{j},\boldsymbol{b}(x_2,y_2)=x_2\boldsymbol{i}+y_2\boldsymbol{j}$是两个非零向量,则

$$\boldsymbol{a}\cdot\boldsymbol{b}=x_1x_2+y_1y_2$$

事实上,因为$\boldsymbol{i},\boldsymbol{j}$是与 x 轴、y 轴正方向相同的单位向量,所以$\boldsymbol{i}\perp\boldsymbol{j}$,故

$\boldsymbol{i}\cdot\boldsymbol{j}=\boldsymbol{j}\cdot\boldsymbol{i}=0$,　$\boldsymbol{i}\cdot\boldsymbol{i}=\boldsymbol{i}^2=1$,　$\boldsymbol{j}\cdot\boldsymbol{j}=\boldsymbol{j}^2=1$

则$\boldsymbol{a}\cdot\boldsymbol{b}=(x_1\boldsymbol{i}+y_1\boldsymbol{j})(x_2\boldsymbol{i}+y_2\boldsymbol{j})=x_1x_2\boldsymbol{i}^2+x_1y_2\boldsymbol{i}\cdot\boldsymbol{j}+x_2y_1\boldsymbol{j}\cdot\boldsymbol{i}+y_1y_2\boldsymbol{j}^2$

$$=x_1x_2+y_1y_2$$

由此容易得到　$\boldsymbol{a}\perp\boldsymbol{b}\Leftrightarrow x_1x_2+y_1y_2=0$；

$\boldsymbol{a}/\!/\boldsymbol{b}\Leftrightarrow x_1y_2-x_2y_1=0$.

例 8.5.5　已知向量 $\boldsymbol{a}=(1,\sqrt{2})$，$\boldsymbol{b}=(-\sqrt{2},1)$，若正数 k 和 t 使得 $\boldsymbol{x}=\boldsymbol{a}+(t^2+1)\boldsymbol{b}$ 与 $\boldsymbol{y}=-k\boldsymbol{a}+\frac{1}{t}\boldsymbol{b}$ 垂直，求 k 的最小值.

解　由已知得 $|\boldsymbol{a}|=|\boldsymbol{b}|=3$，因为 $\boldsymbol{a}\cdot\boldsymbol{b}=0$，所以 $\boldsymbol{a}\perp\boldsymbol{b}$.

又 $\boldsymbol{x}\perp\boldsymbol{y}$，即

$$(\boldsymbol{a}+(t^2+1)\boldsymbol{b})\cdot\left(-k\boldsymbol{a}+\frac{1}{t}\boldsymbol{b}\right)=-k\,\boldsymbol{a}^2+\frac{1}{t}\boldsymbol{a}\cdot\boldsymbol{b}-k(t^2+1)\boldsymbol{b}\cdot\boldsymbol{a}+\frac{t^2+1}{t}\boldsymbol{b}^2$$

$$=-3k+3\times\frac{t^2+1}{t}=0$$

所以 $k=t+\frac{1}{t}$. 又因为 k,t 为正数，所以 $k=t+\frac{1}{t}\geqslant 2\sqrt{t\cdot\frac{1}{t}}=2$.

故 k 的最小值是 2.

例 8.5.6　已知 $\boldsymbol{a},\boldsymbol{b},\boldsymbol{c}$ 是同一平面内的三个向量，其中 $\boldsymbol{a}=(1,2)$，

(1) 若 $|\boldsymbol{c}|=2\sqrt{5}$，且 $\boldsymbol{c}/\!/\boldsymbol{a}$，求 $\boldsymbol{c}$.

(2) 若 $|\boldsymbol{b}|=\frac{\sqrt{5}}{2}$，且 $\boldsymbol{a}+2\boldsymbol{b}$ 与 $\boldsymbol{a}-2\boldsymbol{b}$ 垂直，求 $\boldsymbol{a}$ 与 $\boldsymbol{b}$ 的夹角.

解　(1) 因为 $\boldsymbol{c}/\!/\boldsymbol{a}$，$\boldsymbol{a}=(1,2)$，可设 $\boldsymbol{c}=\lambda\boldsymbol{a}=(\lambda,2\lambda)$.

又因为 $|\boldsymbol{c}|=2\sqrt{5}$，所以 $\lambda^2+4\lambda^2=|\boldsymbol{c}|^2=20$，所以 $\lambda=\pm 2$.

所以 $\boldsymbol{c}=(2,4)$ 或 $(-2,-4)$.

(2) 由 $\boldsymbol{a}=(1,2)$ 知 $|\boldsymbol{a}|=\sqrt{5}$，因为 $\boldsymbol{a}+2\boldsymbol{b}$ 与 $\boldsymbol{a}-2\boldsymbol{b}$ 垂直，

所以 $(\boldsymbol{a}+2\boldsymbol{b})\cdot(\boldsymbol{a}-2\boldsymbol{b})=0$，即 $|\boldsymbol{a}|^2-4|\boldsymbol{b}|^2=0$，

所以 $|\boldsymbol{b}|=\frac{\sqrt{5}}{2}$，$\boldsymbol{a}$ 与 $\boldsymbol{b}$ 的夹角 θ 可以取 $[0,\pi]$ 内的任意角，即 $\theta\in[0,\pi]$.

例 8.5.7　在平面直角坐标系 xOy 中，已知点 $A(-1,-2)$，$B(2,3)$，$C(-2,-1)$.

(1) 求以线段 AB，AC 为邻边的平行四边形的两条对角线的长.

(2) 设实数 t 满足 $(\overrightarrow{AB}-t\,\overrightarrow{OC})\cdot\overrightarrow{OC}=0$，求 t 的值.

解　(1) 由题设知 $\overrightarrow{AB}=(3,5)$，$\overrightarrow{AC}=(-1,1)$，

则　$\overrightarrow{AB}+\overrightarrow{AC}=(2,6)$，$\overrightarrow{AB}-\overrightarrow{AC}=(4,4)$.

所以　$|\overrightarrow{AB}+\overrightarrow{AC}|=2\sqrt{10}$，$|\overrightarrow{AB}-\overrightarrow{AC}|=4\sqrt{2}$.

故所求的两条对角线的长分别为 $4\sqrt{2}$，$2\sqrt{10}$.

(2) 由题设知，$\overrightarrow{OC}=(-2,-1)$，$\overrightarrow{AB}-t\,\overrightarrow{OC}=(3+2t,5+t)$，

由 $(\overrightarrow{AB}-t\,\overrightarrow{OC})\cdot\overrightarrow{OC}=0$ 得，$(3+2t,5+t)\cdot(-2,-1)=0$，从而 $5t=-11$，

所以 $t=-\frac{11}{5}$.

习题 8.5

1. 若向量 $\boldsymbol{a}=(1,2)$，$\boldsymbol{b}=(-3,4)$，求 $(\boldsymbol{a}-\boldsymbol{b})\cdot(\boldsymbol{a}+\boldsymbol{b})$ 的值.

2. 已知向量 $\boldsymbol{a}=(\cos\theta,\sin\theta)$，$\boldsymbol{b}=(-\sqrt{3},-1)$，则 $|2\boldsymbol{a}-\boldsymbol{b}|$ 的最大值和最小值分别是多少？

3. 设向量 $\boldsymbol{a}=(-2,1)$，$\boldsymbol{b}=(\lambda,-1)(\lambda\in R)$，若 $\boldsymbol{a}$，$\boldsymbol{b}$ 的夹角为钝角，求 λ 的取值范围.

4. 已知向量 $\boldsymbol{a}=(2,4)$，$\boldsymbol{b}=(1,1)$. 若向量 $\boldsymbol{b}\perp(\boldsymbol{a}+\lambda\boldsymbol{b})$，求实数 λ 的值.

5. 在以 O 为原点的直角坐标系中，点 $A(4,-3)$ 为 $\triangle OAB$ 的直角顶点. 已知 $|\overrightarrow{AB}|=2|\overrightarrow{OA}|$，且点 B 的纵坐标大于零，求向量 $\overrightarrow{AB}$ 的坐标.

6. 已知 $\triangle OAB$ 的角 A,B,C 所对的边分别是 a,b,c，设向量

$$\boldsymbol{a}=(a,b),\quad \boldsymbol{b}=(\sin B,\sin A),\quad \boldsymbol{c}=(b-2,a-2)$$

(1) 若 $\boldsymbol{a}/\!/\boldsymbol{b}$，求证：$\triangle ABC$ 为等腰三角形.

(2) 若 $\boldsymbol{a}\perp\boldsymbol{c}$，边长 $\boldsymbol{c}=2$，角 $C=\frac{\pi}{3}$，求 $\triangle ABC$ 的面积.

7. 设 $\boldsymbol{a}$，$\boldsymbol{b}$ 是两个非零向量，证明：$\boldsymbol{a}\perp\boldsymbol{b}$ 的充要条件是 $(\boldsymbol{a}+\boldsymbol{b})^2=\boldsymbol{a}^2+\boldsymbol{b}^2$.

8. 已知向量 $\boldsymbol{a}=(m-2,m+3)$，$\boldsymbol{b}=(2m+1,m-2)$，且 $\boldsymbol{a}$ 与 $\boldsymbol{b}$ 的夹角大于 $90°$，求实数 m 的取值范围.

9. 求证：平行四边形的对角线的平方和等于四边的平方和.

10. 若向量 $\overrightarrow{AB}=\boldsymbol{i}-2\boldsymbol{j}$，$\overrightarrow{BC}=\boldsymbol{i}+m\boldsymbol{j}$，其中 $\boldsymbol{i}$，$\boldsymbol{j}$ 分别为 x 轴与 y 正方向的单位向量，求使 A，B，C 三点共线的 m 的值.

第9章 复　　数

复数的引入使实数域扩大到复数域．1777 年瑞士数学家欧拉(Euler)系统地建立了复数理论，并首先将其应用到水力学和地图学上．随后，复数在物理学、电工学、弹性力学、天体力学等方面被广泛应用．进而复数作为重要的数学基础知识被深入研究．本章将复习复数的基本概念和基本运算．

9.1 复数的概念

9.1.1 虚数单位

在实数范围内，最简单的一元二次方程 $x^2+1=0$ 无解，现在引入一种新数，使方程 $x^2=-1$ 有确定的解．

记 $i=\sqrt{-1}$，i 称为**虚数单位**，且规定，数 i 具有性质：

(1) $i^2=-1$；

(2) i 与实数在一起，可以按照实数的运算法则进行运算．

于是这样一来，方程 $x^2+1=0$ 有两个根：$x=\pm i$.

i 具有周期性，对于任意的整数 n，有

$$i^{4n}=1,\quad i^{4n+1}=i,\quad i^{4n+2}=-1,\quad i^{4n+3}=-i$$

9.1.2 复数的定义

形如 $z=x+yi$ 的数叫做**复数**(称为复数的代数式)，其中 $x,y\in\mathbf{R}$. x 叫做复数的**实部**，y 叫做复数的**虚部**．并分别记为

$$\operatorname{Re} z=x,\quad \operatorname{Im} z=y$$

复数 $z=x+yi$，当 $y=0$ 时，$z=x$ 就是实数；当 $x=y=0$ 时，z 就是实数 0；当 $y\neq 0$ 时，z 称为虚数；当 $x=0,y\neq 0$ 时，$z=yi$ 称为**纯虚数**．

$$\text{复数 } x+yi \text{ 为}\begin{cases}\text{实数}(y=0)\\ \text{虚数}(y\neq 0)(\text{当 } x=0, x\neq 0 \text{ 时为纯虚数})\end{cases}$$

显然，实数集 **R** 是复数集 **C** 的子集，即 $\mathbf{R}\subset\mathbf{C}$.

规定：复数不能比较大小，两个复数相等是指实部与实部相等，虚部与虚部相等．即设 $z_1=x_1+iy_1, z_2=x_2+iy_2(x_1,y_1,x_2,y_2\in\mathbf{R})$，则 $z_1=z_2\Leftrightarrow x_1=x_2, y_1=y_2$.

例 9.1.1 已知复数 $z=(2+i)m^2-3m(1+i)-2(1-i)$．当实数 m 取什么值时，复数 z 是：(1)零；(2)虚数；(3)纯虚数；(4)复平面内第二、四象限角平分线上的点对应的复数．

解 (1) $z=(2+i)m^2-3m(1+i)-2(1-i)$

$$=(2m^2-3m-2)+(m^2-3m+2)\mathrm{i}$$

当$\begin{cases}2m^2-3m-2=0\\m^2-3m+2=0\end{cases}$，即 $m=2$ 时，z 为零.

(2)当 $m^2-3m+2\neq 0$，即 $m\neq 1$ 且 $m\neq 2$ 时，z 为虚数.

(3)当$\begin{cases}2m^2-3m-2=0\\m^2-3m+2\neq 0\end{cases}$时，即 $m=-\dfrac{1}{2}$时，z 为纯虚数.

(4)当 $2m^2-3m-2=-(m^2-3m+2)$，即 $m=0$ 或 $m=2$ 时，z 为复平面内第二、四象限角平分线上的点对应的复数.

例 9.1.2　已知复数 z_1,z_2 满足 $10z_1^2+5z_2^2=2z_1z_2$，且 z_1+2z_2 为纯虚数，求证：$3z_1-z_2$ 为实数.

证明　由 $10z_1^2+5z_2^2=2z_1z_2$，可得 $10z_1^2+5z_2^2-2z_1z_2=0$，

所以 $(3z_1-z_2)^2+(z_1+2z_2)^2=0$

又因为 z_1+2z_2 为纯虚数，所以设 $z_1+2z_2=b\mathrm{i}(b\in\mathbf{R},b\neq 0)$.

则 $(3z_1-z_2)^2=-(b\mathrm{i})^2=b^2$，

所以 $3z_1-z_2=\pm|b|\in\mathbf{R}$. 故 $3z_1-z_2$ 为实数.

例 9.1.3　已知关于 x,y 方程组$\begin{cases}(2x-1)+\mathrm{i}=y-(3-y)\mathrm{i}\\(2x+ay)-(4x-y+b)\mathrm{i}=9-8\mathrm{i}\end{cases}$有实数解，求 a,b 的值.

解　由第一个方程得$\begin{cases}2x-1=y\\1=-(3-y)\end{cases}$，解得$\begin{cases}x=\dfrac{5}{2}\\y=4\end{cases}$.

将上述结果代入第二个方程中得到 $5+4a-(10-4+b)\mathrm{i}=9-8\mathrm{i}$，

由两复数相等得到$\begin{cases}5+4a=9\\10-4+b=8\end{cases}$，解得$\begin{cases}a=1\\b=2\end{cases}$.

9.1.3　共轭复数

复数 $x-y\mathrm{i}$ 称为复数 $x+y\mathrm{i}(x,y\in\mathbf{R})$ 的**共轭复数**，记为：$\bar{z}=x-y\mathrm{i}$.

由 $\overline{(\bar{z})}=\overline{x-y\mathrm{i}}=x+y\mathrm{i}=z$，

所以 z 与 $\bar{z}$ 互为共轭复数.

当 $z=a$ 为实数时，$\bar{a}=a$.

$$\bar{z}=\bar{a}=\overline{a-0\mathrm{i}}=a+0\mathrm{i}=a=z$$

反之，若 $z=a+b\mathrm{i}$，又 $z=\bar{z}$，则 $a-b\mathrm{i}=a+b\mathrm{i}$，从而 $b=0$，于是 $z=a+0\mathrm{i}=a$ 是实数.

所以复数 z 为实数的充要条件是 $z=\bar{z}$.

与共轭复数有关的等式：

$$\overline{z_1\pm z_2}=\overline{z_1}\pm\overline{z_2};\quad \overline{z_1\cdot z_2}=\overline{z_1}\cdot\overline{z_2}$$

$$\overline{\left(\frac{z_1}{z_2}\right)}=\frac{\overline{z_1}}{\overline{z_2}}\quad(z_2\neq 0)$$

$$\mathrm{Re}\,z=\frac{z+\bar{z}}{2},\quad \mathrm{Im}\,z=\frac{z-\bar{z}}{2\mathrm{i}}$$

例 9.1.4 证明:实系数一元 n 次方程

$$a_0x^n+a_1x^{n-1}+\cdots+a_n=0 \quad (a_0\neq 0)$$

的复数根成共轭复数对(即若 z_0 是方程的根,则 $\overline{z_0}$ 也是方程的根).

证明 设 z_0 是已知方程的根,则

$$a_0z_0^n+a_1z_0^{n-1}+\cdots+a_n=0$$

从而

$$\begin{aligned}a_0\ (\overline{z_0})^n+a_1\ (\overline{z_0})^{n-1}+\cdots+a_n&=a_0\ \overline{z_0^n}+a_1\ \overline{z_0^{n-1}}+\cdots+a_n\\&=\overline{a_0z_0^n+a_1z_0^{n-1}+\cdots+a_n}\\&=0\end{aligned}$$

所以,$\overline{z_0}$ 也是方程的根.

9.1.4 复平面

一个复数 $z=x+y\mathrm{i}$ 本质上是由一对有序实数 (x,y) 唯一确定.于是,能够建立平面上全部的点和全体实数对的一一对应.换句话说,我们可以借助于横坐标为 x、纵坐标为 y 的点来表示复数,$z=x+y\mathrm{i}$,如图 9.1.1 所示.

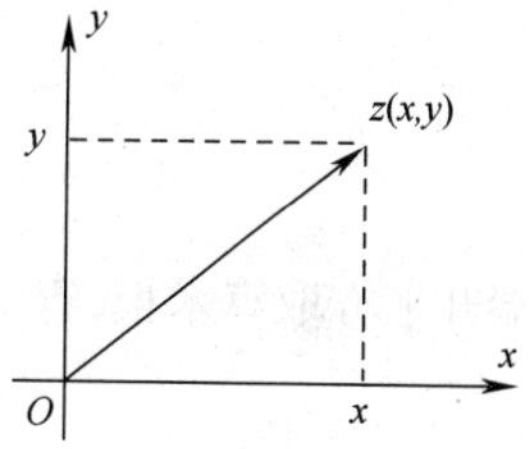

图 9.1.1

由于 x 轴上的点对应着实数,故 x 轴称为实轴;y 轴上的非原点的点对应着**纯虚数**,故 y 轴(除原点)称为**虚轴**.这样表示复数 z 的平面称为**复平面**.复平面也常用 $\mathbb{C}$ 表示.

这样就建立了复数集和复平面上的点集间的一一对应关系.因此,在复平面内,我们以后可以不再区分“点”和“数”.

9.1.5 复数的模

复数 $z=x+y\mathrm{i}$ 与复平面内的点 $z(x,y)$ 一一对应,而复平面上的点 $z(x,y)$ 又与复平面内从原点到点 $z=x+y\mathrm{i}$ 的向量 $\overrightarrow{Oz}$ 一一对应.原点 O 对应零向量.这样,我们就可以用以原点为起点,以 z 为终点的向量 $\overrightarrow{Oz}$ 来表示复数 z,相等的向量表示同一个复数.

向量 $\overrightarrow{Oz}$ 的长度,叫做**复数的模**,记为 $|z|$,显然

$$|z|=\sqrt{x^2+y^2}$$

1. 与模有关的等式

(1) $|\bar{z}|=|z|$;$|z|^2=z\bar{z}$;$|z_1\cdot z_2|=|z_1|\cdot|z_2|$;$\left|\dfrac{z_1}{z_2}\right|=\dfrac{|z_1|}{|z_2|}$;

(2) $|z_1+z_2|^2=|z_1|^2+|z_2|^2+2\mathrm{Re}(z_1\cdot\overline{z_2})$;

(3) $|z_1-z_2|^2=|z_1|^2+|z_2|^2-2\mathrm{Re}(z_1\cdot\overline{z_2})$.

证明 (2)
$$\begin{aligned}|z_1+z_2|^2&=(z_1+z_2)\overline{(z_1+z_2)}\\&=(z_1+z_2)(\overline{z_1}+\overline{z_2})\\&=z_1\ \overline{z_1}+z_1\ \overline{z_2}+\overline{z_1}z_2+z_2\ \overline{z_2}\end{aligned}$$

$$= |z_1|^2 + |z_2|^2 + 2\left(\frac{z_1\overline{z_2} + \overline{z_1}z_2}{2}\right)$$

$$= |z_1|^2 + |z_2|^2 + 2\mathrm{Re}(z_1 \cdot \overline{z_2}) \quad (\text{因为}\overline{z_1\overline{z_2}} = \overline{z_1} \cdot z_2)$$

2. 与模有关的不等式

(1)设 $z = x + y\mathrm{i}$,则

$$x \leqslant |x| \leqslant |z|, \quad y \leqslant |y| \leqslant |z|, \quad |z| \leqslant |x| + |y|$$

(2)设 z_1, z_2 为任意复数,则有

$$||z_1| - |z_2|| \leqslant |z_1 + z_2| \leqslant |z_1| + |z_2| (\text{三角不等式})$$

(3)设 z_1, z_2 为任意复数,则有

$$||z_1| - |z_2|| \leqslant |z_1 - z_2|$$

证明　(2) $|z_1 + z_2|^2 = |z_1|^2 + |z_2|^2 + 2\mathrm{Re}(z_1 \cdot \overline{z_2})$

$$\leqslant |z_1|^2 + |z_2|^2 + 2|z_1 \cdot \overline{z_2}|$$

$$= |z_1|^2 + |z_2|^2 + 2|z_1| \cdot |z_2|$$

$$= (|z_1| + |z_2|)^2$$

两端开平方取算术根,得

$$|z_1 + z_2| \leqslant |z_1| + |z_2|$$

从而

$$|z_1| = |z_1 + z_2 - z_2| \leqslant |z_1 + z_2| + |-z_2|$$

$$= |z_1 + z_2| + |z_2|$$

即

$$|z_1| - |z_2| \leqslant |z_1 + z_2|$$

再由

$$|z_2| = |z_1 + z_2 - z_1|$$

得

$$|z_1| - |z_2| \geqslant -|z_1 + z_2|$$

综合得

$$-|z_1 + z_2| \leqslant |z_1| - |z_2| \leqslant |z_1 + z_2|$$

即

$$||z_1| - |z_2|| \leqslant |z_1 + z_2|$$

9.1.6　复数的辐角

设 $z = x + y\mathrm{i} \neq 0$,相应的向量为 $\overrightarrow{Oz}$,正实轴到向量 $\overrightarrow{Oz}$ 的转角 θ 称为复数 z 的**辐角**(见图 9.1.2),记作 $\mathrm{Arg}\, z$,即 $\theta = \mathrm{Arg}\, z$, $z = 0$ 时,$\mathrm{Arg}\, 0$ 无意义.

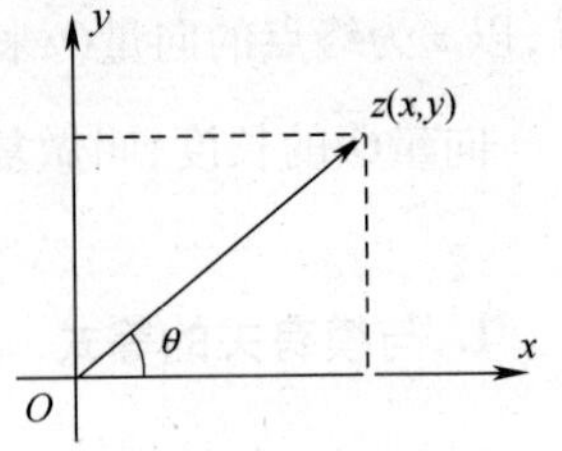

图　9.1.2

复数的辐角之间可以相差 2π 的整数倍,因此 $\mathrm{Arg}\, z$ 表示无穷多个角. 为了方便,通常把满足

$$-\pi < \arg z \leqslant \pi$$

的辐角 $\arg z$ 称为 z 的辐角的**主值**,或称之为 z 的**主辐角**. 于是

$$\theta = \mathrm{Arg}\, z = \arg z + 2k\pi \quad (k = 0, \pm 1, \pm 2, \cdots)$$

主辐角值也可以规定为 $0 \leqslant \arg z < 2\pi$,在开方运算中常用此规定.

若 $a \in \mathbf{R}_+$ 时,$\arg a = 0$, $\arg(-a) = \pi$, $\arg(a\mathrm{i}) = \frac{\pi}{2}$, $\arg(-a\mathrm{i}) = -\frac{\pi}{2}$.

有了主辐角以后,每一个不为零的复数有唯一的模和主辐角,反之,复数可以由它的模和主辐角唯一确定.

当 $\arg z(z=x+y\mathrm{i}\neq 0)$ 表示 z 的主辐角时,它与反正切 $\arctan\frac{y}{x}$ 的主值 $\arctan\frac{y}{x}$ 有如下关系(见图9.1.3)(注意 $-\pi<\arg z\leqslant\pi$, $-\frac{\pi}{2}<\arctan\frac{y}{x}<\frac{\pi}{2}$):

$$\underset{(z\neq 0)}{\arg z}=\begin{cases}\arctan\frac{y}{x} & \text{当 } x>0, y\geqslant 0 \text{ 及 } y<0\\ \frac{\pi}{2} & \text{当 } x=0, y>0\\ \arctan\frac{y}{x}+\pi & \text{当 } x<0, y\geqslant 0\\ \arctan\frac{y}{x}-\pi & \text{当 } x<0, y<0\\ -\frac{\pi}{2} & \text{当 } x=0, y<0\end{cases}$$

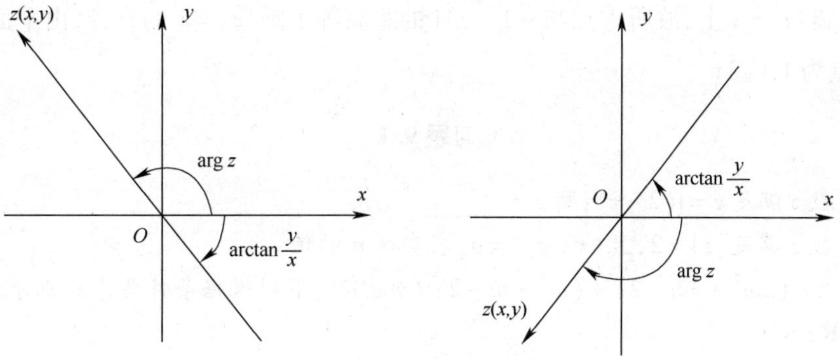

图 9.1.3

例9.1.5 设 $z_1=2-\mathrm{i}, z_2=-3+4\mathrm{i}$,求 $|z_1|, |z_2|, \arg z_1, \arg z_2$.

解 $|z_1|=\sqrt{2^2+(-2)^2}=2\sqrt{2}, |z_2|=\sqrt{(-3)^2+4^2}=5$.

$$\begin{aligned}\arg z_1&=\arg(2-2\mathrm{i})+2k\pi\\&=\arctan\left(\frac{-2}{2}\right)+2\mathrm{k}\pi\\&=-\frac{\pi}{4}+2k\pi,\quad k\in\mathbf{Z}\end{aligned}$$

$$\begin{aligned}\arg z_2&=\arg(-3+4\mathrm{i})+2k\pi\\&=\arctan\left(-\frac{4}{3}\right)+\pi+2k\pi\\&=(2k+1)\pi-\arctan\frac{4}{3},\quad k\in\mathbf{Z}\end{aligned}$$

例9.1.6 求复数 $\omega=\frac{1+z}{1-z}(z\neq 1)$ 的实部、虚部和模.

解 因为 $\omega=\frac{1+z}{1-z}=\frac{(1+z)\overline{(1-z)}}{(1-z)\overline{(1-z)}}$

$$=\frac{1-z\bar{z}+z+\bar{z}}{|1-z|^2}=\frac{1-|z|^2+2\mathrm{i}\,\mathrm{Im}\,z}{|1-z|^2}$$

所以
$$\mathrm{Re}\,w=\frac{1-|z|^2}{|1-z|^2},\mathrm{Im}\,w=\frac{2\mathrm{Im}\,z}{|1-z|^2}$$

$$|w|^2=w\bar{w}=\frac{1+z}{1-z}\cdot\frac{1+\bar{z}}{1-\bar{z}}=\frac{1+z\bar{z}+z+\bar{z}}{|1-z|^2}$$

$$=\frac{1+|z|^2+2\mathrm{Re}\,z}{|1-z|^2}$$

所以
$$|w|=\frac{\sqrt{1+|z|^2+2\mathrm{Re}\,z}}{|1-z|}$$

例 9.1.7　已知复数 z 满足 $z\cdot\bar{z}=4$ 且，$|z+1+\sqrt{3}\mathrm{i}|=4$，求复数 z.

解　由 $z\cdot\bar{z}=4$ 得 $|z|=2$，即点 z 的集合是以原点为圆心，以 2 为半径的圆．而由 $|z+1+\sqrt{3}\mathrm{i}|=4$，即 $|z-(-1-\sqrt{3}\mathrm{i})|=4$，它表示点 z 到点 $-1-\sqrt{3}\mathrm{i}$ 的距离等于 4，而显然点 $-1-\sqrt{3}\mathrm{i}$ 在圆 $|z|=2$ 上，故所求点与 $-1-\sqrt{3}\mathrm{i}$ 的距离等于圆 $|z|=2$ 的直径，由平面几何知识知道，所求点为 $1+\sqrt{3}\mathrm{i}$.

习题 9.1

1. 若复数 z 满足 $z=\mathrm{i}(2-z)$，则 $z=$ ______.
2. 设复数 z 满足 $|z|=2$，且 $(z-a)^2=a$，求实数 a 的值．
3. 已知 $z=(2m^2+3m-2)+(m^2+m-2)\mathrm{i}(m\in\mathbf{R})$，下列根据条件要求分别求 m 的值．

(1) $z\in\mathbf{R}$；

(2) $z=0$；

(3) z 为虚数；

(4) z 为纯虚数；

(5) z 在复平面上对应的点在第三象限；

(6) z 在复平面上对应的点在直线 $l:x-2y+1=0$ 上．

4. 已知 $z\in\mathbf{C}$，$|z|=1$，设 $u=(3+4\mathrm{i})z+(3-4\mathrm{i})\bar{z}$，

(1) 证明 u 是实数；

(2) 求 u 的最大值与最小值．

5. 设 $z\in\mathbf{C}$，满足下列条件的点 z 的集合是什么图形？

(1) $|z|=3$；　　(2) $|z|>3$；　　(3) $|z-\mathrm{i}|\leqslant 3$；

(4) $2\leqslant|z|<5$；　　(5) $|z|<\dfrac{|z|}{2}+1$；　　(6) $\mathrm{Re}\,z>-1$；

(7) $\dfrac{\pi}{6}\leqslant\arg z\leqslant\dfrac{\pi}{3}$.

6. 证明：(1) $|z|=1$ 的充要条件是 $\bar{z}=\dfrac{1}{z}$；

(2) z 是实数的充要条件是 $z=\bar{z}$.

7. 已知复数 $(3x+2y)+(5x-y)\mathrm{i}$ 是 $17+2\mathrm{i}$ 的共轭复数，求实数 x,y.

8. 应用公式$(a+bi)(a-bi)=a^2+b^2$,将下列各式分解为一次因式的积.

(1)x^2+4;　(2)$x^4-a^4(a\in\mathbf{R})$;　(3)x^2+2x+2;　(4)x^2+x+1.

9.2　复数的代数式的四则运算

9.2.1　复数代数式的加减法

复数$z=x+yi(x,y\in\mathbf{R})$称为复数的代数形式.

设$z_1=x_1+y_1i,z_2=x_2+y_2i(x_1,y_1,x_2,y_2\in\mathbf{R})$,则

$$z_1+z_2=(x_1+x_2)+(y_1+y_2)i$$
$$z_1-z_2=(x_1-x_2)+(y_1-y_2)i$$

因为复数z_1,z_2,z分别对应向量$\overrightarrow{Oz_1},\overrightarrow{Oz_2},\overrightarrow{Oz}$,由向量的平行四边形法则,$\overrightarrow{Oz_1}+\overrightarrow{Oz_2}=\overrightarrow{Oz}$(见图9.2.1).

利用向量的坐标运算知$\overrightarrow{Oz}=\overrightarrow{Oz_1}+\overrightarrow{Oz_2}=(x_1+x_2)+(y_1+y_2)i$,所以,复数的加法符合平行四边形法则.

而$z_1-z_2=z$对应于$\overrightarrow{Oz_1}-\overrightarrow{Oz_2}=\overrightarrow{Oz}$,可视为$\overrightarrow{Oz_1}+(-\overrightarrow{Oz_2})=\overrightarrow{Oz}$,也适合平行四边形法则(见图9.2.2).

由

$$z=z_1-z_2=(x_1-x_2)+(y_1-y_2)i$$

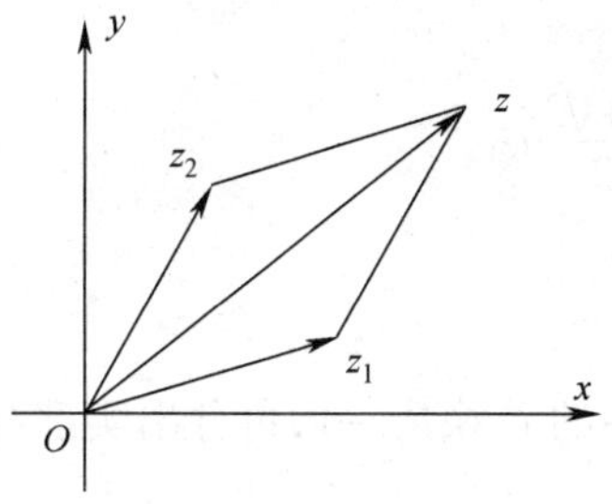

图　9.2.1

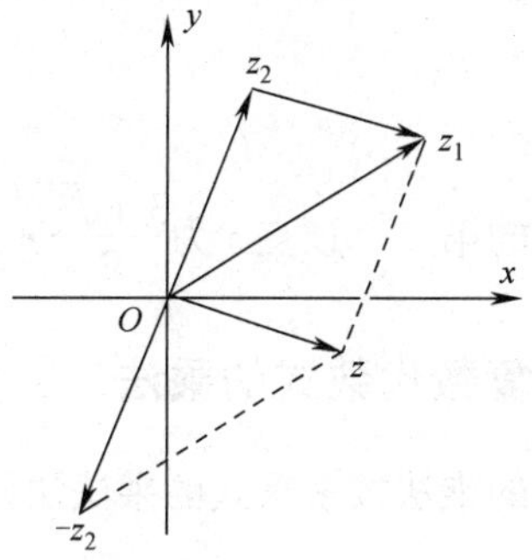

图　9.2.2

则

$$\overrightarrow{Oz_1}-\overrightarrow{Oz_2}=(x_1-x_2)+(y_1-y_2)i=\overrightarrow{Oz}$$

从图9.2.2可知,向量$\overrightarrow{z_2z_1}=\overrightarrow{Oz}$,即两复数$z_1,z_2$的差对应于连接两点$z_2,z_1$的向量$\overrightarrow{z_2z_1}$,方向指向被减数的向量.

由此可知,复平面上z_1,z_2两点之间的距离

$$d(z_1,z_2)=|z_1-z_2|=\sqrt{(x_1-x_2)^2+(y_1-y_2)^2}$$

例9.2.1　计算下列各式.

(1)$(1-i)+(2-i^3)+(3-5i)+(4-i^7)$;

(2)$(\sqrt[3]{-8}+2\sqrt{2}i)-(2\sqrt{2}i-2)$.

解　(1)$(1-i)+(2-i^3)+(3-5i)+(4-i^7)$

$$=(1-i)+(2+i)+(3-5i)+(4+i)$$
$$=(1+2+3+4)+(-1+1-5+1)i$$
$$=10-4i$$

(2)$(\sqrt[3]{-8}+2\sqrt{2}i)-(2\sqrt{2}i-2)$

$$=(-2+2\sqrt{2}i)-(-2+2\sqrt{2}i)$$
$$=(-2+2)+(2\sqrt{2}-2\sqrt{2})i$$
$$=0.$$

例 9.2.2　已知复平面内的一个等边三角形的两个顶点分别是 $z_1=1$ 与 $z_2=2+i$，求这个三角形的第三个顶点 z.

解　设 $z=x+yi$，由已知，得

$$|z-z_1|=|z-z_2|=|z_1-z_2|$$

即
$$|(x+yi)-1|=|(x+yi)-(2+i)|=|1-(2+i)|$$

所以
$$\begin{cases}|(x-1)+yi|=|-1-i|\\|(x-2)+(y-1)i|=|-1-i|\end{cases}$$

所以
$$\begin{cases}(x-1)^2+y^2=2\\(x-2)^2+(y-1)^2=2\end{cases}$$

解得
$$\begin{cases}x=\dfrac{3\pm\sqrt{3}}{2}\\[2mm]y=\dfrac{1\mp\sqrt{3}}{2}\end{cases}$$

于是所求的第三个顶点 z 为 $\dfrac{3+\sqrt{3}}{2}+\dfrac{1-\sqrt{3}}{2}i$ 或 $\dfrac{3-\sqrt{3}}{2}+\dfrac{1+\sqrt{3}}{2}i$.

9.2.2　复数代数式的乘法

复数的乘法按多项式的乘法法则展开，只是把结果中的 i^2 换成 -1，再分出实部与虚部即可.

设 $z_1=x_1+y_1i$，$z_2=x_2+y_2i$（$x_1,y_1,x_2,y_2\in\mathbf{R}$），则

$$z_1\cdot z_2=(x_1+y_1i)(x_2+y_2i)=(x_1x_2-y_1y_2)+(x_1y_2+x_2y_1)i$$

复数乘法满足以下运算规律：

若 $z_1,z_2,z_3\in\mathbf{C}$，则

(1) $z_1z_2=z_2z_1$（交换律）；

(2) $z_1(z_2z_3)=(z_1z_2)z_3$（结合律）；

(3) $z_1(z_2+z_3)=z_1z_2+z_1z_3$（分配律）.

例 9.2.3　已知 $a>b>0$，计算 $(a+\sqrt{b}i)(a-\sqrt{b}i)(-a+\sqrt{b}i)(-a-\sqrt{b}i)$.

解　$(a+\sqrt{b}i)(a-\sqrt{b}i)(-a+\sqrt{b}i)(-a-\sqrt{b}i)$

$$=(a^2+b)(a^2+b)$$
$$=a^4+2a^2b+b^2.$$

9.2.3 复数代数式的除法

设复数 $z_1=x_1+y_1\mathrm{i}, z_2=x_2+y_2\mathrm{i}(x_1,y_1,x_2,y_2\in\mathbf{R}, z_1\neq 0)$，则

$$\begin{aligned} z&=\frac{z_2}{z_1}=\frac{x_2+y_2\mathrm{i}}{x_1+y_1\mathrm{i}}\\ &=\frac{(x_2+y_2\mathrm{i})(x_1-y_1\mathrm{i})}{x_1^2+y_1^2}\\ &=\frac{(x_1x_2+y_1y_2)+\mathrm{i}(x_1y_2-x_2y_1)}{x_1^2+y_1^2}\\ &=\frac{x_1x_2+y_1y_2}{x_1^2+y_1^2}+\mathrm{i}\frac{x_1y_2-x_2y_1}{x_1^2+y_1^2}\end{aligned}$$

两复数相除，只需把两复数的商写成分式的形式，然后把分子、分母都乘以分母的共轭复数，再分出实部与虚部，即为两复数相除的商．

例 9.2.4 计算下列各式．

(1) $\dfrac{9+3\sqrt{2}\mathrm{i}}{(3+\sqrt{2}\mathrm{i})(1+\mathrm{i})}$；　　(2) $\dfrac{\sqrt{5}+\sqrt{3}\mathrm{i}}{\sqrt{5}-\sqrt{3}\mathrm{i}}-\dfrac{\sqrt{3}+\sqrt{5}\mathrm{i}}{\sqrt{3}+\sqrt{5}\mathrm{i}}$.

解 (1) $\dfrac{9+3\sqrt{2}\mathrm{i}}{(3+\sqrt{2}\mathrm{i})(1+\mathrm{i})}=\dfrac{3}{(1+\mathrm{i})}=\dfrac{3(1-\mathrm{i})}{2}=\dfrac{3}{2}-\dfrac{3}{2}\mathrm{i}$.

(2) $\dfrac{\sqrt{5}+\sqrt{3}\mathrm{i}}{\sqrt{5}-\sqrt{3}\mathrm{i}}-\dfrac{\sqrt{3}+\sqrt{5}\mathrm{i}}{\sqrt{3}-\sqrt{5}\mathrm{i}}=\dfrac{2+2\sqrt{15}\mathrm{i}}{5+3}-\dfrac{-2+2\sqrt{15}\mathrm{i}}{3+5}=\dfrac{1}{2}$.

例 9.2.5 已知 z 是虚数，且 $\omega=z+\dfrac{1}{z}$是实数，且 $-1<\omega<2$.

(1) 求 $|z|$ 的值，及 z 的实部的取值范围；

(2) 设 $u=\dfrac{1-z}{1+z}$，求证 u 是纯虚数；

(3) 求 $\omega-u^2$ 的最小值．

解 (1) 设 $z=a+b\mathrm{i}(a,b\in\mathbf{R}$ 且 $b\neq 0)$，于是

$$z+\frac{1}{z}=a+b\mathrm{i}+\frac{1}{a+b\mathrm{i}}=a+b\mathrm{i}+\frac{a-b\mathrm{i}}{a^2+b^2}=a+\frac{a}{a^2+b^2}+\left(b-\frac{b}{a^2+b^2}\right)\mathrm{i}$$

因为 $z+\dfrac{1}{z}\in\mathbf{R}$，所以 $b-\dfrac{b}{a^2+b^2}=0$.

因为 $b\neq 0$，所以 $a^2+b^2=1$，所以 $|z|=1$.

又因为 $-1<\omega<2$，即 $-1<a+\dfrac{a}{a^2+b^2}<2$，

于是 $-1<2a<2$，

所以 z 的实部的取值范围是 $-\dfrac{1}{2}<a<1$.

(2) $\dfrac{z-1}{z+1}=\dfrac{(a-1)+b\mathrm{i}}{(a+1)+b\mathrm{i}}=\dfrac{[(a-1)+b\mathrm{i}][(a+1)-b\mathrm{i}]}{(a+1)^2+b^2}$

$$=\frac{a^2-1+b^2+[(a+1)b-(a-1)b]\mathrm{i}}{a^2+b^2+2a+1}$$

$$=\frac{0+2b\mathrm{i}}{1+2a+1}=\frac{b}{a+1}\mathrm{i}.$$

因为 $b\neq 0,a,b\in\mathbf{R}$,

所以$\frac{b}{a+1}\mathrm{i}$ 是纯虚数,即$\frac{z-1}{z+1}$是纯虚数.

(3)由(1)、(2)知

$$\omega-u^2=2a+\left(\frac{b\mathrm{i}}{a+1}\right)^2=2a+\frac{b^2}{(a+1)^2}=2a+\frac{1-a^2}{(a+1)^2}=\frac{2a^2}{a+1}+1$$

因为 $-\frac{1}{2}<a<1$,

所以,当 $a=0$ 时,$(\omega-u^2)_{\min}=1$.

例 9.2.6　已知复数 z_1 满足:$(1+2\mathrm{i})\overline{z_1}=4+3\mathrm{i},z_{n+1}-z_n=2+2\mathrm{i}(n\in\mathbf{N}_+)$.

(1)求复数 z_1;

(2)求满足 $|z_n|\leqslant 13$ 的最大正整数 n.

解　(1)由已知得:$\overline{z_1}=\frac{4+3\mathrm{i}}{1+2\mathrm{i}}=\frac{(4+3\mathrm{i})(1-2\mathrm{i})}{(1+2\mathrm{i})(1-2\mathrm{i})}=\frac{10-5\mathrm{i}}{5}=2-\mathrm{i}$,故 $z_1=2+\mathrm{i}$.

(2)由 $z_{n+1}-z_n=2+2\mathrm{i}(n\in\mathbf{N})$得:

$$z_2-z_1=2+2\mathrm{i}$$

$$z_3-z_2=2+2\mathrm{i}$$

$$z_4-z_3=2+2\mathrm{i}$$

$$\cdots\cdots\cdots$$

$$z_n-z_{n-1}=2+2\mathrm{i}\quad(n\in\mathbf{Z},n\geqslant 2)$$

累加得 $z_n-z_1=2(n-1)+2(n-1)\mathrm{i}\quad(n\in\mathbf{N})$,

所以
$$z_n=2n+(2n-1)\mathrm{i},$$

所以
$$|z_n|=\sqrt{4n^2+(2n-1)^2}=\sqrt{8n^2-4n+1}.$$

令 $|z_n|\leqslant 13$,即 $8n^2-4n+1\leqslant 169$,

所以
$$2n^2-n-42\leqslant 0.$$

所以
$$\frac{1-\sqrt{1+8\times 42}}{4}\leqslant n\leqslant\frac{1+\sqrt{1+8\times 42}}{4}=\frac{1+\sqrt{361}}{4}<5.$$

所以 n 的最大正整数是 4.

习题 9.2

1. $\mathrm{i}+\mathrm{i}^2+\mathrm{i}^3+\cdots+\mathrm{i}^{100}+\mathrm{i}^{101}=$ ________;

2. $\frac{(1+\mathrm{i})^5}{1-\mathrm{i}}+\frac{(1-\mathrm{i})^5}{1+\mathrm{i}}=$ ________;

3. "z_1 与 z_2 互为共轭复数"是"$z_1z_2\in\mathbf{R}$"的(　　).

A. 充分不必要条件　　　　B. 必要不充分条件

C. 充要条件　　　　D. 既不充分也不必要条件

4. 复数$\left(\frac{1-i}{1+i}\right)^{10}$的值是(　　).

A. 1　　B. -1　　C. i　　D. $-i$

5. 若$|z_1|=\sqrt{5}$,$z_2=1+2i$,且$z_1z_2\in\mathbf{R}$,求$\overline{z_1}$的值.

6. 求复数$w=\dfrac{(4-3i)^5}{\left(\frac{\sqrt{3}}{2}-\frac{1}{2}i\right)^2(\sqrt{2}-\sqrt{3}i)^4}$的模.

7. 计算下列各式.

(1)$\left(\frac{2}{3}+i\right)+\left(1-\frac{2}{3}i\right)-\left(\frac{1}{2}+\frac{3}{2}i\right)$;

(2)$[(a+b)+(a-b)i]-[(a-b)-(a+b)i]$,$a,b$均为实数;

(3)$(2x+3yi)-(3x-2yi)+(y-2xi)-3xi\quad(x,y\in\mathbf{R})$;

(4)$(1-3i^7)+(2+4i^9)-(3-5i^3)$.

8. 计算下列各式.

(1)$(-5+6i)(-3i)$;　　(2)$(-3-4i)(2+3i)$;

(3)$\left(-\frac{1}{2}+\frac{\sqrt{3}}{2}i\right)\left(-\frac{1}{2}-\frac{\sqrt{3}}{2}i\right)$;　　(4)$(1-2i)(2+i)(3-4i)$;

(5)$(a+\sqrt{b}i)(a-\sqrt{b}i)(-a+\sqrt{b}i)(-a-\sqrt{b}i)$,　$a>b>0$.

9. 设关于x的方程$a(1+i)x^2+(1+a^2i)x+a^2+i=0$有实根,试确定实数$a$的值.

10. 已知$z_1=5+10i$,$z_2=3-4i$,$\frac{1}{z}=\frac{1}{z_1}+\frac{1}{z_2}$,求$z$.

11. 已知$(x+yi)^3=a+bi$,$a,b,x,y\in\mathbf{R}$,$x,y\neq0$,求证:$\frac{a}{x}+\frac{b}{y}=4(x^2-y^2)$.

12. 在复数范围内解方程$|z|^2+(z+\bar{z})i=\frac{3-i}{2+i}$.

9.3 复数的三角函数式

9.3.1 复数的三角形式

因为一个不等于零的复数可以用一个非零向量表示,而向量由它的模和方向确定.因此,借助复数的向量形式可以得到复数的另一种形式.

由图9.3.1可知,若$z=a+bi(a,b\in\mathbf{R})$,θ为z的一个辐角,$|z|=\sqrt{a^2+b^2}$,则

$$\begin{cases}a=r\cos\theta\\b=r\sin\theta\end{cases}$$

由此$z=a+bi(\neq0)$可以表示为

$$z=r(\cos\theta+i\sin\theta)$$

其中$r=|z|=\sqrt{x^2+y^2}$,$\theta=\arg z$.

称为复数 z 的**三角函数式**.

注意三角函数式的特征,例如,以下复数都不是复数的三角函数式:$-2\left(\cos\frac{\pi}{3}+\mathrm{i}\sin\frac{\pi}{3}\right)$,$2\left(\sin\frac{\pi}{6}+\mathrm{i}\cos\frac{\pi}{6}\right)$,$\cos\theta-\mathrm{i}\sin\theta$ $(\theta\neq0)$,$\frac{1}{2}(-\cos\theta-\mathrm{i}\sin\theta)(1+\cos\theta)+\mathrm{i}\sin\theta$.

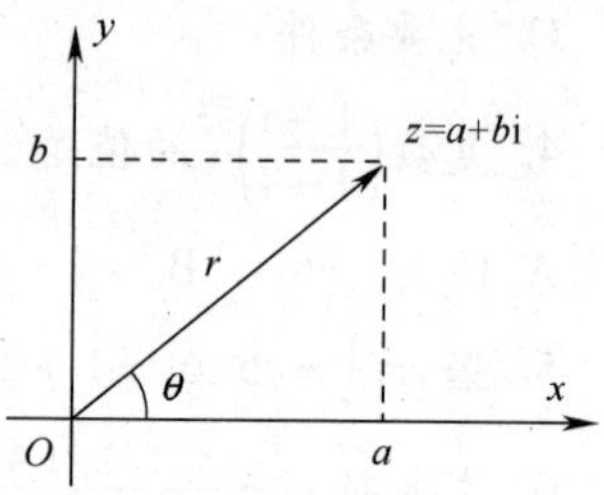

图　9.3.1

例 9.3.1　将下列复数化为三角函数式.

(1)$z=2\sqrt{3}-2\mathrm{i}$;

(2)$z=1-\cos\varphi+\mathrm{i}\sin\varphi\quad(0<\varphi\leqslant\pi)$.

解　(1)$r=\sqrt{a^2+b^2}=\sqrt{(2\sqrt{3})^2+(-2)^2}=4$,$\tan\theta=-\frac{1}{\sqrt{3}}$,

而 $z=2\sqrt{3}-2\mathrm{i}$ 对应的点在第四象限,从而 $\arg z=\frac{11}{6}\pi$,

所以 $z=4\left(\cos\frac{11}{6}\pi+\mathrm{i}\sin\frac{11}{6}\pi\right)$.

$$
\begin{aligned}
(2)z&=1-\cos\varphi+\mathrm{i}\sin\varphi\\
&=2\sin^2\frac{\varphi}{2}+2\mathrm{i}\sin\frac{\varphi}{2}\cos\frac{\varphi}{2}\\
&=2\sin\frac{\varphi}{2}\left(\sin\frac{\varphi}{2}+\mathrm{i}\cos\frac{\varphi}{2}\right)\\
&=2\sin\frac{\varphi}{2}\left(\cos\left(\frac{\pi}{2}-\frac{\varphi}{2}\right)+\mathrm{i}\sin\left(\frac{\pi}{2}-\frac{\varphi}{2}\right)\right).
\end{aligned}
$$

例 9.3.2　下列复数是否是三角函数式,若不是,请将其化为三角函数式.

(1)$\sqrt{5}\left[\cos\left(-\frac{\pi}{5}\right)+\mathrm{i}\sin\left(-\frac{\pi}{5}\right)\right]$;　　(2)$2\left(\cos\frac{\pi}{4}-\mathrm{i}\sin\frac{\pi}{4}\right)$;

(3)$-\frac{1}{2}\left(\cos\frac{\pi}{5}+\mathrm{i}\sin\frac{\pi}{5}\right)$;　　(4)$3\left(\sin\frac{7\pi}{5}+\mathrm{i}\cos\frac{7\pi}{5}\right)$

解　根据复数的三角函数式的几个特点知,

(1)是复数的三角函数式,其余三个均不是.

(2)$2\left(\cos\frac{\pi}{4}-\mathrm{i}\sin\frac{\pi}{4}\right)=2\left[\cos\left(-\frac{\pi}{4}\right)+\mathrm{i}\sin\left(-\frac{\pi}{4}\right)\right]$;

(3)$-\frac{1}{2}\left(\cos\frac{\pi}{5}+\mathrm{i}\sin\frac{\pi}{5}\right)=\frac{1}{2}\left[\left(-\cos\frac{\pi}{5}\right)+\mathrm{i}\left(-\sin\frac{\pi}{5}\right)\right]=\frac{1}{2}\left(\cos\frac{6\pi}{5}+\mathrm{i}\sin\frac{6\pi}{5}\right)$;

$$
\begin{aligned}
(4)3\left(\sin\frac{7\pi}{5}+\mathrm{i}\cos\frac{7\pi}{5}\right)&=3\left[\cos\left(\frac{\pi}{2}-\frac{7\pi}{5}\right)+\mathrm{i}\sin\left(\frac{\pi}{2}-\frac{7\pi}{5}\right)\right]\\
&=3\left[\cos\left(-\frac{9\pi}{10}\right)+\mathrm{i}\sin\left(-\frac{9\pi}{10}\right)\right].
\end{aligned}
$$

例 9.3.3　设 $z=\cos\theta+\mathrm{i}\sin\theta(0<\theta<2\pi)$,$\omega=1+z$,求 $\arg\omega$.

解
$$
\begin{aligned}
\omega&=1+z=1+\cos\theta+\mathrm{i}\sin\theta\\
&=2\cos^2\frac{\theta}{2}+2\mathrm{i}\sin\frac{\theta}{2}\cos\frac{\theta}{2}
\end{aligned}
$$

$$=2\cos\frac{\theta}{2}\left(\cos\frac{\theta}{2}+\mathrm{i}\sin\frac{\theta}{2}\right),$$

故
$$|\omega|=2\left|\cos\frac{\theta}{2}\right|$$

因为 $0<\theta<2\pi$，所以 w 的三角函数式为

$$w=\begin{cases}2\cos\frac{\theta}{2}\left(\cos\frac{\theta}{2}+\mathrm{i}\sin\frac{\theta}{2}\right) & \text{当 } 0<\theta<\pi\\ 0 & \text{当 } \theta=\pi\\ -2\cos\frac{\theta}{2}\left[\cos\left(\pi+\frac{\theta}{2}\right)+\mathrm{i}\sin\left(\pi+\frac{\theta}{2}\right)\right] & \text{当 } \pi<\theta<2\pi\end{cases}$$

所以
$$\arg w=\begin{cases}\frac{\theta}{2} & \text{当 } 0<\theta<\pi\\ \varphi & \text{当 } \theta=\pi\\ \pi+\frac{\theta}{2} & \text{当 } \pi<\theta<2\pi\end{cases}$$

其中 $\varphi\in[0,2\pi)$.

9.3.2 复数的乘法和除法

如果把复数 z_1,z_2 分别写成三角形式

$$z_1=r_1(\cos\theta_1+\mathrm{i}\sin\theta_1),\quad z_2=r_2(\cos\theta_2+\mathrm{i}\sin\theta_2)$$

则
$$\begin{aligned}z_1z_2&=r_1(\cos\theta_1+\mathrm{i}\sin\theta_1)r_2(\cos\theta_2+\mathrm{i}\sin\theta_2)\\&=r_1r_2[\cos(\theta_1+\theta_2)+\mathrm{i}\sin(\theta_1+\theta_2)]\end{aligned}\tag{1}$$

即两个复数相乘，积的模等于各复数模的积，积的辐角等于各复数的辐角的和．即

$$|z_1z_2|=|z_1||z_2|,\quad \arg z_1z_2=\arg z_1+\arg z_2$$

证明
$$\begin{aligned}z_1z_2&=r_1(\cos\theta_1+\mathrm{i}\sin\theta_1)r_2(\cos\theta_2+\mathrm{i}\sin\theta_2)\\&=r_1r_2(\cos\theta_1\cos\theta_2-\sin\theta_1\sin\theta_2)+r_1r_2(\sin\theta_1\cos\theta_2+\cos\theta_1\sin\theta_2)\mathrm{i}\\&=r_1r_2[\cos(\theta_1+\theta_2)+\mathrm{i}\sin(\theta_1+\theta_2)]\end{aligned}$$

z_1 除以 z_2，即$\frac{z_1}{z_2}$则有以下的结论：

$$\frac{z_1}{z_2}=\frac{r_1}{r_2}[\cos(\theta_1-\theta_2)+\mathrm{i}\sin(\theta_1-\theta_2)]\tag{2}$$

这就是说，两复数相除时，商的模等于被除数的模除以除数的模，而辐角等于被除数的辐角减去除数的辐角所得的差．即

$$\left|\frac{z_1}{z_2}\right|=\frac{|z_1|}{|z_2|},\quad \arg\left(\frac{z_1}{z_2}\right)=\arg z_1-\arg z_2$$

证明方法与乘法公式类似．

例 9.3.4 设以点 $z_1=r_1(\cos\theta_1+\mathrm{i}\sin\theta_1)(r_1>0)$，$z_2=r_2(\cos\theta_2+\mathrm{i}\sin\theta_2)(r_2>0)$，$z_1+z_2$ 与原点 O 为顶点的平行四边形的面积为 S，求证：$S=|\mathrm{Im}(z_1\overline{z_2})|$.

证明 由平行四边形面积公式知：当 $\theta_1<\theta_2$ 时，$S=r_1r_2\sin(\theta_2-\theta_1)$，

但 $z_1\overline{z_2}=r_1r_2[\cos(\theta_2-\theta_1)-\mathrm{i}\sin(\theta_2-\theta_1)]$， (＊)

当 $\theta_2<\theta_1$ 时，则 $S=|\mathrm{Im}\ (z_1\overline{z_2})|$.

所以 $S=|\mathrm{Im}\ (z_1\overline{z_2})|$.

由(1)式的结论，可以推广到 n 个复数相乘的情况，即：

$$z_1z_2\cdots z_n=r_1r_2\cdots r_n[\cos(\theta_1+\theta_2+\cdots+\theta_n)+\mathrm{i}\sin(\theta_1+\theta_2+\cdots+\theta_n)] \tag{3}$$

上式可用数学归纳法证明.

9.3.3　复数的乘方

设 $z=r(\cos\theta+\mathrm{i}\sin\theta)$，求 $z^n(n\in\mathbf{N}_+)$.

在(3)式中，令 $z_1=z_2=\cdots=z_n=r(\cos\theta+\mathrm{i}\sin\theta)$，则

$$z^n=[r(\cos\theta+\mathrm{i}\sin\theta)]^n=r^n(\cos n\theta+\mathrm{i}\sin n\theta) \tag{4}$$

如果定义 $z^0=1$，公式(4)当 $n=0$ 时显然成立.

如果定义 $z^{-n}=\dfrac{1}{z^n}$（n 是自然数），则

$$\begin{aligned}z^{-n}&=\frac{1}{r^n(\cos n\theta+\mathrm{i}\sin n\theta)}=\frac{\cos n\theta-\mathrm{i}\sin n\theta}{r^n}\\&=r^{-n}[\cos(-n\theta)+\mathrm{i}\sin(-n\theta)]\end{aligned}$$

因此对于任意整数 n，公式(4)都成立. 公式(4)叫复数的乘方法则，也叫棣莫弗公式.

显然　　$|z^n|=|z|^n,\quad \arg z^n=n\arg z.$

例 9.3.5　已知 $z=(\cos\theta+\mathrm{i}\sin\theta)\left(0<\theta<\dfrac{\pi}{2}\right)$，求 z^2+z 的辐角和模.

解　
$$\begin{aligned}z^2+z&=(\cos\theta+\mathrm{i}\sin\theta)^2+(\cos\theta+\mathrm{i}\sin\theta)\\&=\cos 2\theta+\mathrm{i}\sin 2\theta+\cos\theta+\mathrm{i}\sin\theta\\&=(\cos 2\theta+\cos\theta)+\mathrm{i}(\sin 2\theta+\sin\theta)\\&=2\cos\frac{3\theta}{2}\cos\frac{\theta}{2}+2\mathrm{i}\sin\frac{3\theta}{2}\cos\frac{\theta}{2}\\&=2\cos\frac{\theta}{2}\left(\cos\frac{3\theta}{2}+\mathrm{i}\sin\frac{3\theta}{2}\right).\end{aligned}$$

所以 z^2+z 的辐角为 $\dfrac{3\theta}{2}+2k\pi$（k 为整数），模为 $2\cos\dfrac{\theta}{2}$.

例 9.3.6　计算 $\left(-\dfrac{1}{2}+\dfrac{\sqrt{3}}{2}\mathrm{i}\right)^6\left(\cos\dfrac{\pi}{3}-\mathrm{i}\sin\dfrac{\pi}{3}\right)^{-9}$.

解　
$$\begin{aligned}\left(-\frac{1}{2}+\frac{\sqrt{3}}{2}\mathrm{i}\right)^6\left(\cos\frac{\pi}{3}-\mathrm{i}\sin\frac{\pi}{3}\right)^{-9}&=\left(\cos\frac{2\pi}{3}+\mathrm{i}\sin\frac{2\pi}{3}\right)^6\left(\cos\frac{\pi}{3}-\mathrm{i}\sin\frac{\pi}{3}\right)^{-9}\\&=\left(\cos\frac{2\pi}{3}+\mathrm{i}\sin\frac{2\pi}{3}\right)^6\left[\cos\left(-\frac{\pi}{3}\right)+\mathrm{i}\sin\left(-\frac{\pi}{3}\right)\right]^{-9}\\&=(\cos 4\pi+\mathrm{i}\sin 4\pi)[\cos 3\pi+\mathrm{i}\sin 3\pi]\\&=-1\end{aligned}$$

例 9.3.7　设 $(\sqrt{3}+\mathrm{i})^{10}=x+(y-\sqrt{3})\mathrm{i}$，求实数 x 与 y.

解　由 $\sqrt{3}+\mathrm{i}=2\left(\dfrac{\sqrt{3}}{2}+\dfrac{1}{2}\mathrm{i}\right)=2\left(\cos\dfrac{\pi}{6}+\mathrm{i}\sin\dfrac{\pi}{6}\right)$，得

$$(\sqrt{3}+\mathrm{i})^{10}=\left[2\left(\cos\frac{\pi}{6}+\mathrm{i}\sin\frac{\pi}{6}\right)\right]^{10}$$
$$=2^{10}\left(\cos\frac{5\pi}{3}+\mathrm{i}\sin\frac{5\pi}{3}\right)$$
$$=512-512\sqrt{3}\,\mathrm{i}$$

所以
$$512-512\sqrt{3}\,\mathrm{i}=x+(y-\sqrt{3})\mathrm{i}$$

所以 $x=512, y=-511\sqrt{3}$.

例 9.3.8 设 $z=\cos\theta+\mathrm{i}\sin\theta\left(\sin\frac{\theta}{2}\neq 0\right)$，求 $w=\frac{1-z^{n+1}}{1-z}(n\in\mathbf{N})$ 的实部.

解 由 $|z|=1$，知 $z\bar{z}=1$，于是

$$\operatorname{Re} w=\operatorname{Re}\left(\frac{1-z^{n+1}}{1-z}\right)=\operatorname{Re}\left[\frac{(1-z^{n+1})(1-\bar{z})}{(1-z)(1-\bar{z})}\right]$$
$$=\operatorname{Re}\frac{1-\bar{z}-z^{n+1}+z^{n+1}\bar{z}}{1-z-\bar{z}+z\bar{z}}$$
$$=\operatorname{Re}\frac{1-\bar{z}-z^{n+1}+z^{n}}{2-(z+\bar{z})}$$
$$=\frac{1-\cos\theta-\cos(n+1)\theta+\cos n\theta}{2(1-\cos\theta)}$$
$$=\frac{1}{2}-\frac{\cos(n+1)\theta-\cos n\theta}{2(1-\cos\theta)}$$
$$=\frac{1}{2}+\frac{\sin\left(n+\frac{1}{2}\right)\theta}{2\sin\frac{\theta}{2}}$$

9.3.4 复数的开方

设 w, z 都是复数，若 $w^n=z(n\in\mathbf{N})$，则称 w 为 z 的 n 次方根，记作

$$w=\sqrt[n]{z}$$

设 $z=r(\cos\theta+\mathrm{i}\sin\theta)$，$w=\rho(\cos\varphi+\mathrm{i}\sin\varphi)$，则

$$\rho^n(\cos n\varphi+\mathrm{i}\sin n\varphi)=r(\cos\theta+\mathrm{i}\sin\theta)$$

所以
$$\begin{cases}\rho^n=r\\ n\varphi=\theta+2k\pi\quad(k\in\mathbf{Z})\end{cases}$$

于是
$$\begin{cases}\rho=\sqrt[n]{r}\\ \varphi=\dfrac{\theta+2k\pi}{n}\quad(k\in\mathbf{Z})\end{cases}$$

故
$$w=\sqrt[n]{r}\left(\cos\frac{\theta+2k\pi}{n}+\mathrm{i}\sin\frac{\theta+2k\pi}{n}\right)\quad(k\in\mathbf{Z})$$

当 k 取 $0,1,2,\cdots,n-1$ 时，可得 w 的 n 个不同的值．当 k 取其他各整数时，所得 w 的值就是 k 取 $0,1,2,\cdots,n-1$ 时的某一值，所以得复数的开方法则

$$\sqrt[n]{z}=\sqrt[n]{r}\left(\cos\frac{\theta+2k\pi}{n}+\mathrm{i}\sin\frac{\theta+2k\pi}{n}\right),\quad k=0,1,2,\cdots,n-1$$

其中，$r=|z|$，$\theta=\arg z$.

复数开方的几何意义是：z 的 n 个 n 次方根对应的点均匀地分布在以原点为圆心，以 $\sqrt[n]{|z|}$ 为半径的圆周上.

例 9.3.9　求 $1+\mathrm{i}$ 的四次方根.

解　因为 $1+\mathrm{i}=\sqrt{2}\left(\cos\frac{\pi}{4}+\mathrm{i}\sin\frac{\pi}{4}\right)$，

所以 $1+\mathrm{i}$ 的四次方根是

$$w=\sqrt[8]{2}\left(\cos\frac{\frac{\pi}{4}+2k\pi}{4}+\mathrm{i}\sin\frac{\frac{\pi}{4}+2k\pi}{4}\right)\quad(k=0,1,2,3)$$

即

$$w_0=\sqrt[8]{2}\left(\cos\frac{\pi}{16}+\mathrm{i}\sin\frac{\pi}{16}\right)$$

$$w_1=\sqrt[8]{2}\left(\cos\frac{9\pi}{16}+\mathrm{i}\sin\frac{9\pi}{16}\right)$$

$$w_2=\sqrt[8]{2}\left(\cos\frac{17\pi}{16}+\mathrm{i}\sin\frac{17\pi}{16}\right)$$

$$w_3=\sqrt[8]{2}\left(\cos\frac{25\pi}{16}+\mathrm{i}\sin\frac{25\pi}{16}\right)$$

习题 9.3

1. 化下列复数为三角函数式.

(1) $-2\left(\cos\frac{\pi}{4}-\mathrm{i}\sin\frac{\pi}{4}\right)$；　(2) $-2\left(\cos\frac{\pi}{3}+\mathrm{i}\sin\frac{\pi}{3}\right)$；　(3) $\sqrt{3}(\cos\pi+\mathrm{i}\sin 2\pi)$；

(4) $3\left(-\sin\frac{\pi}{6}+\mathrm{i}\cos\frac{\pi}{6}\right)$；　(5) $\cos\theta-\mathrm{i}\sin\theta$；　(6) $-r(\cos\theta+\mathrm{i}\sin\theta)$；

(7) $r(-\cos\theta+\mathrm{i}\sin\theta)$；　(8) $r(\sin\theta+\mathrm{i}\cos\theta)$.

2. 计算.

(1) $8\left(\cos\frac{\pi}{6}+\mathrm{i}\sin\frac{\pi}{6}\right)\cdot 2\left(\cos\frac{\pi}{6}-\mathrm{i}\sin\frac{\pi}{6}\right)$；

(2) $(1-\mathrm{i})\left(-\frac{1}{2}+\frac{\sqrt{3}}{2}\mathrm{i}\right)\left[\cos\left(\frac{5\pi}{12}-\theta\right)+\mathrm{i}\sin\left(\frac{5\pi}{12}-\theta\right)\right]$；

(3) $2(\cos 12^\circ+\mathrm{i}\sin 12^\circ)\cdot 3(\cos 78^\circ+\mathrm{i}\sin 78^\circ)\cdot\frac{1}{6}(\cos 45^\circ+\mathrm{i}\sin 45^\circ)$；

(4) $12\left(\cos\frac{7\pi}{4}+\mathrm{i}\sin\frac{7\pi}{4}\right)\div 6\left(\cos\frac{2\pi}{3}+\mathrm{i}\sin\frac{2\pi}{3}\right)$；

(5) $-\mathrm{i}\div 2(\cos 120^\circ+\mathrm{i}\sin 120^\circ)$.

3. 设 $w=-\frac{1}{2}+\frac{\sqrt{3}}{2}\mathrm{i}$，求证：

(1) $1+\omega+\omega^2=0$；

(2) $\omega^3=1$；

(3) $(1-w+w^2)(1-w^2+w^4)(1-w^4+w^8)\cdots(1-w^{2^{2n-1}}+w^{2^{2n}})=2^{2n}$.

4. 已知 $z_1=1+\mathrm{i}, z_2=2+\mathrm{i}, z_3=3+\mathrm{i}$，求证：$\arg z_1+\arg z_2+\arg z_3=\frac{\pi}{2}$.

5. 求：(1) $1-\mathrm{i}$ 的立方根； (2) -64 的四次方根.

6. 已知平面内一个等边三角形 ABCD 的两个顶点 A,B 分别对应复数 $z_1=-\mathrm{i}, z_2=-\sqrt{3}$，第三个顶点在第三象限内.

(1) 求点 C 所对应的复数.

(2) 记向量 $\overrightarrow{AC}$ 对应的复数为 z，试解关于实数 x 的不等式 $|2^x z+8\mathrm{i}|\leqslant 7$.

7. 设 $(z-1-2\mathrm{i})(\bar{z}-1+2\mathrm{i})=1$，求 $|z-3-\mathrm{i}|$ 的最大值与最小值.

8. 解方程 $z^2-(5+\mathrm{i})z+(8+\mathrm{i})=0$.

9. 已知 $\left(\dfrac{\sqrt{3}}{\frac{3}{2}+\frac{\sqrt{3}}{2}\mathrm{i}}\right)^n$ 是实数，求最小的正整数 n，并求这个实数的值.

10. 设 $\dfrac{(1+\mathrm{i})^{2n}}{1-\mathrm{i}}+\dfrac{(1-\mathrm{i})^{2n}}{1+\mathrm{i}}=2^n$，求最小的正整数 n.

9.4 复数的指数式

9.4.1 复数的指数式

设 $z\neq 0$，复数 z 的三角函数式为

$$z=r(\cos\theta+\mathrm{i}\sin\theta)$$

其中 $r=|z|=\sqrt{x^2+y^2}$，$\theta=\arg z$，有时取 $\theta=\arg z$.

由欧拉(Euler)公式

$$\mathrm{e}^{\mathrm{i}\theta}=\cos\theta+\mathrm{i}\sin\theta$$

得

$$z=r\mathrm{e}^{\mathrm{i}\theta}$$

称为复数的指数形式.

Euler 公式在中学数学中作为一种符号引入，在高等数学中可以证明 $\mathrm{e}^{\mathrm{i}\theta}=\cos\theta+\mathrm{i}\sin\theta$. 欧拉公式建立了指数函数和三角函数之间的关系. 特别当 $\theta=\pi$ 时，$\mathrm{e}^{\mathrm{i}\pi}=-1$ 或 $\mathrm{e}^{\mathrm{i}\pi}+1=0$. 式子 $\mathrm{e}^{\mathrm{i}\pi}+1=0$ 把两个重要的无理数 π，e 和实数 1 及虚数单位巧妙地联系在一起.

尽管复数的指数形式是从三角形式直接改写过来的，但指数形式比三角形式更简明，又具有三角形式的优点. 代数形式化为指数形式的方法与化成三角形式的方法相同. 三角形式给出的复数可以直接改写为指数形式.

例 9.4.1 把 -2，$1+\mathrm{i}$，$\sqrt{3}(\cos\pi-\mathrm{i}\sin\pi)$ 化成指数形式.

解 先把复数化为三角形式，再改写成指数形式.

$-2=2(\cos\pi+\mathrm{i}\sin\pi)$，所以 $-2=2\mathrm{e}^{\mathrm{i}\pi}$；

$1+\mathrm{i}=\sqrt{2}\left(\cos\frac{\pi}{4}+\mathrm{i}\sin\frac{\pi}{4}\right)$，所以 $1+\mathrm{i}=\sqrt{2}\mathrm{e}^{\mathrm{i}\frac{\pi}{4}}$；

$\sqrt{3}(\cos\pi-\mathrm{i}\sin\pi)=\sqrt{3}(\cos(-\pi)+\mathrm{i}\sin(-\pi))$，所以 $\sqrt{3}(\cos\pi-\mathrm{i}\sin\pi)=\sqrt{3}\mathrm{e}^{-\pi\mathrm{i}}$.

9.4.2　复数指数式的乘、除、乘方、开方运算

设 $z_1=r_1e^{i\theta_1}$,$z_2=r_2e^{i\theta_2}$,$z=re^{i\theta}$为不等于零的复数,则有

$$z_1\cdot z_2=r_1e^{i\theta_1}\cdot r_2e^{i\theta_2}=r_1r_2e^{i(\theta_1+\theta_2)}$$

$$\frac{z_1}{z_2}=\frac{r_1e^{i\theta_1}}{r_2e^{i\theta_2}}=\frac{r_1}{r_2}e^{i(\theta_1-\theta_2)}$$

$$z^n=(re^{i\theta})^n=r^ne^{in\pi}$$

$$\sqrt[n]{z}=\sqrt[n]{re^{i\theta}}=\sqrt[n]{r}e^{i\frac{\theta+2k\pi}{n}},\quad k=0,1,\cdots,n-1,0\leqslant\theta<2\pi$$

例 9.4.2　(1)计算$(2+2i)^{10}$;　(2)求$\sqrt{i}$;　(3)求$\sqrt[n]{1}$.

解　(1)$2+2i=2\sqrt{2}\left(\cos\frac{\pi}{4}+i\sin\frac{\pi}{4}\right)=2\sqrt{2}e^{i\frac{\pi}{4}}$,

所以$(2+2i)^{10}=2\sqrt{2}^{10}\left(\cos\frac{\pi}{4}+i\sin\frac{\pi}{4}\right)^{10}=2\sqrt{2}^{10}e^{i\frac{5}{2}\pi}$.

(2)$i=\cos\frac{\pi}{2}+i\sin\frac{\pi}{2}=e^{i\frac{\pi}{2}}$.

所以　$\sqrt{i}=e^{i\frac{\frac{\pi}{2}+2k\pi}{2}}$,$k=0,1$,

即$\sqrt{i}=\frac{\sqrt{2}}{2}+\frac{\sqrt{2}}{2}i$ 或$\sqrt{i}=-\frac{\sqrt{2}}{2}-\frac{\sqrt{2}}{2}i$.

(3)$1=\cos 0+i\sin 0=e^{0i}$,

所以$\sqrt[n]{1}=e^{i\frac{2k\pi}{n}}$,$k=0,1,\cdots,n-1$

例 9.4.3　解方程 $z^n-a=0(a\in\mathbf{R})$.

解　当 $a=0$ 时,$z=0$;

当 $a>0$ 时,$a=a(\cos 0+i\sin 0)=ae^{0i}$,所以

$$z=\sqrt[n]{a}e^{i\frac{2k\pi}{n}},\quad k=0,1,\cdots n-1$$

当 $a<0$ 时,$a=-a(\cos\pi+i\sin\pi)=-ae^{i\pi}$,所以

$$z=\sqrt[n]{-a}e^{i\frac{(2k+1)\pi}{n}},\quad k=0,1,\cdots,n-1$$

例 9.4.4　用 $\cos\theta,\sin\theta$ 表示 $\cos 3\theta,\sin 3\theta$.

解　
$$\begin{aligned}\cos 3\theta+i\sin 3\theta&=e^{i3\theta}=(e^{i\theta})^3=(\cos\theta+i\sin\theta)^3\\&=(\cos^3\theta-3\cos\theta\sin^2\theta)+i(3\cos^2\theta\sin\theta-\sin^3\theta)\\&=(4\cos^3\theta-3\cos\theta)+i(3\sin\theta-4\sin^3\theta).\end{aligned}$$

由复数相等的充要条件,得

$$\cos 3\theta=4\cos^3\theta-3\cos\theta$$

$$\sin 3\theta=3\sin\theta-4\sin^3\theta$$

习题 9.4

1. 把下列复数化为指数形式.

(1)$1+\sqrt{3}i$;　(2)　$-1+i$;　(3)$-2\left(\sin\frac{\pi}{5}+i\cos\frac{\pi}{5}\right)$;　(4)$4\left(\cos\frac{\pi}{5}-i\sin\frac{\pi}{5}\right)$

(5) $\dfrac{(\cos 5\theta+\mathrm{i}\sin 5\theta)^2}{(\cos 3\theta-\mathrm{i}\sin 3\theta)^3}$.

2. 求 $\sqrt{-\mathrm{i}}$, $\sqrt[n]{-1}$ 的值.

3. 证明下列等式.

(1) $\cos 2\theta=\cos^2\theta-\sin^2\theta$;　　(2) $\sin 2\theta=2\sin\theta\cos\theta$.

4. 把 $\cos^4\theta$ 表示为 $\cos 4\theta$, $\cos 2\theta$ 与 1 的线性组合.

5. 用复数的指数式计算.

(1) $\sqrt[4]{16\left(\cos\dfrac{2\pi}{3}+\mathrm{i}\sin\dfrac{2\pi}{3}\right)}$;　　(2) $\sqrt[6]{-1+\sqrt{3}i}$.

6. 设 $x_n+y_n\mathrm{i}=(1-\sqrt{3}\mathrm{i})^n$ (x_n, y_n 为实数; n 为正整数), 证明: $x_ny_{n-1}-x_{n-1}y_n=4^{n-1}\sqrt{3}$.

部分习题参考答案

第1章

习题1.1

1. (1) $a(2a-3x)(5a-3y)$;
   (2) $(4x-3)^2$;
   (3) $(a^2+9)(a+3)(a-3)$;
   (4) $(a+x)(a-x)(b+y)(b-y)$;
   (5) $(x+y)(x-2y)(x+2)(x-2)$;
   (6) $4(x-y)(x-2y)$;
   (7) $(1-y)(x-1)(x-y)$;
   (8) $(x+y+4)(x^2+2xy+y^2-4x-4y+16)$;
   (9) $(a-b)(a-b+b^2)$;
   (10) $xz(x-2y)^2$;
   (11) $(a-b+3)(a-b-4)$;
   (12) $(x+3y)(x-2y)(x-3y)(x+2y)$;
   (13) $(x^2+4xy+y^2)(x^2-4xy+y^2)$;
   (14) $(x-1)(x+3)^2$;
   (15) $(3x+2y-4)(x^2-3y-2)$;
   (16) $2(x+3)(x-2)$;
   (17) $(a+b)(a^2+b^2)(a-b+1)$;
   (18) $(x-1)(x^2+x+1)(x^6+2x^3+3)$;
   (19) $(x-5)(x+1)(x^2-4x-4)$;
   (20) $(x+2)(x+6)(x^2+8x+10)$.

2. (1) $\frac{a+b}{a-b}$; (2) $\frac{a+2}{a^{n+1}}$; (3) 0.

3. (1) $\frac{3}{5}$; (2) $-\frac{1}{5}$.

习题1.2

1. (1) $\frac{1}{x-2}-\frac{1}{x-1}$; (2) $\frac{3}{x-3}-\frac{2}{x-2}$; (3) $\frac{1}{2x}-\frac{x}{2(x^2+2)}$;
   (4) $\frac{1}{x-3}+\frac{3}{(x-3)^2}$; (5) $2+\frac{12}{x-3}+\frac{18}{(x-3)^2}$. (6) $\frac{1}{x+a}-\frac{1}{x+2a}$.

2. (1) $\frac{1}{5}(\frac{8}{2x+1}+\frac{3}{3x-1})$; (2) $\frac{3}{x}+\frac{5}{1-x}+\frac{3}{1+x}$; (3) $\frac{1}{x-1}+\frac{1}{x+1}-\frac{4}{2x^2+1}$;
   (4) $\frac{1}{x-2}-\frac{x-1}{x^2+1}$; (5) $\frac{4x+3}{2(x^2+x+1)}-\frac{2x-3}{2(x^2-x+1)}$; (6) $\frac{x}{x^2+1}-\frac{x-1}{x^2+2}$;
   (7) $3+\frac{1}{x-1}-\frac{4}{x+2}$; (8) $x-1+\frac{52}{x+3}-\frac{39}{x-4}$; (9) $\frac{5x+1}{2(x^2-2x+5)}-\frac{1}{2(x-1)}$;
   (10) $\frac{2x+1}{x^2+4}-\frac{2}{x+1}$; (11) $\frac{x+4}{x^2-4x+5}+\frac{11x-19}{(x^2-4x+5)^2}$; (12) $\frac{1}{2}\frac{x+1}{x^2+x+1}-\frac{1}{2}\frac{x-1}{x^2-x+1}$.

3. $\frac{na}{x(x+na)}$.

习题1.3

1. (1) $2ab$; (2) $\cos 25°-\sin 25°$; (3) $1-\lg 3$; (4) $-a\sqrt{a}$.

2. (1) $\frac{1}{2}(\sqrt{17}-\sqrt{6})$; (2) $\frac{1}{2}(\sqrt{10}+\sqrt{2})$; (3) $\frac{a(b-1)}{b}\sqrt{b}+b-1$;
   (4) $\sqrt{a^2+b}+\sqrt{a^2-b}$(提示:$2a^2=(a^2+b)+(a^2-b)$); (5) a; (6) $2(\sqrt{6}+\sqrt{5})$.

3. (1) $-4-3\sqrt{3}$; (2) $\frac{1}{2}(x^2+1+\sqrt{x^4-1})$; (3) $\frac{1}{a}\sqrt[3]{a^2xy}$; (4) $\frac{2(x+y)}{x-y}$.

4. (1) $12-8\sqrt{2}$;　(2) 1;　(3) 289;　(4) 4.

5. $y=\begin{cases} a-b & 当 a\geqslant b \\ \dfrac{b}{a}(b-a) & 当 a<b \end{cases}$.

习题 1.4

1. (1) 1;　(2) 0;　(3) -5;　(4) 1.

2. (1) $x-y$;　(2) $a^{\frac{3}{2}}-b^{\frac{3}{2}}$;　(3) $\dfrac{a^2-1}{a^2+1}$;　(4) $2\sqrt[18]{b^5}$;　(5) $2a^{\frac{1}{3}}b^{\frac{1}{3}}$.

3. 1.　4. 2.　5. 1.

第 2 章

习题 2.1

2. $x=-1,2$.　3. $k=3$.　4. $x=4$.

习题 2.2

1. (1) $x_1=\dfrac{1}{2},x_2=-4$;　(2) $x_1=-2,x_2=\dfrac{5}{3}$;
   (3) $x_1=1,x_2=3$;　(4) $x_1=-1,x_2=-2,x_3=-3,x_4=-4$.

3. (1) 2;　(2) 1;　(3) 0.

4. $\dfrac{1}{2}$.　6. (1) $m\leqslant\dfrac{1}{2}$;　(2) $m=\dfrac{1}{2},3$.　7. -5.

习题 2.3

1 (1) C;　(2) B.

2 (1) $1,\dfrac{3\pm\sqrt{5}}{2}$;　(2) 4;　(3) $\dfrac{13}{5},0,-5$;　(4) 无解.

3. (1) 2, 3;　(2) 0, -5;　(3) 2, -3;
   (4) $\begin{cases}x=1\\y=4\end{cases}$, $\begin{cases}x=4\\y=1\end{cases}$;　(5) $0\leqslant x\leqslant 3$;　(6) 0, 16, 81.

4. $a\geqslant 1, x=\pm\sqrt{a^2+1}$.　5. $m>0$.

习题 2.4

1. (1) 无解;　(2) $\begin{cases}x=2\\y=3\end{cases}$或$\begin{cases}x=3\\y=2\end{cases}$;　(3) $\begin{cases}x=2\\y=1\end{cases}$, $\begin{cases}x=-1\\y=-2\end{cases}$, $\begin{cases}x=\dfrac{5}{2}\\y=\dfrac{1}{2}\end{cases}$, $\begin{cases}x=-\dfrac{1}{2}\\y=-\dfrac{5}{2}\end{cases}$;
   (4) $\begin{cases}x=1\\y=2\end{cases}$, $\begin{cases}x=2\\y=1\end{cases}$;　(5) $\begin{cases}x=4\\y=-\dfrac{7}{2}\end{cases}$, $\begin{cases}x=-\dfrac{7}{2}\\y=4\end{cases}$;　(6) $\begin{cases}x=2\\y=1\end{cases}$, $\begin{cases}x=-1\\y=-2\end{cases}$, $\begin{cases}x=\dfrac{5}{2}\\y=\dfrac{1}{2}\end{cases}$, $\begin{cases}x=-\dfrac{1}{2}\\y=-\dfrac{5}{2}\end{cases}$.

2. $m\geqslant 1$, 或 $m\leqslant -1$.　3. $c=3$.　4. $c=\pm 1$.

第 3 章

习题 3.1

2. $a+b$.　3. $M\geqslant N$.　5. 3 个.

习题 3.2

1. (1) $x<2$；　(2) $-1<x<2$；　(3) $\left[-\frac{1}{2},1\right)$；

(4) $(-1,1)$；　(5) $\left(-\infty,-\frac{2}{3}\right)$和$\left(\frac{1}{2},3\right)$；

(6) $x\geqslant-\frac{3}{2}$；　(7) $\left(-3,-\frac{1}{2}\right)$或$(0,1)$或$(2,+\infty)$.

2. (1) $x>-2$ 且 $x\neq1$；　(2) $x<-5$ 或 $-3<x<1$ 或 $x>4$；　(3) $0<x<1$；

(4) $x<1$ 或 $2<x<3$ 或 $x>4$；　(5) $x<-\frac{7}{9}$；　(6)无解.

3. $p=2\sqrt{2}, q=-\frac{3\sqrt{2}}{2}$.　4. $[1,19]$.　5. $[-2,2]$.

6. $\frac{1}{2}(-1+\sqrt{7})<x<\frac{1}{2}(1+\sqrt{3})$.

7. (1) $k>1$ 时, $x>\frac{k^2-2k-3}{k-1}$; $k<1$ 时, $x<\frac{k^2-2k-3}{k-1}$, $k=1$ 时 $x\in\mathbf{R}$;　(2) $k=5$；　(3) $k<5$.

8. $-3<p<6$.

习题 3.4

1. (1) $x>-2$ 或 $x<-8$；　(2) $-\sqrt{2}-1<x<\sqrt{2}-1$；　(3) $-1<x<7$；

(4) $-10<x<0$ 或 $0<x<10$；　(5) $x<\frac{5}{2}$；　(6) $-\frac{4}{3}<x<-\frac{1}{2}$.

2. (1) $x<-3$ 或 $x>2$；　(2) $x>\frac{2+\sqrt{6}}{2}$或$x<\frac{-2-\sqrt{6}}{2}$；　(3) $0<x<2$；　(4) $-1\leqslant x\leqslant\frac{1}{2}$.

习题 3.6

1. $x=\sqrt{\frac{8s}{4+\pi}}$.　2. $\frac{a}{6}$.

3. $x:y=\sqrt{2}:1$.　4. $h=\frac{a}{\sqrt{2}}$.

5. $\tan\alpha=\sqrt{2}$.　6. $\left[\frac{3}{4}+\infty\right)$

7. (1) $a>1$ 时解集是 R, $a\leqslant1$ 时解集是$\{x|x<a$ 或 $x>2-a\}$；　(2) $-1<a\leqslant0$.

8. $t=\frac{v_0\sin\varphi}{g}$时，最大高度 $h=\frac{v_0^2\sin^2\varphi}{2g}$；$t=\frac{2v_0\sin\varphi}{g}$时，达到最远射程　$x=\frac{v_0^2\sin2\varphi}{g}$.

第 4 章

习题 4.1

2. $\bar{A}=\{1,2,6,7,8\}$；　$\bar{B}=\{1,2,3,5,6\}$；

$\bar{A}\cup\bar{B}=\{1,2,3,5,6,7,8\}$；　$\bar{A}\cap\bar{B}=\{1,2\}$.

3. $M\cup N=\{x|x<3\}$, $M\cap N=\{x|x<-2\}\cup\{x|2<x<3\}$.

4. $a=5$ 或 $a=-2$.

习题 4.2

1. (1) $x\neq\pm\sqrt{2}$；　(2) $x>3$；　(3) $x\neq2$；

(4) $\left[1,\frac{3}{2}\right)\cup\left(\frac{3}{2},2\right)$；　(5) $\left(-\infty,-\frac{1}{2}\right)\cup\left(-\frac{1}{2},0\right)$；　(6) $\left[\frac{3}{2},2\right)$；

(7) $x \geqslant 5$ 或 $x \leqslant -5$.　　2. $\left[\frac{3}{2}, 2\right)$.

3. (1) $f(x)=2x+1$;　　(2) $f(x)=x^2-5x+6$.

5. (1) 3, 4;　　(2) m^4-4m^2+2

6. (1) 11;　　(2) $\sqrt{2}-1$.

8. (1) $(-\infty,-1)\searrow$, $(-1,+\infty)\nearrow$;　　(2) $\left(0,\frac{1}{2}\right)\searrow$, $\left(\frac{1}{2},+\infty\right)\searrow$;

(3) $x>0$ 时 $(-\infty,1)\searrow$, $(1,+\infty)\nearrow$; $x<0$ 时, $(-\infty,-1)\searrow$, $(1,+\infty)\nearrow$;

(4) $(-\infty,0)\cup(0,1)\cup(1,2)\cup(2,+\infty)\nearrow$;

9. $\left(-\infty,\frac{2}{3}\right)\cup\left(\frac{2}{3},\infty\right)$, $\phi(x)=\frac{2x+1}{3x-2}$.

10. (1) $y=x^3-1$, $\mathbf{R}$;　　(2) $y=\log_2(x-1)$, $(1,+\infty)$;

(3) $y=2+10^{1-x}$, $\mathbf{R}$;　　(4) $y=-\sqrt{2^x-1}$, $(0,+\infty)$;

(5) $y=\begin{cases}\sqrt{x-1} & \text{当 } 1\leqslant 0\leqslant 2\\ -\sqrt{x} & \text{当 } 0<0\leqslant 1\end{cases}$

11. (2) $-1<x\leqslant 1$ 或 $2\leqslant x<5$.

12. (1) $[1,+\infty)$;　　(2) $[2,+\infty)$; $y=\frac{1+x^2}{4}$;

(3) $[2,+\infty)$.

习题 4.3

1. $a=-2$, $b=8$, $c=-5$;

2. $a=\frac{25}{3}$, $b=-\frac{10}{3}$, $c=-8$ 或 $a=-1$, $b=6$, $c=-8$.

3. $0<a<2$ 时, $y_{最大值}=4a-a^2$; $a\geqslant 2$ 时, $y_{最大值}=4$.

4. $0<p<12$.

6. $\left(\frac{1}{2}\sqrt{a-1}, \frac{1}{4}(2a-1)\right)$ 或 $\left(-\frac{1}{2}\sqrt{a-1}, \frac{1}{4}(2a-1)\right)$.

习题 4.4

1. $(-0.6)^{\frac{2}{3}}>(0.5)^{\frac{2}{3}}>(-0.4)^{\frac{2}{3}}$.　　2. $0.2^a>2^{-a}>2^a$.

3. $m=2$, $f(x)=x^{-3}$.　　4. $f(3)=-13$.

5. 2.　　6. $x^2+y^2=2$.

习题 4.5

1. (1) $x\neq 1$;　　(2) $x\geqslant\frac{1}{5}$;　　(3) $(-\infty,+\infty)$.

3. $(-2,-1]$.

习题 4.6

1. (1) 3;　　(2) 1;　　(3) 3;　　(4) 1.

3. (1) $\log_9 25<\frac{3}{2}<\log_8 27$;　　(2) $\log_d(\log_d x)<(\log_d x)^2<\log_d x^2$;

(3) $\log_a(\log_a b)>(\log_a b)^2>\log_a b^2$;　　(4) $\log_a\frac{a}{b}<\log_b\frac{b}{a}<\frac{1}{2}<\log_b a<\log_a b$.

4. $|\log_a(1-x)|<|\log_a(1+x)|$.　　5. $\left(-\infty,-\frac{1}{2}\right)\searrow$, $(3,+\infty)\nearrow$.

6. $0<a<1$.　　7. $0<a<\frac{1}{100}$.

8. $(1-\sqrt{3},1+\sqrt{3})$；$(1-\sqrt{3},1]\searrow$；$(1,1+\sqrt{3})\searrow$；$\log_{\frac{1}{2}}3$.

9. $\left(0,\dfrac{2}{3}\right]\cup\left[\dfrac{4}{3},2\right)$.　　10. $1<a<2$.

11. $x=1,y=a$.

第5章

习题 5.1

2. $\cos\alpha=-\dfrac{1}{2},\sin\alpha=-\dfrac{\sqrt{3}}{2},\cot\alpha=\dfrac{\sqrt{3}}{3},\sec\alpha=-2,\csc\alpha=-\dfrac{2\sqrt{3}}{3}$.

4. $\dfrac{2}{13}$.　　5. 4.

7. (1) $\cos\alpha\sin\alpha$；　　(2) $\sec\alpha\csc\alpha$；

(3) $\sec\alpha\csc\alpha$；　　(4) $\dfrac{\tan\beta}{\tan\alpha}$.

8. $\dfrac{1}{2}(1+2a^2-a^4)$.　　9. $\dfrac{\sqrt{2}}{2}$；$-\dfrac{\sqrt{2}}{2}$.

10. a^2-2；$a(a^2-3)$.　　11. $\dfrac{\sqrt{3}+1}{2}$.

12. $\dfrac{1}{3}(2\sqrt{2}-1)$.

13. (1) $t\geqslant 2$；　　(2) $\sin\theta\cos\theta=\dfrac{1}{t},\sin\theta+\cos\theta=\sqrt{1+\dfrac{2}{t}},\sin\theta-\cos\theta=-\sqrt{1-\dfrac{2}{t}}$.

习题 5.2

1. (1) $\dfrac{\sqrt{2}}{2}$；　　(2) $1.5-2\sqrt{3}$；　　(3) $\sqrt{2}-1$；　　(4) 0.

2. (1) $\sin\alpha\cos\alpha$；　　(2) $-\dfrac{2b^2}{\sin x}$；　　(3) $\tan\alpha+2\sin\alpha\cos\alpha+\sin\alpha$　　(4) 0.

习题 5.3

1. $-\dfrac{\sqrt{6}}{4}$；$\dfrac{40\sqrt{6}}{71}$.　　2. $\dfrac{m(3n^2-m^2)}{m^2+n^2}$.　　3. $\sqrt{\dfrac{4-a^2-b^2}{a^2+b^2}}$.

5. $-\dfrac{7}{25},-1$.　　8. $\dfrac{\sqrt{5}}{5},-\dfrac{2\sqrt{5}}{5},-\dfrac{1}{2}$.

10. (1) $\cos\alpha$；　　(2) $\tan\alpha$；　　(3) $\cot\dfrac{A}{2}$.

11. (1) 0；　　(2) $-\dfrac{1}{8}$；　　(3) $\dfrac{1}{2}$.

14. $-\dfrac{56}{65}$.　　15. 2.

习题 5.4

1. (1) $x\neq 2k\pi\quad(k\in\mathbf{Z})$；　　(2) $\mathbf{R}$；

(3) $x\neq k\pi+\dfrac{\pi}{4},\quad k\in\mathbf{Z}$；　　(4) $\left[2k\pi+\dfrac{\pi}{3},2k\pi+\dfrac{5\pi}{6}\right),k\in\mathbf{Z}$.

2. (1) $4x$；　　(2) $\dfrac{\pi}{2}$；　　(3) 4π；　　(4) $\dfrac{\pi}{3}$；　　(5) 3π.

3. (1) $\left[2k\pi-\dfrac{\pi}{2},2k\pi+\dfrac{3\pi}{2}\right]\nearrow$，$\left[2k\pi+\dfrac{2\pi}{3},2k\pi+\dfrac{7\pi}{2}\right]\searrow$，$k\in\mathbf{Z}$；

(2) $\left[2k\pi-\frac{\pi}{8},2k\pi+\frac{3\pi}{8}\right]\searrow$, $\left[2k\pi+\frac{3\pi}{8},2k\pi+\frac{7\pi}{8}\right]\nearrow$, $k\in\mathbf{Z}$.

4. 周期为 π 的奇函数.

5. $\left[k\pi-\frac{\pi}{8},k\pi+\frac{\pi}{8}\right)$, $k\in\mathbf{Z}$.

6. -1.

7. $\frac{4}{9}$.

8. 将 $y=\sin 2x$ 的图像站 x 轴负向平移 $\frac{\pi}{4}$ 个单位.

习题 5.5

1. (1) $\frac{1}{3}\leqslant x\leqslant\frac{2}{3}$;　(2) $2k\pi-\frac{\pi}{4}\leqslant x\leqslant 2k\pi+\frac{\pi}{4}$, $k\in\mathbf{Z}$;

(3) $x\neq 1$;　(4) $|x|\geqslant 2$.

2. (1) $\pm\sqrt{1-x^2}$;　(2) $-\frac{3\sqrt{7}}{8}$;

(3) 0;　(4) 0;

(5) $\frac{\pi}{3}$;　(6) $\frac{7\pi}{6}$.

4. (1) $k\pi\pm\frac{\pi}{3}$, $k\in Z$;　(2) $kx+\frac{\pi}{4}$, $k\pi+\operatorname{arccot}\frac{3}{4}$, $k\in\mathbf{Z}$;

(3) $k\pi$, $k\pi\pm\frac{\pi}{4}$, $k\in\mathbf{Z}$;　(4) $2k\pi\pm\frac{\pi}{3}$, $k\in\mathbf{Z}$;

(5) $k\pi$, $k\pi-\frac{\pi}{4}$, $k\in\mathbf{Z}$;　(6) $2k\pi+\frac{\pi}{6}\pm\frac{\pi}{3}$, $k\in\mathbf{Z}$;

(7) $2k\pi$, $2k\pi-\frac{\pi}{2}$, $k\in\mathbf{Z}$;　(8) $k\pi+\frac{\pi}{4}$, $k\pi+\arctan 3$, $k\in\mathbf{Z}$.

5. $y_{\max}=\frac{\pi^2}{4}+\pi-1$, $y_{\min}=-1$.

6. $\alpha+\beta=-\frac{2\pi}{3}$.

7. $a\in\left(-\frac{1}{2},-1\right]$.

8. $-2<a<\sqrt{3}$ 或 $\sqrt{3}<a<2$; $\alpha+\beta=\frac{\pi}{3}$ 或 $\frac{7\pi}{3}$.

习题 5.6

1. $\sqrt{3}$ 或 $2\sqrt{3}$.

2. $0<C\leqslant\frac{\pi}{6}$.

3. $\frac{7}{25}$.

4. $\sqrt{3}$.

5. $A=45^\circ$, $B=60^\circ$, $C=75^\circ$.

6. 12.8(n mile).

7. 41 km.

第 6 章

习题 6.2

1. (1) $(-1)^{n+1}$;　(2) $\frac{2n-1}{2^n}$;　(3) $\frac{(-1)^{n-1}n^2}{2n^2+1}$;　(4) $\frac{1}{\sqrt{n^2+n}}$.

2. (1) $a_n=\begin{cases}1 & (n=1)\\ 2n-3 & (n\geqslant 2)\end{cases}$;　(2) $a_n=-3\cdot 5^{n-1}$.

3. $a_n=\left(\frac{2}{3}\right)^n$.

4. (1) $a_n=\frac{1}{\sqrt{n}}(n\in\mathbf{N})$;　(2) 提示: $S_n-S_{n-1}=\frac{1}{\sqrt{n}}$ 或直接用数学归纳证明.

5. (1) $a_n=2\cdot 3^{n-1}$, $S_n=3^n$;　(2) $p=2$, $q=1$ 或 $p=-3$, $q=6$.

习题 6.3

1. $a_1=2, d=3, a_n=2+3n, S_n=\frac{1}{2}n(3n+1)$

2. (1) $a_1=-5, n=4$;　(2) $a_n=2(n+1)$;　(3) $S_n=n^2+2n$.

3. $S_{13}=26$;　4. $n=21$;　5. 34.　6. (1) $a_1=9$;　(2) 41.

7. 1.　8. (1) $x=55$;　(2) $x=1$.　11. $a=2, k=50, T_n=1-\frac{1}{n+1}$.

习题 6.4

1. (1) 2, 6, 18, 54, 162;　(2) 2, 6, 18;
(3) $q=3$;　(4) 2, 10, 50 或 50, 10, 2.

2. 84;　3. 216;

4. $q=-2$;　5. 120;

6. $\frac{3}{2}$.

7. (1) $a_n=4n-2, b_n=\frac{2}{4^{n-1}}$;　(2) $T_n=\frac{1}{9}[(6n-5)\cdot 4^n+5]$.

9. $a_n=1-\frac{1}{2^n}$;　10. $T_n=\frac{4}{5}(1-\frac{1}{4^{2n}})$;

11. (1) $n\geqslant 10$;　(2) $n=6$.

习题 6.5

1. $3-\frac{2n+3}{2n}$;　(2) $\frac{n}{a_1a_{n+1}}$;　(3) $\frac{2}{7}(8^{n+1}-1)$.

2. $S_n=\begin{cases}\frac{4}{3}\cdot 2^n-\frac{5}{3} & \text{当 } n \text{ 为奇数}\\ \frac{5}{3}\cdot 2^n-\frac{5}{3} & \text{当 } n \text{ 为偶数}\end{cases}$.　3. $a_n=10-2n, T_n=\frac{1}{2}(1-\frac{1}{n+1})$.

5. $S_n=\begin{cases}-\frac{n(n+1)}{2} & \text{当 } n \text{ 为偶数}\\ \frac{n(n+1)}{2} & \text{当 } n \text{ 为奇数}\end{cases}$.　6. $S_{100}=2\ 600$;

7. $2\left(1-\frac{1}{n+1}\right)$.　8. $f(4)=5, f(n)=\frac{1}{2}(n-2)(n+1)$.

第 7 章

习题 7.1

1. 54.　2. 4^3.

3. (1) $A_6^6\cdot A_5^5=86\ 400$;　(2) $A_5^5\cdot A_6^5=86\ 400$;　(3) $2A_5^5\cdot A_5^5=28\ 800$.

4. (1) C;　(2) A;　(3) D;　(4) C.

5. (1) 1 440 种;　(2) $A_3^3A_4^4$ 种;　(3) 420 种;　(4) 2112 种.

6. (1) 36 种.　(2) $3\times 2=6$ 种.　(3) $6\times 5=30$ 种.

7. 504 种.

习题 7.2

1. (1) B;　(2) D;　(3) B;　(4) D.

2. (1) $n=4$;　(2) 无解，或 $k=15$.

3. 提示：插空法与隔板法都得 84.

4. 540 种． 5. $C_8^3-8=48$.

6. 原来只有 15 人参加象棋比赛. 7. 14 656

习题 7. 3

1. (1)B； (2)C； (3)A； (4)D.

2. (1)12； (2)6.

3. (1)5 400 种； (2)840 种； (3)360 种．

4. (1)36； (2)20； (3)72； (4)6.

5. $A_6^4-C_2^1A_5^3+A_4^2=252$.

6. 504 种方法.

习题 7. 4

1. $45x^4$. 2. B. 3. 840. 4. $\pm\frac{\sqrt{2}}{2}$.

5. 1. 6. $a=\pm\sqrt{3}$.

7. (1)（提示:先证明 $rC_n^r=nC_{n-1}^{r-1}$. 再利用组合数计算公式） $(-1)^n$；

(2)$n\cdot 2^{n-1}$； (3)$(n-1)2^n+1$； (4)$\frac{1}{81}(10^6-55)$.

第 8 章

习题 8. 1

1. D. 2. A. 3. D. 4. 必要． 5. 充分．

习题 8. 2

2. B． 3. $2\overrightarrow{BC}$. 5. 1，$\sqrt{3}$.

习题 8. 3

1. C. 4. 0. 7. $k\cdot m=1$.

习题 8. 4

1. (1)$(-5,1)$； (2)$\left(-1,-\frac{3}{2}\right)$； (3)$(2,2)$.

2. $(4,5)$，$\left(\frac{5}{2},\frac{7}{2}\right)$，$(-5,-4)$，$(7,8)$. 3. 4. 5. $\frac{1}{2}$.

6. 1. 7. -1. 8. $x=-4$，$y=-20$.

习题 8. 5

1. -20. 2. 4，0. 3. $\lambda>-\frac{1}{2}$. 4. -3.

5. $(6,8)$. 8. $-\frac{4}{3}<m<2$. 10. -2.

第 9 章

习题 9. 1

1. $1+i$. 2. $a=1,4,\frac{1-\sqrt{17}}{2}$.

3. (1)$m=1$ 或 $m=-2$； (2)$m=-2$； (3)$m\neq1$，且 $m\neq-2$；

(4)$m=\frac{1}{2}$； (5)$-2<m<\frac{1}{2}$； (6)$m=-3$.

4. (1)略；　(2) $u_{max}=10, u_{min}=-10$.

7. $x=1, y=7$.

习题 9.2

1. i.　2. 2.0.　3. A.

4. B.　5. $1+2i, -1-2i$.　6. 125.

7. (1) $\frac{7}{6}-\frac{7}{6}i$；　(2) $2b+2ai$；　(3) $y-x+5(y-x)i$；　(4) $2i$.

8. (1) $18+15i$；　(2) $6-17i$；　(3) 1；　(4) $-25i$；　(5) $(a^2+b)^2$.

9. $a=1$.　10. $5-\frac{5}{2}i$.　12. $z=-\frac{1}{2}\pm\frac{\sqrt{3}}{2}i$.

习题 9.3

1. (1) $2\left(\cos\frac{3\pi}{4}+i\sin\frac{3\pi}{4}\right)$；　(2) $2\left(\cos\frac{4\pi}{3}+i\sin\frac{4\pi}{3}\right)$；

(3) $\sqrt{3}(\cos\pi+i\sin\pi)$　(4) $3\left(\cos\frac{2\pi}{3}+i\sin\frac{2\pi}{3}\right)$；

(5) $\cos(-\theta)+i\sin(-\theta)$；　(6) $r[\cos(\pi+\theta)+i\sin(\pi+\theta)]$；

(7) $r[\cos(\pi-\theta)+i\sin(\pi-\theta)]$；　(8) $r\left[\cos\left(\frac{\pi}{2}-\theta\right)+i\sin\left(\frac{\pi}{2}-\theta\right)\right]$

2. (1) 16；　(2) $\sqrt{2}\left[\cos\left(\frac{5\pi}{6}-\theta\right)+i\sin\left(\frac{5\pi}{6}-\theta\right)\right]$；

(3) $\frac{\sqrt{2}}{2}(-1+i)$；　(4) $2\left(\cos\frac{13\pi}{12}+i\sin\frac{13\pi}{12}\right)$；

(5) $\frac{1}{4}(-\sqrt{3}+i)$.

5. (1) $w_0=\sqrt[6]{2}\left(\cos\frac{7\pi}{12}+i\sin\frac{7\pi}{12}\right)$；　$w_1=\sqrt[6]{2}(\cos\frac{5\pi}{4}+i\sin\frac{5\pi}{4})$；　$w_2=\sqrt[6]{2}(\cos\frac{23\pi}{12}+i\sin\frac{23\pi}{12})$；

(2) $\pm 3, +3i$

6. (1) $-\sqrt{3}-2i$；　(2) $\log_2 3-1\leqslant x\leqslant\log_2 5-1$.

7. $1+\sqrt{5}, \sqrt{5}-1$.　8. $3+2i, 2-i$.

9. $n=6$，值等于 -1.　10. 4.

习题 9.4

1. (1) $2e^{\frac{\pi}{3}i}$；　(2) $\sqrt{2}e^{\frac{3\pi}{4}i}$；　(3) $2e^{-\frac{7\pi}{10}i}$；　(4) $4e^{\frac{-\pi}{5}i}$；　(5) $e^{19i\theta}$.

2. (1) $e^{-\frac{\pi}{4}i}, e^{\frac{3\pi}{4}i}$；　(2) $e^{\frac{(2k+1)\pi}{n}i}, k=0,1,\cdots,n-1$.　4. $\frac{1}{8}(\cos 4\theta+4\cos 2\theta+3)$.

5. (1) $2e^{\frac{(3k+1)\pi}{6}i}, k=0,1,2,3$；　(2) $\sqrt[6]{2}e^{\frac{(3k+1)\pi}{9}i}, k=0,1,\cdots,5$.